TEXTILE SCIENCE 섬유지식 기초

BASIC

서언

2019년 2월에 작고한 세계적인 디자이너 칼 라거펠트는 자택 서재에 무려 10만권의 장서를 보유하고 있었다.
매일 한권씩 읽어도 274년 동안 읽을 수 있는 어마어마한 양이다.
학자도 아닌, 상업 의류를 설계하는 디자이너가 왜 그토록 많은 책을 가지고 있었을까? 라는 의문이 보통사람들의 정서이다.

사람들은 위대한 인물에 숭배에 가까운 경외심을 보이면서도 그들이 일반인과 다르다는 사실에는 즉시 공감하지 못한다.
특히 패션과 소재에 대한 일반인의 인식은 참혹할 정도이다.

그들이 생각하는 의상 디자이너는 "귀에 연필을 꽂고 팔을 걷어붙인 채 의상을 스케치하는 세련된 옷을 입은 인물" 정도일 것이다.
단지 그들이 열광하는 이유는 표면에 드러나는 의상이라는 실체의 화려함 때문이다.
디자이너는 예술이나 인문학의 영역에 속해 있고 과학이나 엔지니어링과는 무관하다고 생각하는 보통사람들 인식의 한계가 지배하는 세상이다.

대학의 의상학과는 대부분 문과이거나 예술대학에 속한다.
디자이너의 역량은 예술의 일부로 창의적인 설계가 전부라고 생각하는 것은 보통사람 뿐만 아니라 디자이너 자신도 마찬가지이다.
하지만 그 생각은 완전히 틀렸다.

디자이너가 종이로 옷을 만드는 것이 아니기 때문이다.
숨막히도록 아름다운 람보르기니의 아이덴티티는 정작 내부에 숨어있는 충격적인 16기통 8000cc '엔진' 인 것처럼 모든 옷은 겉에 드러나 보이는 '스타일' 과 내재하는 별개의 '소재' 로 제조되고 사용된 소재에 따라 완전히 다른 감성이나 기능을 연출할 수 있다.

의류를 설계하는 디자이너에게 소재에 대한 깊은 이해가 필요한 이유는 명백하다.
옷은 24시간 활동하고 숨쉬는 항온동물인 인간이 지속적으로 착용하는, 고도로 신체와 인접한 장비이므로 인체의 생리학적인 기능과 충돌하지 않고 협력해야 불편하거나 불쾌하지 않다.

아무리 아름다운 옷이라도 성가시거나 아무리 편한 옷이라도 추하다면 소비자의 선택을 받기 어렵다.
디자이너는 건축설계사Architect 가 그런 것처럼 스타일만 디자인 하는 게 아니라 그보다 더 중요한 '성능' 을 동시에 설계해야 한다.
스타일과 성능은 별개의 영역으로 보이지만 둘은 깊은 연관성을 맺고 있다.

디자이너의 상상력이 2차원이라면 소재에 대한 이해는 3차원에 해당한다.
상상력이라는 단순한 2차원 평면은 소재에 대한 깊은 이해와 광범위한 지식을 배경으로 '높이' 라는 한차원을 추가해 3차원 공간으로 확장될 수 있다.

'상상력+소재지식' 으로 형성된 3차원 공간은 유연하고 확장 가능한 소프트웨어로 지식의 축적에 따라 세제곱으로 팽창될 것이다.

영국의 낭만주의 시인인 존 키츠John Keats는 프리즘으로 빛을 분광한 아이작 뉴턴이 '무지개를 풀어헤쳐'Unweaving the Rainbow 모든 시정을 말살했다고 분노했다.
과학이 상상력과 인문학을 도태시킨다는 한탄이다.

많은 사람들이 이에 격한 공감을 표시할 것이다.
하지만 내 생각은 키츠와 정면으로 충돌한다.
키츠는 '겉으로 보이는 껍데기' 만을 봤지만 뉴턴은 보이지 않는 곳에 존재하는 또 다른 '무엇' 인가를 본 것이다.
키츠가 본 것은 단지 2차원 망막에 투사된 색상들의 향연에 불과하지만 뉴턴은 그 너머에 존재하는 실체인 전자기파의 다양한 진동과 스펙트럼을 본 것이다.

전자기파의 진동이 망막에 전해지고 원추세포를 자극하여 대뇌피질이 주파수의 차이를 각각의 색으로 인지하는 기전이 소위 '보는 것' 이다.
그 색들은 실체가 아닌 대뇌가 만들어낸 달콤한 허상일 뿐이다.
진실은 전자기파의 진동인 것이다.

허상은 아름답고 진실은 추한 것일까?
눈으로 볼 수 있는 어떤 동물도 같은 일을 할 수 있다.
보이지 않는 것을 믿는 존재는 5천만종의 생물이 사는 지구상에 인간 뿐이다.
인간은 '상상력' 이라는 능력을 통해 실재하지 않는 것을 망막이 아닌 머리 속에 투영함으로써 다른 동물보다 훨씬 더 많은 것들을 볼 수 있다.

'남들이 볼 수 없는 것을 보는 힘' 그것이 바로 창의력이다.
사람은 '꼭' 아는 만큼만 볼 수 있다.

라거펠트의 장서는 세제곱으로 팽창할 수 있는 위대한 '디자이너의 역량' 을 위한 갈구였던 것이다.

반도체, 조선, 가전, e sports, 골프, 인터넷속도, 대학진학률, 평균 IQ, 인구대비 특허출원, 문맹률……
이 모든 것들에 세계 1위인 나라가 대한민국 아니 대한국민이다.

우월한 유전자를 가진 것이 분명한 이 특이한 종족은 어떤 것이든 손대기만 하면 순식간에 최고가 되는 탁월한 천재성으로 세계인을 놀라게 한다.
최근에는 영화나 대중음악같은 문화산업까지 전세계를 빠르게 잠식하고 있는 중이다.
그런데 후진국 때도 섬유 강국이었던 이 나라에 위대한 디자이너가 한 명도 없다는 사실은 놀랍다.

그 중대한 이유를 라거펠트의 장서가 확인해주고 있다.
유전자는 인프라이지 역량 그 자체는 아닌 것이다.

이 책은 패션업계에 종사하는 이들, 특히 섬유나 패션을 전공하지 않은 모든 현직 종사자들에게 의류 소재에 대한 기초적인 이해를 돕기 위해 만들어졌다.
지혜의 눈으로 언제나 촌철살인의 충고를 보내는, 모든 내 저작의 보이지 않는 배경에 존재하는 조언자, 아내 백미경에게 이 책을 바친다.

코로나 바이러스가 창궐하고 있는
2020년 3월 광교에서

Contents

Index

소재와 섬유

섬유

섬유의 성능

방적

원단

편직

제직

프린트

원단의 검사

복종 별 소재기획

디자이너를 위한 기초 해부생리학

들어가기 전에

이 책에는 외국어(특히 영어) 단어들이 많이 나온다. 그것들은 한글을 영어로 옮긴 것이 아니라 패션 산업 현장에서 바이어와 디자이너, 머천다이서 그리고 원자재 공장들 간에 수시로 사용되고 있는 전문 용어이며 Protocol에 해당한다. Top 디자이너들이 시즌 트렌드를 발표할 때 단골로 표현하는 상용구들도 있다. 이 책이 초심자들을 위한 것인 만큼 처음 나올 때는 우리말 번역을 보여주고 번역이 어려운 경우 우리말과 외국어로 병행 표기하였지만 이후에 반복되어 나올 때는 외국어 원문만을 사용하였다. 우리 말로 번역될 수 있는 용어라도 관련자들 간에 주고 받는 공통 언어에 익숙해 지라는 의도이다. 또 원단에 대한 기능적, 감성적 표현도 한글보다 외국어가 더 적합하거나 더 많이 사용되는 경우, 굳이 한글로 번역하려고 하지 않았고 원어를 발음만 한글로 바꾼 경우도 표기된 한글 발음이 정확하지 않을 수 있으므로 되도록 원어를 그대로 사용하였으며 독자들도 원어 표현 그대로 익히는 것이 좋다. '수소이온농도' 라는 한글로 정확하게 번역되는 'pH'는 그것을 아무도 수소이온농도라고 말하지 않는다. 반드시 '페하' 라는 원어를 사용한다. 독일어 이므로 '피에이치'가 아닌 '페하'이다. 패션산업에 종사하려고 하는 사람들은 이 책에 나오는 모든 외국어로 표기된 용어를 반드시 원어로 숙지하여야 한다.

Intro

의류 소재를 아는가?

의류 소재를 아는가?

이 글을 읽는 당신은 패션 디자이너이거나 머천다이서 혹은 호기심 많은 원단 판매상일 것이다. 당신은 스스로 의류의 핵심인 소재에 대해 참혹할 만큼 무지하다는 사실을 다른 사람들에게 감추고 있고 이를 부끄럽게 생각하고 있다. 그렇더라도 당신은 자신의 무지조차 깨닫지 못하는 사람들보다는 훨씬 낫다. 대부분의 디자이너나 머천다이서가 소재에 무식한 것은 어쩌면 당연하다. 의류소재가 어렵기 때문이다.

사실을 말하자면 의류소재에 대한 지식과 필요한 학습량은 너무 방대하여 인간의 일생동안 모두 섭렵할 수 없을 정도이다. 그것이 그들이 내세우는 무지에 대한 변명이다. 비겁해 보이지만 타당하다.

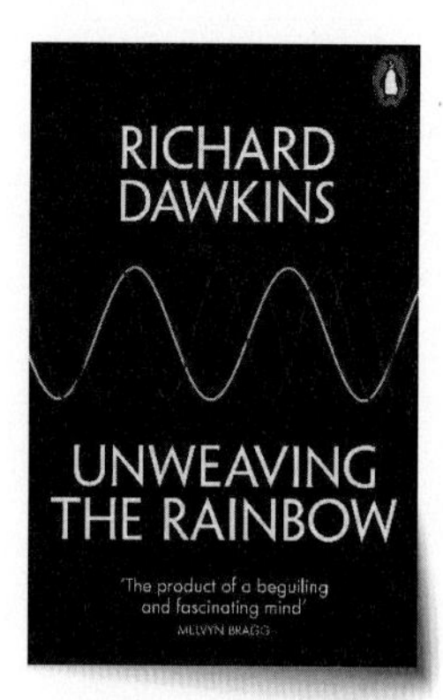

그림 1 _ 도킨스 저작
무지개를 풀며

소재와 디자이너

소재와 디자인은 같은 곳에 서식하나 먹이가 달라 서로에게 방해되지 않는 뱁새와 황새처럼 아무 상관이 없는 영역일까? 한쪽은 과학이나 엔지니어링이고 다른 한쪽은 예술이어서 동떨어져 있는 존재일까? 문제는 소재에 대한 이해와 지식의 깊이가 디자이너의 창의력과 상상력을 발휘하는 기량과 비례하며 머천다이서가 설계할 수 있는 의류의 다양성과 효용성 그리고 실용성에 대한 유효 공간 크기의 세제곱에 비례한다는 것이다. 즉, 당신이 소재를 모르면 당신이 판매할 수 있는 의류의 설계와 디자인에 대한 가능성의 영역이 협소해진다는 의미다.

그림 2 _ 시간도 압축이 가능하다

반대로 소재에 대한 탁월한 지식과 깊은 이해가 있으면 '의류제조'라는 4차원 공간이 크게 확장될 수 있다. 그에 대한 좋은 예가 Zara이다.(이에 대해서는 나중에 별도로 다루어 볼 것이다.) 그동안 한계 영역에 머물러 있던 당신의 협소한 창작 세계는 광속으로 팽창할 수 있으며 방금 이 글을 읽기 시작한 순간, 그 빅뱅 스위치를 누른 것이다. 하루 86,400초라는 시간을 확장하는 것은 불가능하지만 의미없이 낭비되는 불필요한 시간들을 제거하여 압축하는 것은 가능하다. 아직은 늦지 않았다.

브랜드와 소재

모든 의류에는 브랜드가 있다. 브랜드는 그 제품의 수준을 짐작할 수 있는 가장 단순하고 명료한 지표이며 상품의 첫번째 아이덴티티이다. 브랜드에는 소비자가 기대하는 품질에 대한 기준이 존재한다. 소위 말하는 명품의 경우, 물리 화학적 내구성은 물론이고 착용 시, 착용 중, 심지어 탈의 시 불편하지 않도록 적절한 기능이 있어야 하며 일정 기간이 지나도 제품의 가치가 쉽게 절하되지 않는 불변의 견고함을 갖춰야 한다. 지퍼 하나를 내릴 때도 기름을 부은 듯 부드럽고 미끄럽게 내려가 사용자에게 감동이 밀려와야 한다.(수많은 소비자가 하찮은 지퍼 때문에 화나는 경우가 얼마나 잦은지 생각해 보라) 명품 브랜드는 이에 따라 상품의 두번째 아이콘인 가격을 신중하게 결정한다.

제품에 표시된 가격은 소비자를 행복하게 하는 쪽보다는 절망과 한숨으로 몰아 가는 것이 안전하다. 잔인하고 사악한 소비자 가를 기꺼이 지불하고 제품을 구매한 소비자들은 그에 대응하는 기대치가 있기 마련이다. 만약 품질 수준이 기대에 미치지 못하는 브랜드가 있다면 즉시, 소비자에게 외면 받음으로써 시장에서 처벌받는다. 그들은 냉혹하며 결코 관대하지 않다. 이에 따라 사고파는 두 당사자 간, 아무런 약속도 성문화된 계약서도 주고 받지 않지만 서로에게는 절대 어길 수 없는 무시무시한 불문율이 존재한다.

가격이 상승할수록 기대치는 높아지므로 높아진 기대치에 부응할 만큼 제품의 품질은 상승해야 한다. 이 약속을 지키기 위해 디자이너는 제품에 적용할 최적의 소재를 적확하게 찾아야 하며 실수는 결코 용납되지 않는다. 이것이 디자이너가 소재에 대한 깊고 넓은 이해가 필요한 절대적인 이유이다.

그림 3 _ 브랜드

치타와 톰슨가젤 - 냉혹한 생태계의 법칙

우리가 초등학교 때부터 과학을 배우는 이유는 명백하다. 무지한 인간에게 마술과 과학은 차이가 없다. 무지가 무서운 이유는 그것이 한 인간을 타인

그림 4 _ 치타와 톰슨가젤의 약육강식

에게 지배당하도록 하기 때문이다. 이 행성의 생태계는 먹고 먹히는 냉혹한 약육강식의 시스템으로 설계되었다. 톰슨가젤이 태어난 유일한 이유는 치타의 먹이가 되기 위해서이다. 톰슨가젤은 치타에게 산채로 먹히지만 그것은 잔혹한 범죄현장Crime Scene이 아니다. 생태계에서 벌어지는 당연한 자연의 법칙인 것이다. 당신은 치타가 되고 싶은가 아니면 톰슨가젤이 되고 싶은가?

학교는 사람들에게 가련한 톰슨가젤이 되지 않도록 소중한 기회를 제공한다. 학교에서 배운 과학은 평생 당신의 생존에 직간접적으로 개입한다. 만약 기억이 희미해졌다면 지금이라도 다시 섭렵하기 바란다. 그렇지 않다면 과학은 평생 당신을 따라다니며 괴롭히는 적이 될 것이다. 과학을 적으로 남겨두는 것보다는 친구로 만드는 것이 훨씬 더 좋다. 물론 기꺼이 톰슨가젤이 되고 싶은 사람은 행복한 피지배자로 살면 된다. 사실 인구의 대부분이 그런 사람들이며 그것이 생태계가 유지되도록 작동하는 알고리즘이다.

초서는 틀렸다 역사는 되풀이 되지 않는다

과거와 달리 요즘의 부모들은 아이들이 초등 고학년만 되어도 가르치기 어렵다. 후진국 출신 부모가 배운 예전 지식은 선진국 시민인 아이들에게는 이미 석기시대의 유물이기 때문이다. 현생 인류는 200만 년 동안 살아온 호모사피엔스의 역사를 단 백 년으로 압축하는 시대에 살고 있다. AI로 인하여 20년 이내에 현존하는 대부분의 직업이 사라진다.

패션산업은 마지막까지 살아남을 직업이겠지만 그 사실이 당신의 은퇴를 연장한다는 의미는 아니다. 직업은 존속하되 인력은 새로운 인물로 급속하게 대체될 것이기 때문이다. 현대 과학과 소재 지식으로 무장한 젊은 선진국 아이들은(다른 나라가 아닌 우리나라) 당신보다 10년 늦게 시작했지만 1-2년 이내에 당신을 추월하게 될 것이며 도저히 따라잡을 수 없는 고도의 경지를 향해 질주할 것이다.

소재와 디자인의 밀접한 관계

자동차 제조에 관여하는 디자이너나 엔지니어라면 자신이 만들고 있는 자동차의 제원에 대한 깊은 이해와 식견을 가질 것이다.

디자이너는 차의 외관뿐 아니라 엔진과 구동장치에 대해서도 수준높은 이해가 필요하고 엔지니어는 반대로 디자인에 대한 기본적인 배경지식이 있어야 한다. 자동차는 최소 공간 내에 최고의 성능을 발휘할 수 있는 엔진을 투입하되 무게 배분을 최적으로 세팅해야 코너링할 때 뒤가 털리지 않는다. 디자인과 구동기관은 서로 다른 영역으로 보이지만 긴밀한 관계를 형성하고 있다. 패션의류도 마찬가지이다.

소재와 디자인은 깊은 상관관계를 이루고 있으며 그 사실을 이해해야 팔리지 않는 의류를 제조할 가능성이 줄어든다. 100% 마로 된 소재는 도저히 겨울에 입을 수 없다. 만약 세상에 소재가 그것뿐이라면 겨울에는 집안에만 머물러야 할 것이다. 그것이 현재 당신이 살고 있는 작은 세상Small World 이다. 하지만 빅뱅 스위치를 누르고 다시 태어난 우리는 마로도 겨울 의류를 만들

그림 5 _ 디자인과 소재

수 있다. 새로운 세상 New World이 열리는 것이다. 행복한 톰슨가젤에 만족하지 않고 다리를 다치면 기꺼이 굶어 죽는 치타를 선택한 당신의 운명은 순탄하지 않으나 우아하고 멋질 것임을 보장한다.

의류소재와 산업소재

의류소재와 산업소재, 둘 중 어느 쪽의 물성이 더 강해야 할까? 쉬운 질문 같지만 답은 의외로 의류소재이다. 산업소재는 목적에 맞는 특별한 기능이나 조건만 수용하면 되지만 의류는 수십가지 물리 화학적 조건을 견뎌야 하며 특히, 세탁과 건조라는 지속적이고도 혹독한 시련을 이겨내야 한다. 그렇다고 물성이 너무 강해서도 안 된다.

원단이 의류 형태로 성형되기 위해서는 쉽게 잘리고, 말리고 때로는 적당히 접히거나 구겨지기도 해야 한다. 유로화 코인 합금소재인 '노르딕 골드'는 값싸지만 금처럼 광택이 나고 녹슬지 않아 반지나 목걸이 같은 장신구를 만들기 좋다. 하지만 너무 단단해 성형이 어렵다는 치명적 문제 때문에 사용되지 못하고 있다.

수많은 조건을 만족해야 하는 의류 가능 소재는 극히 제한적이기 때문에 세상에 존재하는 천연 의류소재는 단 4가지뿐이다. 지구상에는 5천만 종의 동식물이 존재하지만 그중 직접 의류소재로 쓸 수 있는 식물은 단 2가지 뿐이며 불과 10여 가지 동물의 털과 분비물만이 사용할 수 있는 전부이다. 기뻐하자. 일단 범위가 수천만 분의 1로 축소되었다. 그리고 여기에 단지 80년 전에 캐로더스가 발명한 합성섬유와 샤르도네가 고안한 나무로 만든 재생섬유가 추가되었을 뿐이다. 그 외의 몇 가지는 패션의류에서 그다지 필요 없으니 몰라도 된다.

의류소재가 이렇게 제한된 범위에 머물러 있는 이유는 단지 악조건에 견뎌야 하기 때문만은 아니다. 일단 모든 의류소재는 섬유 형태가 되어야 한다. 그 이유는 단순하다. 실로 만들 수 있어야 하기 때문이다. 하지만 거꾸로 섬유 형태를 띠고 있는 대부분의 소재는 의류소재가 될 수 없다. 유리섬유나 석면이 대표적인 예이다. 한때 스테인리스강으로 만든 섬유가 의류소재로 쓰인 적이 있지만 초단기간이었다. 섬유가 끊어지면 피부를 찌르기 때문이었다.

그림 6 _ 노르딕 골드

옷을 만들기 위해 필요한 재료는 소재 → 섬유 → 실 → 원단 → 옷이라는 복잡한 단계를 거쳐야 한다. 여기서의 소재는 원료가 되는 유기물이나 무기물을 말한다. 소재부터 시작해보자.

Chapter 1

Material
소재

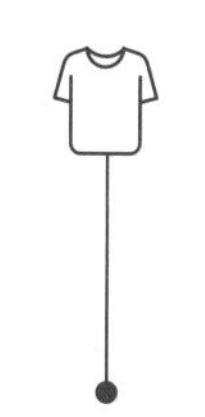

소재와 섬유

원재료는 원료 , 미가공 재료 또는 1차 상품 이라고도 하는 미래 완제품의 원자재인 제품, 완제품, 에너지 또는 중간재료를 생산하는 데 사용되는 기본재료이다. 이에 대한 예로는 모든 유형의 가구를 포함하여 다양한 제품을 생산하는 데 사용되는 원료인 원유가 있다. "원재료"라는 용어는 미처리 상태 또는 최소 처리 상태의 재료를 의미하고; 예를 들어, 생 라텍스, 원유, 면화, 석탄, 생 바이오매스, 철광석, 공기, 통나무, 물 또는 "자연 형태의 농업, 임업, 어업 또는 광물 또는 준비에 필요한 변형을 거친 모든 제품"을 말한다.

-Wikipedia 수정 번역-

소재와 소재 Fabric and raw materials

소재는 크게 두가지 의미를 갖는다. 의류 소재에서 의미하는 소재는 원단이다. 더 큰 의미에서의 소재는 원단을 이루고 있는 성분 즉, 분자적 의미에서의 원재료Raw materials이다. 모든 원단은 섬유에서 시작하지만 그 전에 소재가 있으며 그 소재 성분이 섬유 형태로 성형된 이후 실을 거쳐 원단이 될 수 있다. 대개 소재는 섬유와 동일시 되지만 그렇지 않는 경우도 있다. 천연소재는 모두 처음부터 섬유로 출발한다. 즉, 섬유 형태가 아닌 천연소재는 아예 의류소재가 될 수 없다. 가죽조차도 예외는 아니다. 면은 셀룰로오스 소재이다. Wool이나 Silk는 단백질 소재이다. 모두 섬유형태라는 공통점이 있다. 하지만 합성섬유는 애초에 고분자인 플라스틱 덩어리이며 그것을 섬유로 만들어야 한다. 결론적으로 소재는 처음부터 섬유 형태를 띤 것이 있고 그렇지 않은 것들이 있다. 레이온같은 재생소재는 섬유형태를 띤 소재이지만 길이가 너무 짧아 도저히 실로 만들 수 없으므로 녹여 죽처럼 만든 다음, 긴 섬유로 뽑아낸 것이다. 유리도 섬유가 아니지만 섬유 형태로 만들면 의류소재가 될 수도 있다. 만약 옷의 라벨에 'Glass' 몇% 라고 표시되어 있으면 그건 우리가 금방 머리에 떠올리는 그런 판상형 유리가 아니라 섬유 형태의 유리라는 뜻이다. 섬유가 아닌 유리는 아무리 많이 포함되어도 라벨에 '유리Glass'라는 표기를 할 수 없다.

그림 7 _ 소재(Raw materials)

까다로운 의류소재의 자격 Qualification

섬유 형태를 띤 소재는 많지만 대부분의 섬유상 고체가 의류소재가 될 수 없는 이유는 고체이면서 유연성도 갖춰야 하기 때문이다. 물론 신축성도 있어야 한다. 왜냐하면 그것이 최종적으로 2차원 평면 형태가 되었을 때, 인체의 굴곡에 맞게 휘어져야 하기 때문이다. 그뿐 아니라 동작할 때 꺾이는 관절 부분도 고려해야 한다. 3차원 물체의 곡선을 따라 휘어질 수 있는 평면소재를 제조하려면 1차원인 섬유나 실을 교차하여 엮어 만드는 것이 가장 타당하다. 그런 방식을 쓰면 철 같은 전혀 유연성이 없는 고체도 유연하게 휘어지는 평면으로 만들 수 있기 때문이다. 중세 유럽의 기사들이 입었던 사슬

갑옷을 생각해보면 된다. 사실 대부분의 고체는 유연성과 신축성이 없다. 그런 물성을 갖추려면 분자 내부에 결정영역과 함께 비결정영역이 혼재해야 하기 때문이다. 즉, 패션소재는 유연성이 있는 고체 섬유에서 출발해야 유리하다. 그냥 실이 아니라 유연성과 신축성이 있는 실로 만들어야 하기 때문이다. 고체 섬유는 직조나 편직을 통해 2차원 평면 형태의 원단으로 형성할 수 있는데 그 원단이 바로 유연하여 관절에 따라 꺾이는 신축성 있는 원단이다. 대부분의 섬유는 먼저 실로 만들어야 그 다음 형태인 원단이 될 수 있다. 그 이유는 다음 장에서 얘기하자. 물론 실이 되지 않고 섬유 그 자체만으로 바로 원단이 될 수도 있는데 그런 원단을 부직포라고 한다.

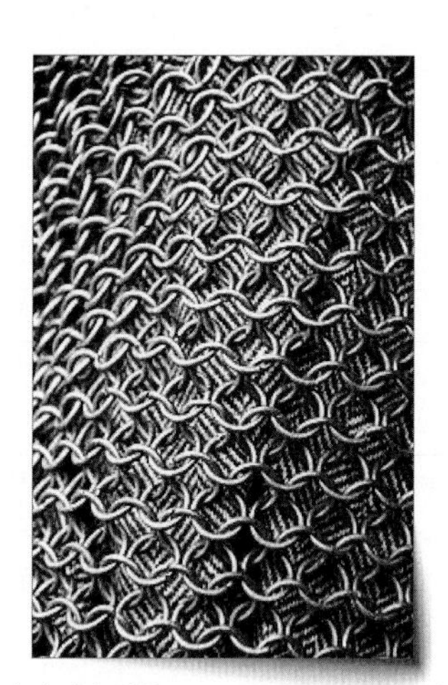

그림 8 _ 중세기사의 사슬 갑옷

자연이 만든 원단은 모두 부직포이다. 가죽은 대표적인 천연 부직포 원단이다. 뒷면을 보면 정체를 알 수 있다. 가죽은 선상 단백질 분자가 층층이 겹쳐진 질긴 원단이다. 가죽은 유연하고 부드러운 데다 방수도 되고 내구성 또한 탁월한 희귀원단이지만 다른 동물을 죽여야 얻을 수 있고 착색을 하려면 막대한 수자원을 소비함과 동시에 오염시키기 때문에 패션소재로써 가죽의

미래는 사실 어둡다. 미래인들이 보기에 우리는 아직 대책 없는 미개인이다. 그에 비해 최근에 눈부시게 개발되고 있는 합성가죽Faux Leather은 플라스틱 고체를 섬유가 아닌 거품 형태로 만들어 기초가 되는 원단Backing에 접합Bonding하여 만든다. 진피라는 기초 위에 표피가 형성되어 있는 인체의 피부와 같다. 대부분의 고체는 딱딱하고 원하는 형태로 성형할 수 없지만 가소성 고분자Plastic Polymer는 성형이 가능하여 결코 꺼지지 않는 거품으로 만들 수 있다. 층층이 대량으로 쌓여야 원하는 두께를 형성하는 섬유에 비해 거품은 훨씬 더 적은 양으로 원단을 만들 수 있다. 거품에 탄성이나 유연성을 추가하려면 가소제를 첨가하면 된다. 견고한 이 고체 거품이 형성한 쿠션은 믿을 수 없을 정도로 부드러우며 내부에 공기를 함유하여 따뜻하기까지 하다. 단지 열과 마찰에 약해 가죽보다 내구성이 떨어지며 자연에서 수백 년 동안 생분해되기 어렵다는 것이 단점이다. 애초에 섬유가 아니지만 섬유로 성형할 수 있는 소재가 합성섬유이다. 어떤 유기 고분자는 열이나 용제 등으로 원래의 모

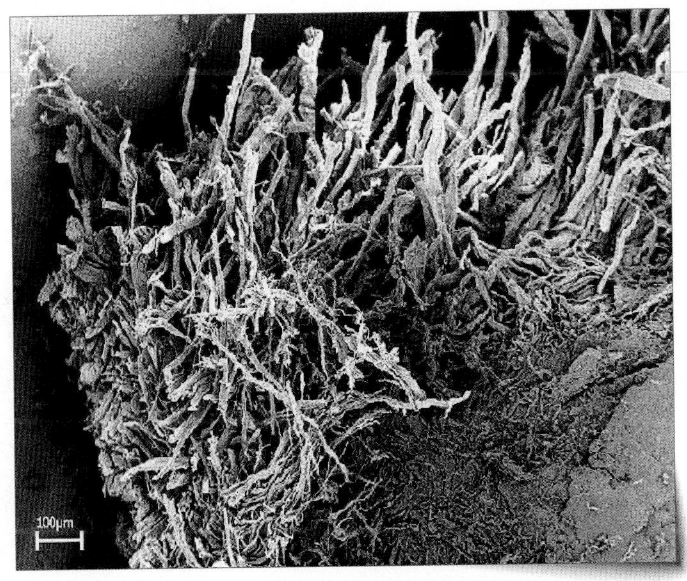

그림 9 _ 소가죽인 Calf의 현미경 사진

양이 아닌 다른 모양으로 성형이 가능하다. 밀가루를 생각해 보면 된다. 밀가루 자체는 섬유와 거리가 멀지만 이를 물과 반죽하여 무르게 한 다음, 가느다란 관Nozzle을 통과시키면 섬유 형태가 된다. 그것이 국수이다. 이 기술은 단 4가지에 불과했던 천연소재의 범위를 단숨에 광대한 우주 단위로 확대시켰다. 즉, 어떤 고분자이든 성형이 가능하다면 섬유가 될 수 있게 된 것이다. 물론 어떤 섬유가 이후 의류소재가 되려면 수많은 조건을 만족시켜야 한다.

의류 소재가 되기 위한 조건

의류 소재를 연구하는 사람은 반드시 인체 생리학을 먼저 공부해야 한다. 죽을 때까지 움직임을 멈추지 않고 살아 숨쉬는 인체와 옷이 조화를 이루려면 인체의 작동원리와 조건에 맞도록 설계되어야 하기 때문이다. 만약 조화에 실패하면 그 옷을 입은 인간은 무겁다거나 차갑다거나 혹은 딱딱하다는 등의 불평을 쏟아낼 것이다. 불평을 넘어 건강에 해를 끼칠 수도 있다. 이 모든 까다로운 조건을 만족할 수 있는 소재만이 의류 원료로 선택된다.

어렵게 조건들을 충족하고 간신히 2차원 평면인 원단이 되어도 제약이 있다. 모든 원단은 물에 젖어야 한다. 그래야 영구적인 염색이 가능하기 때문이다. 그렇지 않으면 손톱에 칠하는 매니큐어처럼 안료를 도포해야 한다. 패션의류의 생명은 아름다운 색상이 전제되어야 하므로 아무리 좋은 소재라도 염색되지 못하는 원단은 내의로 밖에 사용되지 못한다. 사슬갑옷도 그렇지만 합성섬유인 폴리프로필렌Polypropylene도 대표적인 사례이다. 또, 눈에는 보이지 않을 뿐 인간은 외부로 수증기를 뿜어내는 항온동물이

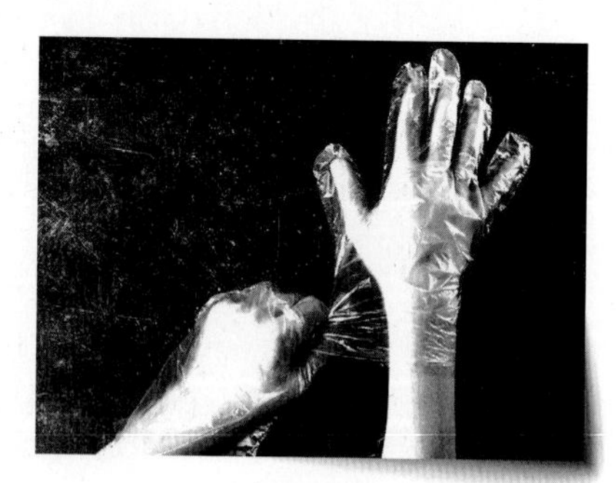

그림 10 _ 인체 생리학

다. 그 사실을 확인하고 싶으면 손에 일회용 비닐장갑을 껴보면 된다. 끊임없이 발생하는 이 수증기를 적당히 배출하거나 빨아들이지 못하면 불쾌한 의류가 된다. 땀복이 바로 그런 것이다. 따라서 소재에서 친수성(Hydrophilic)과 통기성(공기 유통 Air Permeation)은 중요한 조건이다.

그림 11 _ 현대의 사슬갑옷 내의

의류소재인 원단은 너무 무거워서도 안 된다. 위의 그림처럼 사슬 갑옷 내의를 외출할 때 외투 안쪽에 입고 다니면 웬만한 사고에도 우리는 죽지 않을 것이다. 문제는 그것이 너무 무겁다는 것이다. 무거운 옷은 잘 팔리지 않는다. 팔리지 않는 옷은 우리의 관심거리가 아니다. 햇빛에 약한 소재도 사용에 제약이 된다. 아세테이트 레이온Acetate rayon은 그래서 안감으로 밖에 쓸 수 없다.

의류소재는 '열전도율' 또한 중요하다. 3D 프린터를 이용하여 알루미늄을 유연한 원단으로 만드는 데 성공했다고 하자. 이 원단으로 셔츠를 만들면 어떻게 될까? 여름에는 시원할 것이다. 하지만 셔츠가 몸에 닿을 때마다 한 여름이라도 소스라치게 놀랄 것이다. 벨트의 금속 버클이 배꼽 근처에 닿을 때마다 생기는 불쾌한 느낌을 상상해 보면 된다. 누군가를 몰래 죽이고 싶으면 영하의 기온에 이 셔츠를 입혀 집 밖으로 내보내면 된다. 오래 걸리지는 않을 것이다.

의류소재는 마찰에 견뎌야 한다. 사람은 옷을 입고 활동한다. 그 과정에서 옷은 끊임없이 서로 스치고 펄럭이며 무언가에 부딪히기도 한다. 특히 마찰에 자주 노출되는 엉덩이나 팔꿈치 같은 부분은 마모에 강해야 하므로 니트로는 견디기 어렵다. 이렇게 마모에 약한 니트는 바지의 소재로 사용되기 어렵다. 딱 한 시즌만 입겠다면 몰라도 말이다.

의류 소재는 착용 중은 물론, 세탁 후에도 원래의 형태가 유지되어야 한다. 축 늘어지거나 비틀어지거나 너무 수축되어도 안 된다. 저절로 돌돌 말리는 원단도 부적격이다. 바느질이 어려운 소재도 사용이 어렵거나 불가능하다.

좀 더 자세한 내용은 섬유의 성능에서 알아보기로 하자.

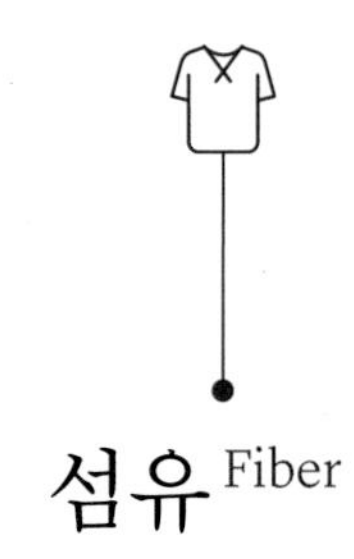

섬유 Fiber

섬유는 우리말로는 두 가지 뜻이 있다. Fiber라는 원래의 의미와 Textile이라는 소재 전반을 포함하는 광범위한 영역을 의미하기도 한다. 섬유(纖維, fiber, fibre)는 길이가 너비보다 현저하게 긴 형태의 천연 또는 인공 물질을 일컫는다.

-위키백과-

미국의 ASTM은 길이가 폭보다 100배 이상 더 긴 고체를 섬유라고 정의하고 있다. 점은 0차원이다. 선은 1차원이고 면은 2차원 그리고 공간은 3차원에 해당한다. 따라서 섬유는 1차원이고 원단은 2차원 그리고 의류는 3차원 물질이다.

-섬유지식-

왜 섬유인가?

모든 의류소재는 '섬유'로부터 출발한다. 실을 만들기 위해서이다. 왜 일까? 의류는 2차원 평면인 원단을 입체적으로 재단하여 3D 형태로 만드는 방법이 가장 빠르다. 물론 실 그 자체로 3D인 옷을 만들 수도 있다. 이것이 편직 기술이다. 하지만 이런 방법은 시간이 오래 걸리고 대량 생산이 어렵기 때문에 일단 원단을 만든 다음, 이를 재단하고 봉제하여 의류를 제작하는 편이 가성비가 더 높다.

우리가 필요로 하는 것은 2차원 평면인 원단인데 이것을 만들기 위해 섬유부터 출발해야 하는 이유는 무엇일까? 의류소재가 되는 2차원 평면은 철판이나 합판처럼 딱딱하고 유연성이 없으면 불편하고 행동에 제약을 준다. 오즈의 마법사에 나오는 양철 인간 Tin man을 떠올려 보면 된다. 옷은 모름지기 인체의 굴곡을 따라 휘어지고 관절이 꺾이는 방향을 따라가야 움직임에 제약을 주지 않고 크기도 최소화 할 수 있다. 그러기 위해서는 소재가 유연성과 탄력성을 갖춰야 한다. 여기에 부드러움을 추가하면 더욱 좋다. 그런 평면 소재는 가죽이나 고무 같은 극히 일부뿐이다. 하지만 전혀 유연성이 없는 소재라도 작은 부품으로 나누어 움직이는 관절 마디가 있도록 설계하여 평면을 만들면 휘어지게 할 수 있다.

그림 12 _ 부적격인 의류소재의 예

철은 유연성과 탄력이 전혀 없지만 먼저 섬유형태로(철사) 만들고 이를 잘라 고리를 만든 다음 다른 고리와 연결하면 자유롭게 움직인다. 이런 고리들을 목걸이처럼 다수 연결하면 <그림 13>의 체인처럼 자유롭게 휘어지는 1차

그림 13 _ 고리와 유연성

원 선형으로 만들 수 있다. 이렇게 만들어진 1차원 형태인 목걸이들을 길이 방향이 아닌 폭 방향으로 연결하면 2차원 평면형태를 얻을 수 있다. 철로 만든 이 원단은 3차원 곡선을 따라 움직일 수 있는 유연성 있는 평면소재이다. 이런 원리로 철보다 가볍고 쾌적한 소재를 찾아 이를 섬유 또는 실로 만들고 엮어서 원단을 만들면 의류소재의 가능 범위가 크게 확장된다.

자연은 복잡하지 않다

만약 어떤 소재가 철과 달리 애초에 섬유형태를 띠고 있다면 제조과정이 훨씬 더 쉬워진다. 길이가 폭보다 100배 이상 큰 1차원 형태의 고체를 '섬유'라고 정의할 수 있다면 자연에서 '섬유'의 조건을 만족하는 고체는 의외로 쉽게 발견된다. 동물의 털이 바로 그것이다. 식물의 줄기는 물론이고 심지어 광물질인 석면도 그중 하나이다. 만약 섬유형태인 데다 유연성까지 갖추고 있다면 실로 만들기 더욱 쉬울 것이다.

Silk나 거미줄은 섬유 → 실의 제조과정 없이 그 자체로 실이다. 단 한 가닥만 있어도 실 형태가 된다. 물론 충분히 질기지 않으면 원단을 만들 수 없으므로 여러 가닥을 합쳐야 한다. 하지만 그렇게 충분히 긴 섬유 소재 또한 드물다. 따라서 자연에서 구하기 쉬운 유연성 있는 짧은 섬유를 여러 개 합쳐 원하는 길이만큼 제조하고 굵기도 조절 가능하다면 그것으로 2차원 형태인 원단을 만들 수 있다. 예를 들어보자. 수확이 끝난 벼 줄기를 말린 것을 짚이라고 한다. 짚은 약하고 부서지기 쉽지만 여러 가닥을 모아 비틀어 꼬면 상당히 튼튼한 밧줄을 만들 수 있다. 이것이 새끼줄이다. 이와 마찬가지 방식으로 모든 유연한 섬유는 꼬아서[Twist] 더 질기거나 더 굵은 실로 만들 수 있다. 이것이 실의 발명이다. 이렇게 만든 실로 목적에 맞도록 크기나 두께를 설계하여 원단을 엮는 것이 가능하다. 새끼줄을 엮어 원단으로 만든 것을 '가마니' 라고 한다.

마가 인류 최초의 의류소재가 된 이유

볏짚도 일종의 섬유이지만 의류소재로 사용할 실을 만들기 위해 필요한 섬유는 되도록 가늘고 긴 것이 좋다. 그런 섬유는 자연에 흔하다. 바로 식물의 잎이나 줄기를 이루는 셀룰로오스(섬유소)가 그것이다. *셀룰로오스는 우리 주위에 광범위하게 분포한다. 자연이라는 생태계에서 가장 많이 생산되는 물질이 셀룰로오스이다. 따라서 초기의 인류는 질긴 식물줄기를 뽑아 실로 만들어 그것으로 원단을 만들었다. 너무 짧은 식물섬유는 실로 만들기 어려웠으므로 적당히 긴 식물줄기를 찾아 사용하였다. 충분히 질기고 가늘며 길이가 적당히 긴 섬유, 그것이 '마(麻)'이다. 그렇게 마는 인류 최초의 의류소재가 되었다.

가늘고 긴 섬유는 실이 되기 유리한 조건이다. 섬유장이 긴 Silk는 가장 적합한 천연 의류 소재 중 하나이다. 두 번째로 긴 천연섬유는 마이다. 그러나 마는 섬유장은 길지만 부드럽지 못하고 거칠다. 동물의 털은 부드럽고 섬유장도 상당히 길어 털가죽을 그대로 사용하는 것보다 털로 실을 만들어 원단을 제조하면 다양한 의류소재가 된다. 면은 실로 만들기에는 너무 짧은 섬유이지만 식물섬유 중 가장 가늘고 부드러워 실로 만들 수만 있다면 쾌적한 의류소재가 된다. 결국 인류는 방적 기계를 개발하여 면을 실로 만드는 데 성공하였다. 그것이 물레이다.

그림 14 _ 가장 오래된 마 의류와 물레

채륜보다 먼저 종이를 발명한 곤충

사실 면보다 더 짧은 섬유로도 원단을 만들 수 있다. 이 방법은 섬유를 실로 만드는 과정이 생략된다. 물론 실로 만들어 직조하지 않으므로 뭔가 부드러운 물질이 첨가되지 않으면 유연성이 거의 없지만 만들 수 없는 것은 아니다. 나무 부스러기는 면처럼 셀룰로오스가 주성분이지만 너무 짧아서 도저히 실로 만들 수 없다. 하지만 이것들을 점액질과 섞어서 납작하게 한 다음, 말리면 2차원 평면이 된다. 이것이 종이이다. 최초의 종이는 채륜이 아닌 말벌이 만들었다. 말벌의 집은 성분은 물론, 제조과정도 종이와 똑같다. 종이도 일종의 부직포이며 원단의 한 종류이다. 다만 내구성이 떨어지므로 의류소재가 되기 부적합한 것이다.

섬유의 2가지 형태

섬유는 각각 섬유의 길이(섬유장)에 따라 크게 두 종류로 분류된다.

- 장섬유Filament : 길이를 특정할 수 없는 길이가 긴 섬유.
- 단섬유Staple : 길이가 짧은 섬유.

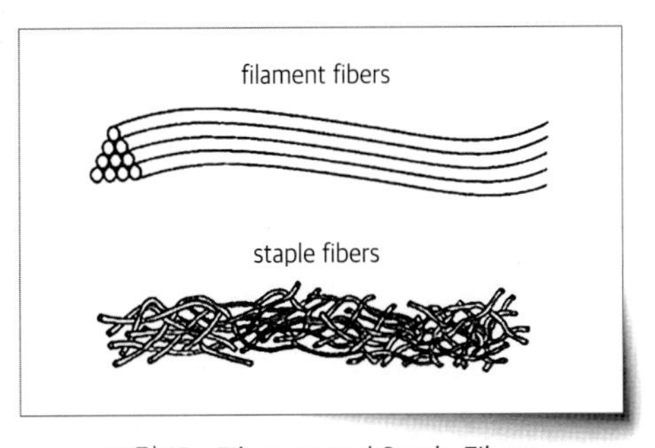

그림 15 _ Filament and Staple Fibers

단섬유는 주로 천연섬유의 특징이 되는데 단섬유라고는 하지만 섬유장이 수 밀리미터부터 수 미터까지 될 수도 있다. (면의 Linter나 마 섬유의 줄기가 그렇다.) 하지만 주로 3-20cm이내의 섬유로 국한할 수 있으며 면은 2-3cm, 모는

5cm 정도 된다. 필라멘트는 길이를 특정할 수 없는 거의 무한한 길이를 가진 섬유로 천연섬유에서는 Silk만 유일하게 해당 된다. 합성섬유나 재생섬유는 고분자 반죽으로부터 섬유를 성형하는 국수제조와 유사한 공정이므로 길이를 얼마든지 조정할 수 있으며 섬유는 길이가 길수록 실의 강력을 높이는데 유리하므로 긴 섬유로 제조된다. 필라멘트filament로 실을 제조할 때는 단한 개Mono-filament, 또는 여러 가닥을 겹쳐서Multi-filament 만들 수 있다. 또, 필라멘트라도 단섬유와 혼방하거나 또는 천연섬유와 유사한 외관을 갖기 위해 절단하여 Staple로 만드는 경우가 있는데 이를 Tow라고 한다. Linen의 아주 짧은 단섬유도 Tow라고 한다. 화섬이지만 대부분 Staple로 생산되는 것도 있는데 바로 아크릴Acrylic 이다.

필라멘트는 실로 만들기 위하여 단순히 다발로 하거나 또는 다발 상태에서 추가로 꼬임을 부여하면 되지만 단섬유는 상당히 복잡해 보이는 방적과정을 거쳐야 한다. 이렇게 제조된 실은 제직이나 편직을 통해 최종적으로 의류나 산업자재의 소재인 원단fabric이 된다. 초보자들은 섬유와 실을 혼동하거나 동일시 하는 착오나 오류를 범하기 쉽다. "섬유는 실의 재료이다. 실은 우븐 또는 니트 원단의 구성원으로써 수백 또는 수천개의 집합으로 만들어지지만 작은 한 조각의 원단에는 1억개가 넘는 섬유가 포함되어 있다".(Morton & Hearle, 2001)

섬유의 정의

섬유의 여러 가지 정의를 보면 "작은 선상Threadlike구조"(Hearle, 2009), 시험기관에서는 "직경의 최소 100배 이상 되는 길이를 가진 섬유원료"(ASTM), 학교에서는 "유연하고 가늘고 길이 대 두께의 비가 높은 Textile 원료"(Anonymous, 2002), 산업 현장에서는 "직경이 10-200미크론 정도되는 일축배향된 유연한 고분자로써 길이가 직경의 100배 이상 되는 기본 단위물질"(Landi, 1988) 결정과 비결정영역이 혼재된 가늘고 긴 형태의 유연한 고분자(섬유지식, 2008) 이상과 같은 정의로 섬유의 성격을 단순화해보면 '가늘다' '유연하다' '일정길이가 있다'로 축약할 수 있다.

섬유를 혼방하는 5가지 이유

섬유는 다른 섬유들과의 혼방Blending을 통해 다양화하고 있는데 그 이유는

1. 섬유의 종류가 생각보다 많지 않고
2. 각각의 물성이 완벽하지 않아 서로 부족한 기능을 보완하고
3. 간단한 공정을 추가하여 새롭거나 중간 성질을 가진 신소재를 창조할 수 있으며
4. 패션에서 가장 중요한 감성인 hand feel을 극적으로 개선,
5. 마지막으로, 가격을 경쟁력 있게 만들기 위해서이다.

교직과 혼방은 전혀 다르다

섬유는 실이 되기 위해 그 자체로만 사용될 때도 있지만 물성을 강화하거나 가격을 싸게 하기 위한 목적을 위해 혼방될 때도 있다. 여기서 혼방과 교직을 혼동하면 안 된다. 혼방은 섬유의 혼합이며 교직은 이종 사의 혼합이다. 즉, 혼방은 1차원인 실에 대한 개념이며 교직은 2차원인 원단에 대한 개념이다. 가장 흔한 혼방으로 T/C 즉, 면과 Polyester 단섬유staple의 Blending이 있다. Polyester는 최초에 Filament로 제조되지만 혼방을 위해서 Staple fiber로 절단되어 솜 형태가 되어야 한다. 혼방은 방적공정 중 '연조'에서 진행된다. T/C는 면의 약한 물성 보완이나 구김 방지 등에 좋지만 동시에 가격도 저렴해 진다는 장점이 있다. T/C는 면보다 훨씬 더 강한 물성을 가지고 있고 *레질리언스Resilience도 좋지만 두단계로 Polyester와 면을 각각 따

로 염색해야 하는 등 제조과정이 까다롭다. 그럼에도 불구하고 T/C의 가격이 100% 면보다 더 저렴한 이유는 폴리에스터 원료가격이 낮기 때문이다.

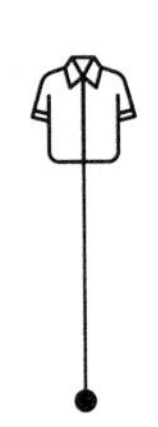

섬유의 성능Fiber Properties

새의 뼈는 속이 비어 있어서 가벼워 하늘을 나는 데 도움이 된다. 속이 비어 있는 섬유인 중공섬유는 가장 가볍고 따뜻한 섬유이다. 북극곰처럼 극한 지방에 사는 동물의 털이 중공섬유인 이유는 털의 빈 공간에 있는 공기가 단열작용을 할 수 있기 때문이다. Birds are lightweight and able to fly thanks to the hollow bones and feathers, which are filled with air. Like in a feather, it is the lightest fiber of all synthetic fibers in the world. Fur, consisting of hollow hair, is an adaptation of animals that live in very cold conditions, such as polar bears, polar foxes, reindeers, elks, caribous and alpaca. Their hair is a hollow tube with the air spacing in it and helping to insulate the animals from harsh temperatures.

-섬유지식-

각 소재의 성능을 소개하는 이 장은 소재 공부의 핵심이며 다른 모든 부분은 이를 자세하게 설명하는 과정이라고 봐도 된다. 처음부터 어려운 용어가 튀어나오더라도 이후의 장에서 모두 설명하는 과정이 나오므로 궁금증을 가진 채 그냥 넘어 가면 된다. 이 장

그림 16 _ 중공섬유

은 소재들이 갖고 있는 수십 가지 성능에 대한 전반적인 큰 그림을 머리 속에 그려 놓는 것이 학습 목표이다.

마는 여름 소재이고 모는 겨울 소재인 이유

섬유는 성분과 구조와 모양에 따라 매우 다양한 물리적 화학적 그리고 기계적 성질을 가지고 있다. 섬유의 이런 다양한 성질은 이후 원단이 되었을 때 매우 중요한 기본기능으로 나타나고 겉으로 보이는 광택, 접촉했을 때 느껴지는 따뜻함, 차가움, 부드러움 등 각종 감성을 반영하여 복종과 시즌 그리고 용도가 결정되는 가장 기초적인 변수가 된다. 보통, 기능은 후가공으로 추가된다고 생각하지만 대개는 섬유가 가지고 있는 기본적인 성능에서 비롯되는 경우가 많다. 마는 반드시 여름 옷이며 겨울에는 사용되지 않는다. 마가 시원한 이유는 후가공 때문이 아니라 마의 특성인 친수성과 까실함 그리고 높은 열전도율이라는 섬유 자체의 기본성능 때문이다. 반대로 양모가 겨울 Outerwear로 사용되는 이유는 Wool의 탁월한 보온성 때문이며 이는 특유의 흡착열이라는 발열 성질과 마와는 반대로 열전도율이 낮아 단열 성능이 생기기 때문이다. Wool이 정장Suiting에 적합한 이유는 *소모의 기본 성능인 Resilience 와 *Drape성 때문이다. 한편, 양모가 따뜻함에도 겨울 내의로 적용되지 않는 이유는 피부와 접촉했을 때 찌르기 때문이다. 다음은 섬유의 형태와 구조, 물리적 성질로 인하여 얻어지는 기능이나 성능에 관하여 다루고 있다.

섬유장 Fiber Length

섬유의 길이는 천연섬유일 때 매우 중요하다. 긴 섬유일수록 실을 만들기 쉽기 때문이다. 특히 면처럼 섬유장이 매우 짧은 경우는 섬유의 길이가 품질과 가격을 결정할 정도로 중요하다. 마가 인류 최초의 섬유가 된 이유는 적당하게 긴 섬유장 때문이다. 섬유장은 광택과도 관련 있다. 단섬유로 만든 원단과 장섬유로 만든 원단의 광택은 크게 달라서 장섬유인 화섬이나 실크를 면처럼 보이게 하려면 먼저 단섬유로 만들어 그 솜을 방적한 실로 원단을 만들어야 한다. 그 외는 어떤 방법으로도 둘을 이만큼 비슷하게 만들 수 없다. 같은 면사라도 길이가 더 긴 목화로 만든 실의 광택이 더 좋고 잡아당기는 힘에 견디는(인장강도) 저항도 크다. 섬유의 길이는 매우 중요하다. 실은 충분한 강력을 갖춰야 기본적으로 니트든 직물이든 제조가 가능하다. 직물이나 니트가 만들어진 이후에도 패션소재로서의 원단은 충분한 인장/*인열강도를 갖춰야 할 뿐만 아니라 지속적인 마찰을 견딜 만큼 강하면서도 또한 Soft해야한다. 강하면서도 부드러워야 하는 이율배반적인 조건이 성립되기는 사실 어렵다. 섬유의 길이는 이러한 조건을 충족시키는데 막대한 영향을 미치게 되므로 매우 중요하며 따라서 섬유장은 천연섬유의 자격을 결정하는 매우 중요한 요소가 된다. 특히 면은 섬유장 자체가 품질과 동일시 된다. 즉 가장 비싼 원면은 가장 섬유장이 긴 면이다. 천연섬유는 충분한 강력을 가진 실을 구성하기 위해 꼬임이 필요하다. 꼬임은 섬유들 간의 마찰을

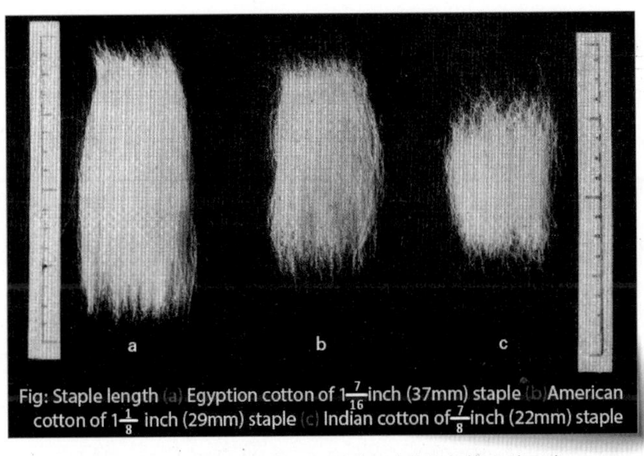

Fig: Staple length (a) Egyption cotton of $1\frac{7}{16}$inch (37mm) staple (b)American cotton of $1\frac{1}{8}$ inch (29mm) staple (c) Indian cotton of $\frac{7}{8}$inch (22mm) staple

그림 17 _ 산지 별 섬유장 - (a) 이집트면 (b) 미면 (c) 인도면

크게 하여 꼬임이 많을수록 실의 강력은 더 증가한다. 물론 한계를 넘으면 강력은 더 약해지고 오돌토돌한 *Crepe가 발생하므로 제한적이다. 섬유장이 길면 더 적은 꼬임으로도 원하는 강력을 확보할 수 있고 꼬임수는 실의 광택에도 영향을 미친다. 따라서 섬유장은 어떤 섬유이든 더 길수록 유리하다. 하지만 패션소재로서의 실은 때로는 방적사 같은 *Dull하고 불규칙한 질감Texture이 더 매력적인 외관을 형성하거나 내부에 공기를 더 많이 함유하여(함기율이 높아) 따뜻하고 Bulky하며 더 많은 탄성을 가져 soft한 hand feel을 형성하므로 필라멘트보다 유리할 때도 있다. 섬유장은 매우 중요한 요소이므로 이후의 장에서도 여러 번 되풀이 하여 언급될 것이다.

모양, 체표면적의 비밀

섬유는 겉으로는 1차원 선형으로 보이지만 실제로는 두께와 높이를 가진 3차원 물질이므로 미세구조를 보면 길이 방향의 모양은 물론 단면의 형태도 다양하게 확인할 수 있으며 내부에 빈 공간이 있거나 없는 것도 있다. 따라서 섬유의 모양은 3방향으로 분류할 수 있다.

- 길이방향Lengthways : Crimp가 있는 곱슬 형태와 없는 직모 형태, 주로 Wool이나 Hair
- 단면Cross Section : 원형, 삼각형 그 외의 기하학적 형태 등
- 내부Internal : 꽉 찬 형태이거나 비어 있는 중공형태 또는 내부Core와 외부Sheath가 이종의 물성으로 형성된 섬유

천연섬유의 단면은 고유하나 합성섬유의 단면은 목적에 따라 다양하게 제조할 수 있다. 최근 합성섬유의 단면은 체표면적을 크게 하여 흡습성을 좋게 하는 *wicking이나 속건Quick dry등의 용도로 사용되는 추세이다. 면의 단면은

강낭콩 모양, 실크는 부드러운 삼각형 단면을 가진다. 섬유 표면도 매끈한 것이 있는 반면, 모섬유처럼 Scale이 형성된 것도 있고 면처럼 약간 꼬인 형태로 되어있는 것도 있다. 이들 다양한 모양은 사의 강력, 수축, hand feel, 광택 심지어 때가 쉽게 타거나 잘 타지 않는 등 원인에도 직접적인 연관이 있다. 한가지 중요한 원단의 요소는 'Packing Factor'이다. 패킹팩터는 섬유가 실을 구성하는 공간을 어느정도 빽빽하게 차지하고 있느냐에 대한 척도이다. 낮은 PF는 원단 내부에 공기가 많아 개방되어 있다는 것을 의미한다. 높은 PF는 빽빽한 실이라는 뜻이다. 적절한 PF는 원단의 통기성에 관여하고 빽빽한 PF는 Drape 성능에 영향을 미친다. 높은 Packing factor는 원단이 무겁고 쳐지는 느낌이 들게 만든다. 레이온이 대표적인 예이다. 한편, Cover Factor는 fabric을 구성하는 원사의 밀집도를 숫자로 나타낸 것이다.

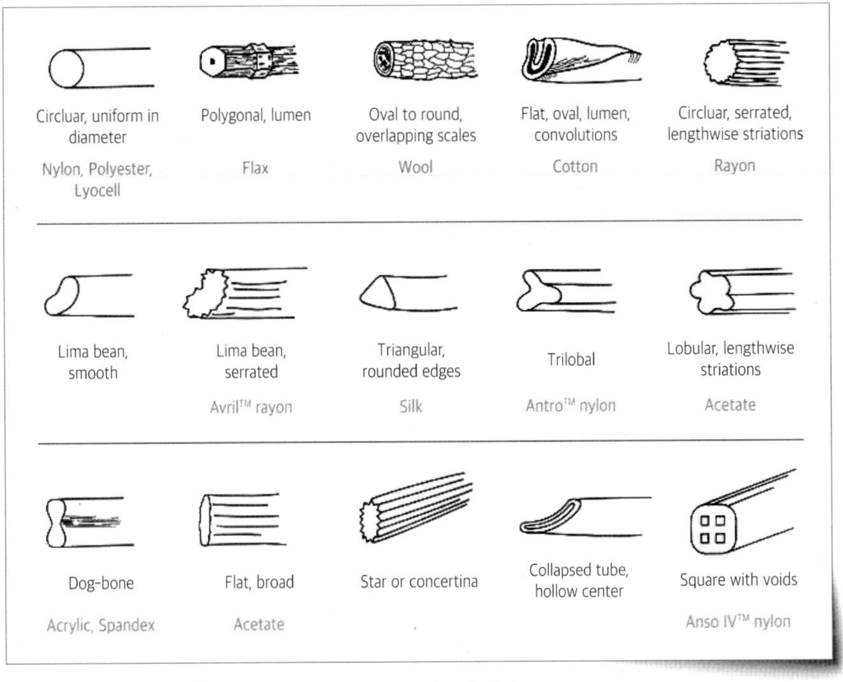

그림 18 _ 각 섬유의 단면

굵기 - Cashmere가 비싼 이유

캐시미어는 왜 그토록 부드러울까? 가늘기 때문이다. 섬유의 굵기는 가늘수록 좋다. 섬유의 굵기는 섬유와 실의 Softness를 결정하는 가장 중요한 요소이기 때문이다. 면 같은 천연섬유는 길이는 천차만별이지만 굵기는 모든 품질에 있어서 비슷하다. 천연섬유 중 굵기가 크게 다르게 나타나는 섬유는 Wool과 Hair이다. 사람도 남성과 여성의 머리카락을 비교해 보면 얼마나 큰 차이가 있는지 극명하게 알 수 있다. 모의 섬유장은 면과 달리 충분히 길다. 따라서 모의 가격과 품질을 결정하는 가장 중요한 인자는 섬유의 굵기가 된다. Cashmere와 Angora가 부드러운 이유는 오로지 굵기가 가늘기 때문이다. 모가 피부에 접촉했을 때 피부를 찌르거나 알러지를 유발하는 유일한 원인은 모섬유의 굵기이다. 가는 모는 피부를 찌를 수 없다.

Silk의 부드러움과 우아함은 그것이 세상에서 가장 가는 천연섬유이기 때문에 비롯된 것이다. 섬유의 굵기를 실크보다 더 가늘게 제조한 초극세사는 합성염료, 합성섬유의 발명에 이어 소재 역사의 3번째 혁명이라고도 주장하는 사람도 있다. (나는 아니라고 생각한다.) 폴리에스터 섬유는 굵은 것보다 가는 것이 더 감촉이 좋고 비싸다. 충분히 가는 섬유는 실로 만들어 제직이나 편직을 하지 않더라도 겹겹이 적층 하여 부직포로 만들면 치밀한 막을 형성하여 방수가 될 수도 있다. 물론 이런 원단은 방수가 되면서 동시에 '투습'도 가능한 영역이 존재한다. 가는 섬유는 *체표면적이(비표면적)이 매우 커지기 때문에 이를 이용한 다양한 성능을 설계할 수 있다.

천연섬유의 굵기는 불규칙하여 직경으로 나타내기 힘들지만 마이크로 미터Micro meter로 표시하면 보통 10-20um, 어떤 섬유는 50um이 넘는 것도 있다. 실크는 10-13um, Wool은 40um까지 나가며 Micro fiber는 6um 이하가 보통이다. 최근의 나노섬유Nano fiber는 100 나노미터(nm) 즉 0.1um정도 되는 굵기의 것으로, 이런 섬유로 부직포를 형성하면 방수가 되면서도 통기성이 나타난다.

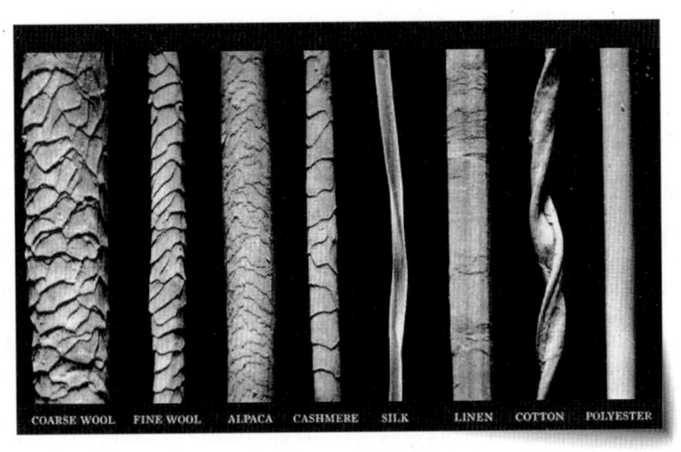

그림 19 _ 각 섬유의 굵기

섬유의 색과 광택 Fiber Color and Luster

광택은 Trend에 따라 극명하게 호 불호가 갈리는 감성 요소이다. 실크가 비싼 이유는 촉감뿐만 아니라 특유의 광택이 아름답고 우아하기 때문이다. 합섬의 광택은 제조과정에서 자연스럽게 나타나며 한 때는 환영받았지만 지금은 대개 저렴함의 상징이며 혐오의 대상이 되었다. 그 결과로 이를 없애기 위해 가공을 가하기도 하고 반대로 강조하기 위해 특별한 단면으로 방사하기도 한다. 다만 광택이 나타나기 어려운 단섬유는 좋은 광택은 희귀하며 따라서 언제나 선호하는 감성이 된다.

천연섬유는 고유의 색상을 가지고 있지만 합성섬유는 태생이 투명하거나 흰색이며 섬유 이전 상태에서도 특정 색을 부여할 수 있다. 천연섬유는 표백과 염색을 통해 원하는 색상을 부여한다. 예외로 모는 그 자체로 비싼 가격을 형성하고 있고 다른 천연섬유와 달리 Camel이나 Brown, Black등 천연의 색상을 지니는 경우가 있어 염색하지 않은 천연의 색을 그대로 원단까지 가져가는 경우도 있다. 그러나 천연이라는 특징을 살리기 위해 무염색으로 제조되는 일부 마직물과 고가의 모직물 등 고유의 천연색을 사용하는 경우는 흔치 않으며 최근, 친환경과 수자원 절약이라는 Sustainability 이슈로 인하여 염색을 절제하려는 압력이 나타나는 것을 제외하고는 색상이 가장 중요한 아이콘인 패션소재로써 대부분의 섬유는 염색이 필요하다.

천연섬유에 있어서 광택은 매우 중요한데 이는 표면의 매끄러움이나 단면의 모양으로 결정된다. 좋은 예는 삼각 단면으로 인하여 광택이 많이 나는 실크이다. 면도 해도면이나 피마면 같은 장섬유는 방적 시 꼬임을 적게 줄 수 있고 표면에 형성되는 모우가 적어 비교적 풍부한 광택을 지닐 수 있다. 레이온은 합성섬유처럼 액상에서 가느다란 노즐을 통과해 섬유가 되므로 표면이 매끄러워 면과 같은 셀룰로오스 성분 임에도 높은 광택이 특징이다.

강도Strength - 질긴 섬유 약한 섬유

물리적 힘에 버티는 강성인 인장강도나 인열강도, 파열강도, 마찰강도 등도 복종을 결정하는 중요한 요소인데 니트 원단으로 Outerwear나 바지를 만들지 않는 이유는 니트의 마찰강도가 약하기 때문이다. 물론 합성섬유의 강도가 천연섬유보다 대개는 높다. 그런 이유로 합섬은 야드당 중량이 20g도 안 되는 'Ultra-Light'라는 Trend를 가능하게 한다. 이런 원단은 Outerwear에 적합할 정도로 충분한 강도이지만 극히 얇고 가볍고 투명하기까지 하다. 세상에서 마찰에 가장 강한 섬유인 케블라Kevlar는 모터사이클복이나 극한 스포츠 복장으로 필요한 경우가 많다.

섬유의 강도는 고분자의 중합도와 분자내 *결정영역의 수준과 관계 있다. 예를 들어 면의 분자량은 10,000 정도인데 같은 셀룰로오스 섬유인 비스코스의 분자량

그림 20 _ 레이온사

은 500이다. 이는 비스코스가 면보다 부드럽고 잘 수축하며 drape성을 나타내고 강도가 더 약한 이유가 된다.

인장 강도와 신축성 Tensile Strength and Elongation

섬유의 인장강도와 신축성은 이로부터 만들어지는 실이나 원단의 특성에 크게 영향을 미치므로 매우 중요하다. 특히 인장강도는 섬유의 양쪽으로부터 당기는 힘에 대한 저항을 나타내는 척도로 필요한 적정 두께나 중량의 원단을 생산하는데 영향을 미친다.

예컨대 동일한 수준의 강력을 가진 원단을 만들기 위해 필요한 Wool의 중량은 Linen에 비해 4배 이상 무겁게 설계해야 한다. 섬유의 신축성은 인장강도와 함께 강력이 매우 중요한 인자로 작용하는, 등산용 로프 같은 용도에서는 매우 중요하다. 신축성은 인장강도를 더 크게 해주고 절단 충격을 줄일 수 있다. 마나 면 같은 식물성 섬유들은 신축성이 거의 없는 대표적인 섬유들인 반면 레이온이나 실크, 특히 Wool이나 Acrylic은 매우 신축성이 좋은 섬유이다.

가장 신축성이 좋은 섬유는 폴리프로필렌Polypropylene이며 그때문에 페트PET병의 병마개로 많이 사용된다. 신축성이 좋은 소재는 방수 성능을 위한 밀폐력을 높게 설계할 수 있으나 신축성이 없으면 방수 설계가 매우 어렵다. 미국, 유럽에서 일정한 굵기일 때의 인장 강력을 나타내는 척도는 테네서티Tenacity를 사용한다. 가장 Tenacity가 큰 섬유는 Linen이다. 즉 린넨이 천연섬유 중 가장 질긴 섬유이다. 가장 약한 섬유는 Acetate와 Wool, Acrylic으로 강력이 린넨의 25%에 불과하다. 또 인장강도는 수분과도 관계 있다. 섬유 내부에 수분이 있을 때 더 강해지는 린넨 같은 섬유가 있는 반면, 물에 젖으면 거꾸로 더 약해지는 레이온이나 Wool 같은 섬유도 있다.

표 1 _ 각 섬유의 인장 강도와 신도 : *습윤 강도는 비교 %임

섬유	강도	습윤강도	신도(%)
면	2.1~6.3	110~130	3~10
견	2.5~5.2	70~95	13~31
양모	1.0~1.7	76~97	25~50
레이온	1.5~2.4	44~45	15~30
아세테이트	1.1~1.4	66~70	25~45
나일론	4.5~6.0	85~90	16~45
폴리에스터	4.5~5.0	100	19~23
아크릴	2.3~2.6	80	20~28

유연성 - 찰랑거림과 부드러운 표면 감촉

원단의 '부드러움' 이라는 감성 요소는 두가지로 나타나는데 손끝에 만져지는 표면의 촉감, 그리고 그것과 전혀 상관없이 길게 늘어뜨렸을 때 파동성이 나타나는 '출렁거림'이다. 쇠구슬로 만들었더라도 발(구슬 커튼)은 출렁거린다. Silk처럼 부드러우면서 유연한 원단도 있지만 *조젯Georgette처럼 전혀 그렇지 않은 경우도 있으므로 원단의 유연성은 소재의 soft함과는 거의 상관없다. 의류소재의 유연성은 남성복과 여성복을 가르는 가장 큰 변수이다. 소위 Drape성이라고 불리는 파도 치듯 출렁이는 성질은 Dress나 Blouse 또는 Skirt 같은 여성의류가 반영해야 하는 페미닌Feminine 적인 필수 인자이다. 폴리에스터 원단은 후가공으로 이런 효과를 만들 수 있다.(찰랑거리는 여성 소재로 남성 수트를 설계한 Armani는 뛰어난 창조성을 가진 디자이너이다.)

Zara에서 처음 출시된 Polyester crinkled satin 원단은 매우 Soft하면서 높은 감량율로 인한 뛰어난 Drape성과 Satin 특유의 광택이 있는데 다 앞뒷면 Color가 약간 다르게 나오도록 염색했으며 Polyester에서는 거의 찾아 볼 수 없는 *크링클Crinkle한 Natural 외관까지 다양한 특성을 한가지 원

단에 갖춰 공전의 히트를 기록하였다. Rayon은 별도의 가공 없이도 자체로 매우 뛰어난 Drape성을 가진다. 장섬유는 물론, 단섬유 방적사로 만들어도 비스코스 레이온 원단은 탁월한 Drape성이 나타난다. 푸석한 면직물도 효소Enzyme 가공으로 놀라운 Drape성을 부여할 수 있다. A&F는 이런 면 가공으로 상당한 인기를 누렸다. Polyester의 Drape성은 우리나라가 섬유 강국이 될 수 있었던 중요한 요인인데 개발도상국 시절, 섬유의 부흥을 이끌었던 견인차가 바로 Polyester에 Drape성을 부여하는 감량 가공이다.(가공편에 자세히 나올 것이다.)

유연성의 과학 Flexibility or Stiffness

유연성과 딱딱함(경도)은 섬유에 있어서 반대 의미가 된다. 섬유의 유연성은 실이나 원단이 되었을 때의 hand feel에 영향을 미치므로 중요하다. 섬유의 유연성은 섬유의 물리화학적 결합구조나 결정영역Crystalline, 비결정영역Amorphous의 비례관계 등에 따라 달라진다. 예를 들면 마섬유는 매우 배향이 잘된 결정영역을 가진 셀룰로오스 고분자이므로 같은 셀룰로오스 섬유이지만 비결정영역이 우세한 면에 비해 매우 질기고 견고하며 신축성도 부족하다. 물론 면은 마섬유보다 더 가는 섬유이므로 더 부드럽다. 따라서 같은 두께나 중량의 원단이라도 각 섬유의 유연성에 따라 전혀 다른 촉감과 Drape성이 나타나게 된다. 유연성을 나타내는 척도는 여러 가지인데 굽힘성Bending 이나 영률Modulus이 그것이다. 영률Young's Modulus은 섬유의 초기 인장력에 대한 저항성으로 측정한다. 즉, 물체를 양쪽에서 잡아당길 때 물체가 늘어나는 정도와 변형되는 정도를 나타내는 길이 탄성률로 단위는 Newton/Tex, Gpa(Giga Pascal) 등이다. 1Pascal은 압력의 단위로 1제곱미터당 1뉴턴(m^2/N)의 압력이 미치는 힘을 말한다. 초기저항이 약한 섬유는 즉, 영률이 낮은 섬유는 높은 영률의 섬유에 비해 일정 힘이 가해졌을 때 쉽게 구부러지거나 늘어나게 될 것이다. 대부분의 모든 섬유는 0.08-10Gpa의 영률 값 범위 내에 있으며 Spandex같은 탄성섬유는 매우 낮은 영률 그리고 *케블라나 마섬유는 매우 높은 영률 값을 나타낼 것이다.

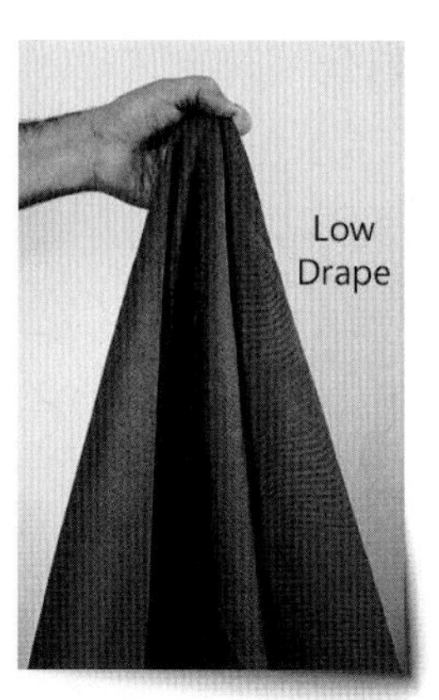

그림 21 _ Drape 성

Hand feel - Soft하다고 다 좋은 건 아니다

산업자재가 아닌 패션의류에서 촉감은 매우 중요하다. 촉감은 두가지로 나눠진다. 표면 촉감과 전체적으로 휘감기는 Drape성이 그것이다. 둘 다 좋은 경우도 있지만 어느 한쪽만 좋게 나타나는 경우가 대부분이다. 후가공에서의 한계는 대부분 hand feel 때문에 생긴다. hand feel은 대개 Soft를 지향하지만 반대로 너무 Soft하면 안 되는 의류도 있어서 *수지 resin를 투여하여 Hard하게 만드는 가공도 존재한다. Silk나 Cashmere처럼 원래 soft한 소재도 있지만 그렇지 않은 원단을 soft 하게 하는 가공은 다양하게 존재한다.

친수성 Hydrophilic - 물을 잘 빨아들이는 섬유가 쾌적한 이유는?

제왕이라도 바지를 입을 때는 한 발로 서야 한다. 팬티도 바지의 일종이다.

샤워 후 몸이 덜 마른 상태로 면팬티를 입어본 사람들은 안다. 발에 속옷을 뀔 때 팬티가 문어빨판처럼 잡아당기는 느낌으로 몸에 달라 붙는다는 사실을. 그것은 다름아닌 면의 친수성 때문이다. 면이 전체 의류소재의 50% 이상을 차지하는 이유는 면 특유의 탁월한 친수성에 기인한다. 인간은 체온 조절을 위해 24시간, 수증기를 뿜어내는 항온동물이다. 만약 수증기가 외부로 적절하게 배출되지 않고 피부 근처에 머무르면 즉시 불쾌하다고 느낀다. 민소매 내의와 반팔 내의의 기능적인 차이는 겨드랑이의 땀이다. 여름에 민소매가 반소매보다 더 시원할 것이라고 생각하지만 사실 겨드랑이에서 나오는 수증기와 땀을 흡수하는 반팔 내의가 훨씬 더 쾌적하다.

친수성 섬유는 인체가 뿜어내는 수증기를 즉시 빨아들여 피부와 옷 사이의 습도를 낮춰준다. 스스로 포화되어 공정수분율에 도달할 때까지 이 쾌적한 물리적 현상은 지속될 것이다. 피부와 의류 사이 공간의 습도는 쾌적성을 결정하는 가장 중요한 인자이다.

반면에 합섬 같은 소수성 섬유는 수증기를 피부 쪽으로 밀어냄으로써 습도를 높인다. 면보다 흡수력이 2배나 더 좋은 극세사 타월이라도 기능은 물이 액체 상태일 때만 작동하고 기체인 수증기는 원래대로 밀어내는 성질을 나타내며 액체의 물이라도 물이 수건에 접촉하여 모세관력이 작동하기 전인 초기에는 일시적으로 물을 밀어내는 발수현상을 나타낸다. 인체는 피부의 습도가 50%만 넘어도 불쾌하다고 느낀다.

동물의 털인 케라틴 단백질은 천연섬유 중, 가장 강한 친수성을 나타내는데, 면의 거의 두배 정도로 물을 빨아들이면서도 표면은 젖지 않은 듯 느껴진다. 인체에서 체온이 가장 높은 겨드랑이는 그로 인해 땀이 많이 나면서도 피부끼리 겹쳐 있어 적절한 배출이 어렵다. 그것이 겨드랑이 털이 존재하는 이유이다. 따라서 물을 밀어내는 소수성 섬유는 피부와 밀착하는 의류가 되면 불쾌감을 유발한다는 사실을 염두에 두고 소재를 선택해야 한다.

만약 Wool을 흡습 기능을 위한 소재로 선택하면 피부를 찌르는 문제를 반드시 해결해야 한다. 쉽지 않지만 굵기가 18미크론보다 더 가는 Wool을 사용하면 된다. 이런 방법으로 땀을 많이 흘려도 불쾌하지도 냄새도 전혀 나지 않는 셔츠를 설계할 수 있다.(미국의 Wool & Prince 셔츠 참고)

섬유가 물을 만났을 때 반응하는 행태는 섬유 자체의 성질뿐만 아니라 여타의 다른 물성에도 다양하게 영향을 미치기 때문에 중요하다. 섬유가 내부에 물을 보유하는 척도는 *공정수분률Moisture Regain로 표시한다. 공정수분율은 건조된 상태의 섬유가 일정 온도와 습도 하에서 흡수할 수 있는 물의 양을 섬유의 중량비율로 나타낸다. 즉, 표준시료Conditioned specimen에서 건조시료dry specimen의 중량을 뺀 다음, 그것을 건조시료로 나누어 100을 곱해 퍼센티지로 나타낸다. 섬유는 친수성Hydrophilic과 소수성Hydrophobic 섬유가 있는데 천연섬유는 동물성이든 식물성이든 모두 친수성을 나타내며 합성섬유는 차이는 있지만 예외없이 모두 소수성에 해당된다. 재생섬유인 레이온 계의 섬유는 원재료의 성질을 그대로 물려받아 친수성을 나타낸다. 물을 좋아하는 친수성 섬유는 습도에 따라 섬유 내부에 일정량의 물을 함유하고 있다.

반면 소수성 섬유는 습도와 상관없이 내부에 거의 물을 지니고 있지 않으며 그로 인하여 정전기 발생이나 인장강도, 수축율 같은 다른 물성에도 영향을 미치게 된다. 의류소재로써 섬유가 갖는 친수성과 소수성은 기능적으로 매우 중요한데 친수성은 의류의 쾌적성과 밀접한 관계이며 소수성은 방

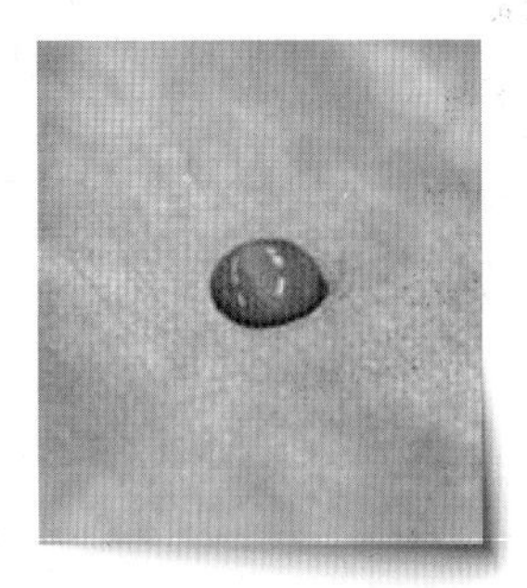

그림 22 _ 친수성 소재

수가공 같은 특수목적에 매우 중요하다. '흡착열'이라는 물리적 현상은 물이 기체상태에서 섬유를 접촉하여 흡수되는 과정에서 응결되어 액체로 변하면서 발생하는 발열 작용인데 수분율이 매우 높은 Wool은 흡착열이 발생하기 쉬워 겨울에 따뜻하다. 흡수율은 Wicking가공과도 깊은 연관이 있으며 이후에 더 자세하게 다룰 것이다.

소수성 Hydrophobic - 물을 밀어내는 섬유는 Outerwear 소재

물을 싫어하고 밀어내는 소수성질은 다양하고 변화무쌍한 외부기후를 견디는 의류에 적합하다. 이런 원단은 물에 잘 젖지 않으며 습기에 강하여 Weatherproof 기능 의류를 만드는 중요한 기본 소재가 된다. 대개는 방수 외에 발수를 추가하여 향상된 기능이 된다.

소수성 소재를 기존 상식과 반대로 피부와 밀착하는 내의나 셔츠로 적용하는 경우가 있는데 Outdoor의류로 흘리는 땀에 의해 소재가 젖어 체온이 급강하하는 상황을 막기 위해서이다.

소수성 소재는 미생물이 번식하는 습한 환경에 저항하기 때문에 물을 전혀 흡수하지 않는 폴리프로필렌 같은 극소수성 소재는 자동적으로 항균 Antimicrobial 기능을 갖게 된다.

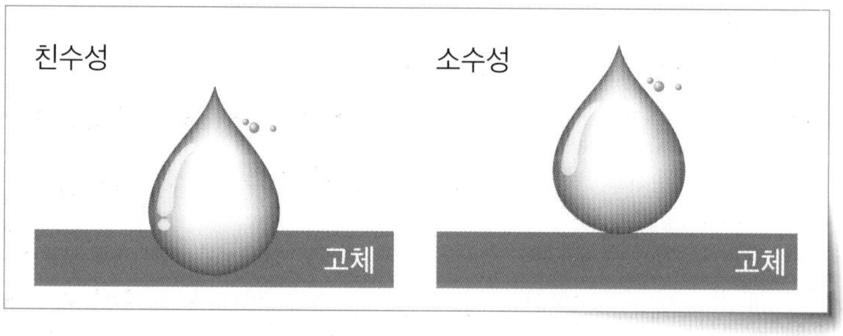

그림 23 _ 친수성과 소수성

흡습과 건조

면원단은 건조가 빠를까? 의외로 빠르다고 착각하는 사람들이 많다. 답은 정 반대이다. 물을 빨아들이는 성질과 건조는 정 반대이다. 흡습은 water in, 건조는 water out이다. 건조는 물이 원단을 떠나는 현상이므로 만약 원단이 물을 잡아당기면 증발 즉, 건조도 느려 진다. 면셔츠를 입고 만만한 청계산 옥녀봉만 올라도 정상에서는 땀으로 푹 젖는다. 그대로 하산하면 어떻게 될까? 면이 지독하게 마르지 않는다는 사실을 감기에 걸리면서 뼛속 깊이 체험하게 될 것이다. 등산용 셔츠는 면이 아닌 이유이다.

공정수분율 Moisture Regain – 양모와 함께 물도 구매하는 이유

공정수분율은 섬유가 수분을 보유하는 정도를 나타내는 척도이다. 건조 상태에서 단위시간내에 수분을 흡수하여 증가한 중량으로 측정한다. 표준 수분율은 실험실에서 나타나는 절대 표준이고 상거래를 위해 공정수분율을 사용한다. 중량 단위로 매매되는 양모는 순수한 섬유만 매매되는 게 아니라 그 안에 포함되는 물이 인정되는데 그것이 공정수분율이다. 수분율이 가장 높은 섬유는 Wool이고 가장 낮은 섬유는 올레핀 계열이다. 호주에서 양모를 100톤 수입하면 그중 16톤은 물값을 치르는 것이다.

보온 Thermal 성능 – 가장 따뜻한 섬유는?

보온성이 있는 의류는 불의 발명과 더불어 인류의 주거 범위를 발상지인 따뜻한 아프리카에서 동토인 툰드라, 캄차카 반도까지 확장한 일등 공신이다. 같은 두께나 중량의 원단이라도 소재에 따라 보온성은 크게 다르다. 보온성은 소재 자체에서 유래하는 것도 있고 이후 원사나 원단이 되었을 때의 구조에 따라 발생하기도 한다. 보온성을 증가시키는 물리적 요인은 두 가지인데 열전도율과 단열이다. 접촉으로 열을 이동시키는 성능인 열전도율이 낮아야 열이 느리게 빠져나가 직관적으로 보온 성능이 좋다고 느낀다. 우리는 어떤 소재가 열전도율이 높고 낮은지 잘 모르는 것 같지만 추운 겨울, 공원에 갔을 때 나무 벤치와 쇠 벤치 중 어느 쪽을 선택해서 앉아야 하는지 모르는 사람은 없다. 둘은 분명히 같은 온도이지만 그렇다고 느끼는 사람은 아무도 없다. 열전도율이 중요한 이유이다. 함기율은 소재가 공기를 포함하는 정도를 나타내는데 공기가 많이 포함될수록 단열 성능이 좋다. 공기가 우수한 단열재이기 때문이다. 단열재는 체온이 외부로 빠져나가거나 반대로 외부의 차가운 공기가 내부로 침입하는 것을 막는 역할을 한다. 함기율이 높을수록 더 많은 단열재를 가진 것이다. 열전도율은 소재 고유의 성질이지만 함기율은 기술력으로 개선할 수 있다. 섬유, 실 또는 원단에 빈 공간이 많을수록 함기율이 커진다. 인체는 차가운 느낌에 훨씬 더 예민하게 반응하므로 둘 중 열전도율이 더 중요하다. 면은 함기율이 높지만 열전도율도 높아서 아무리 두꺼워도 겨울 소재로 부적합하다. 마는 함기율은 낮고 열전도율은 높아서 여름 소재로 최선이다. 양모는 적절하게 설계할 경우 양쪽 모두 적합한 최적의 소재이다.

그림 24 _ 인류의 주거지를 확장한 보온 의류

전기적 성능 Electrical Properties of fibers - 정전기가 생기는 이유와 해결법

겨울에 정전기는 두가지 귀찮은 문제를 일으키기 때문에 무시하기 어렵다. 어떤 소재는 전기가 통하는 전도체이고 어떤 섬유는 부도체이다. 겨울에 활동하면 주위에 상당량의 전기가 발생하는데 주로 마찰 때문이다. 이렇게 발생한 전기가 다른 곳으로 흐르지 않고 한곳에 쌓이는 것을 정전기라고 한다. 정전기가 모여 전압이 커지고 일정 한계를 넘으면 폭발적으로 방전하여 불꽃을 튀기며 충격을 주게 된다. 전압은 높지만 전류가 낮아 죽지는 않으니 걱정하지 않아도 된다지만 당사자는 불쾌하기 짝이 없다. 짜증나는 전기고문 말고 다른 문제도 있다. 만약 원단이 블라우스처럼 얇고 Drape성이 있다면 정전기 때문에 옷이 피부에 들러붙어 곤혹스러운 장면을 연출한다. 만약 정밀전자 부품을 다루는 산업 현장에서 정전기가 생긴다면 미세하고 정교한 전자부품들을 고장내는 원인이 될 수 있으므로 더 큰 문제가 된다. 아무리 부도체라도 어느 정도 습도가 된다면 전기가 흘러갈 수 있으므로 부도체인 소재는 습도가 낮은 겨울에 불쾌하며 이를 일부라도 전도체로 만들어주는 기본 가공도 있다.

전기전도성Electrical conductivity은 섬유가 전하를 옮길 수 있는 능력을 말한다. 즉, 얼마나 전기가 잘 통하는지에 대한 척도이다. 섬유의 전기전도성은 섬유 고유의 비저항Resistivity 및 원단의 표면저항 값과 함께 공정수분율과 밀접한 관계에 놓여있으며 수분율이 낮은 소수성 섬유는 전기전도성이 불량하게 나타난다. 따라서 섬유의 수분율을 높여주는 가공은 정전기방지 가공의 하나가 될 수 있다. 처음부터 높은 전도체인 섬유는 없으므로 구리나 스테인리스 같은 전

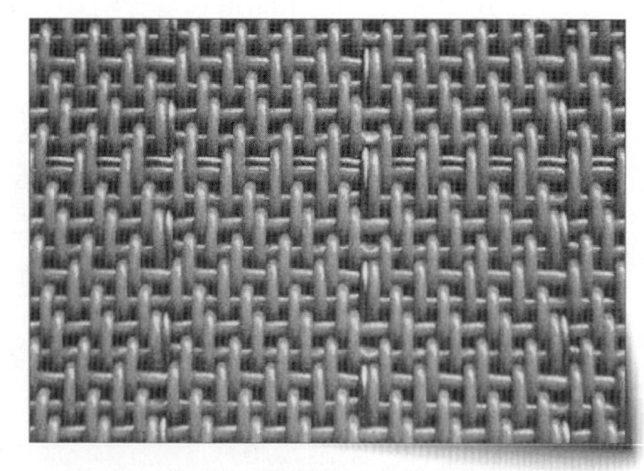

그림 25 _ 전도성 니켈 원사가 삽입되어 제직된 원단

기전도성이 높은 금속을 소재에 삽입하여 영구적인 정전기 방지나 더 나아가 전자파를 차단하는 기능까지 부여할 수 있다. 탄소는 좋은 전도체이므로 활용이 가능하다.

화학적 성능 Chemical Reactivity and Resistance – 산에 약한 식물성과 알칼리에 약한 동물성

소재가 산이나 알칼리 등에 견디는 능력에 따라 염색이나 가공 또는 오구를 제거하는 세탁을 어떻게 해야 하는지 결정된다. 원단은 황변Yellowing을 막기 위해 대개 산성 쪽으로 치우치도록 가공하므로 산에 강한 성질이 장점이 된다. 섬유는 전처리나 염색, 후가공 등에서 다양한 종류의 화학약품에 노출되는데 섬유의 종류에 따라 친화성이나 저항성이 다르게 나타난다. 예컨대 동물성 섬유는 주성분이 단백질이므로 Wool이나 Silk는 알칼리에 약하다. 식물성 섬유는 셀룰로오스Cellulose가 산에 잘 녹음으로써 면이나 마는 산에 취약하다. 이를 반대로 이용하여 가공을 하기도 한다. 면의 감량 가공에 필요한 효소가공은 효소가 활성화되기 위해 산성 조건이 필요하다. 가공 시간도 중요하다. 시간이 지체되면 면직물이 취화되어 강력이 급감한다는 사실을 알고 대비해야 한다. 면에 강알칼리를 투여하여 광택을 내는 Mercerizing가공도 있다. Polyester는 알칼리에 약하다. 이를 이용하여 수산화나트륨 같은 강알칼리에 노출시켜 감량가공Alkali Castigation Process으로 Drape성을 얻고 표면에 *크레이터Crater가 형성되므로 심색 가공이라는 부수효과를 노릴 수도 있다. 이 밖에도 올레핀Olefin은 일광에 약하지만 물을 전혀 흡수하지 않아 물에 의한 부식이 일어나지 않으므로 해양스포츠 소재로 적합하고 반대로 Acrylic은 내후성이 강하여 어닝Awning으로 사용할 수도 있다. 비누는 알칼리 성분이다. 따라서 동물성 섬유를 비누로 세탁하면 안 된다. Wool을 혹시라도 물 세탁 할 때 반드시 중성세제를 사용해야하는 이유이다.

레질리언스Resilience - Wool이 양복 소재로 적합한 이유

소재가 잘 구겨지지 않는 성능은 중요하다. 레질리언스는 섬유가 굽힘, 꼬임 또는 접힘 압력 같은 외력에 의한 변형이 생겼다 원상태로 돌아오는 능력을 말한다. 마는 최고의 여름 소재지만 디자이너가 마의 선택을 두고 갈등하거나 소비자가 마로 된 셔츠나 자켓을 구매할 때 심각하게 망설이는 이유는 레질리언스 성능이 좋지 않음에 있다. 같은 합섬이라도 폴리에스터는 구김을 타지 않지만 나일론은 잘 구겨진다.

탄성회복Elastic Recover이 좋은 섬유는 종종 우세한 Resilience를 보인다. Wool은 Resilience가 탁월한 천연섬유이며 마는 Resilience가 좋지 않은 대표적인 섬유이다. 합섬은 좋은 영률과 신축성, 탄성을 가졌으며 Resilience도 나쁘지 않아 Active wear를 위한 이상적인 소재라고 할 수 있다. 이 성능은 의류에 중요한 특성이었지만 21세기에 들어와 Crinkle, Crush같은 기존에 없던 '구김'이라는 Trend가 생기면서 구김에 약한 소재의 선택이 늘어나게 되었다.

심지어 일부러 구김을 만들기 위해 금속섬유를 삽입한 Metal 소재가 크게 유행하기도 했고 금속처럼 구김을 그대로 유지하는 비탄성의 Memory 원단은 지금도 꾸준히 인기가 좋다. 섬유의 구김은 섬유가 접힐 때 분자간 수소결합이 깨지기 때문에 발생한다. 이때문에 수소결합으로 연결된 식물 섬유들은 Resilience가 나쁘다.

반면 가교결합Cross-Linking이 주종인 Polyester는 구김에 강하다. 나일론은 비교적 구김이 잘 생기기 때문에 Crushed 가공이 된 화섬은 대부분 나일론이라고 보면 된다. Crinkle이나 Washer 가공된 폴리에스터는 발견하기 쉽지 않지만 그렇다고 구김 가공이 불가능한 것은 아니다.

Zara는 Washer 가공된 폴리에스터 블라우스로 여러 시즌 공전의 히트를 친 적이 있다.

열저항성 Thermal Resistant of Fibers–
다림질할 때 특히 주의해야 하는 섬유는?

합섬인 경우 융점이 낮아 염색이나 가공에 한계가 있는 소재가 있다. 거꾸로 낮은 융점을 이용하여 가공하기도 한다. Spandex도 열에 약하다. 합섬은 세탁 후 다림질 온도에도 조심해야 하지만 합섬의 한 종류인 Nomex는 아예 불에 타지 않는 섬유이다. 폴리에스터 보다는 나일론이 열에 더 약하다. 면이나 마 같은 식물섬유는 열에 강한 편이다. 폴리에스터와 비슷한 정도의 열저항성 나일론을 원한다면 대만에 가서 *Nylon66을 구매하면 된다. 우리나라의 나일론은 모두 열에 약한 Nylon6이다. 섬유의 열적 성질은 섬유 고분자의 화학적 조성에 따라 달라지는데 융점에 따른 내열성에 대한 성질과 열전도율에 따른 단열재로의 성질 그리고 가연성Flammability으로 나뉜다.

섬유가 녹을 때는 열가소성Thermoplastic 또는 열경화성Thermosetting을 보이는데 열가소성섬유는 고온에서 말랑말랑해진 다음 녹는다. 열경화성 섬유는 말랑해 지는 과정 없이 바로 탄화 되거나 가루가 된다. 이는 섬유의 내열성을 규정할 수 있는 중요한 기준이다.

섬유의 열전도율에 따른 성질은 보온섬유를 설계할 때 필요하다. 섬유의 가연성은 화재 시 화상을 줄이거나 악화시키는데 중요한 인자로 작용하므

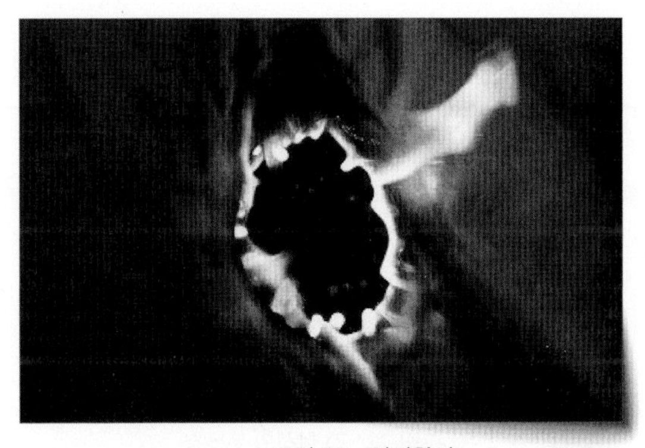

그림 26 _ 열저항성

로 미국에서는 매우 혹독하게 취급한다. 즉 가연성이 높은 섬유는 사용할 수 없다.

Flammability Class(가연성 등급)

The requirements are different for plain surface and raised surface fabrics. Fabrics are classified into Class 1 Normal Flammability, Class 2 Intermediate Flammability and Class 3 Rapid and Intense Burning, according to the time of the burn and the characteristics of the burn. Class 1 is the best class and Class 3 the worst. Fabrics or garments made from fabrics with a Class 3 testing result are not allowed to be sold on the US market.

미국에 수출되는 봉제품에 대한 가연성 등급은 Class 1으로 가장 나쁜 3등급은 아예 수입이 금지된다. 섬유의 가연성은 LOI Limiting Oxygen Level지수로 확인할 수 있는 데 LOI는 불이 붙는데 필요한 산소 요구량이므로 낮을수록 불에 잘 타는 물질이다. 예컨대 면이나 폴리에스터, 나일론, 폴리프로필렌은 18-25 정도로 LOI가 낮은 편이며 Wool이나 Aramid섬유는 25-30으로 LOI가 높다.

합섬의 녹는점

Typical melt spinning:

Polymer	Melting point
Nylon - 6,6	264°c
Nylon - 6	220°c
PET	264°c
Polypropylene	167°c
Poly ethylene	125°c

그림 27 _ 각 합섬의 녹는점

염색성 - 염색 되지 않는 섬유도 있다

아무리 탁월한 장점과 기능을 가진 섬유라도 염색이 되지 않으면 의류소재가 될 수 없다. 물에 젖지 않고 유일하게 물에 뜰 정도로 가장 가벼우며 장기에 삽입해도 될 정도로 인체에 해롭지 않고 Wool보다 더 따뜻한 꿈의 섬유인 폴리프로필렌은 염색이 되지 않아 겨울내의로 밖에 쓸 수 없다. 소재별로 염색 친화성을 따져 염료를 결정한다. 폴리에스터는 다른 소재에 비해 염색성이 좋지 않은 편이다. 그에 반해 나일론은 염색성이 탁월해 대개의 염료에 염색된다. 각각의 염료는 한가지뿐만 아니라 다른 여러가지 소재를 염색할 수 있어 교집합을 이룬다. 염색할 때 선택하는 소재 별 염료는 그 중 최적의 염료이다.

표 2 _ 소재별 염료

Name of Dyestuffs	Fibers that can be dyed
산성(Acid)	Silk, wool, polyamide, leather
염기성(Basic)	Acrylic
직접(Direct)	Cellulosic, viscose
분산(Disperse)	Acetate, triacetate, polyamide, polyester, acrylic
반응(Reactive)	Cellulosic, viscose, protein
배트(Vat)	Cellulosic
황화(Sulphur)	Cellulosic

소리 - 군복만 소리를 싫어하는 건 아니다

군복에서 싫어하는 두가지는 바스락거리는 소음과 적외선 투과이다. 인체에서 나오는 적외선이 군복을 투과하여 밖으로 나가면 야간 전투에서 전멸된다. 군복이 아니더라도 옷에서 나는 바스락 거리는 소음은 대개의 디자이너가 혐오한다. 소리를 소음이라고 표현하듯, 모두 나쁘고 제거 대상인 것만은 아니다. 실크는 견명이라고 하여 소리 자체를 좋아하는 예외적인 경우에 해당한다. 하지만 대부분의 소리는 선호되지 않는다. Drape성이 있거나 soft한 원단에서는 소음이 나지 않지만 stiff한 원단일수록 심하게 소음이 난다. 마찰 소음이다. 특히 코팅한 원단은 소리가 더 심해지는 경향이 있다. 단지 원단에서 나는 소리에 대해 연구하는 학자가 있을 정도이다.(연세대학교 조길수 교수)섬유 단면을 변형하여 체표면적을 크게 하면 소음이 나지 않는 원단을 설계할 수 있다.(Toray의 SAF)

탄성 Elasticity

섬유를 늘렸다 놓았을 때 원래대로 돌아가는 힘을 리커버리Recovery라고 하며 각 섬유의 '고유탄성계수'에 따른다. Recovery는 힘을 제거했을 때 즉시 돌아가는 Elastic Recovery와 시간을 두고 천천히 돌아가는 Creep Recovery가 있다. Elastic Recovery는 가해진 힘이 제거되었을 때 원상태로 돌아가는 섬유 길이의 신장으로 평가한다. 예컨대 "50% Recovery after 5% stretch" 라는 식으로 표기한다.

따라서 Spandex 같은 탄성섬유Elastomeric는 고도의 신장성과 대체로 완벽한 Elastic Recovery를 가진 섬유라고 정의할 수 있다. 섬유 자체는 탄성이 없지만 Crimp를 가하여, 즉 곱슬로 만들어 탄성이 생기게 할 수 있는데 이것을 Mechanical stretch라고 하며 Polyester에서 흔하다.

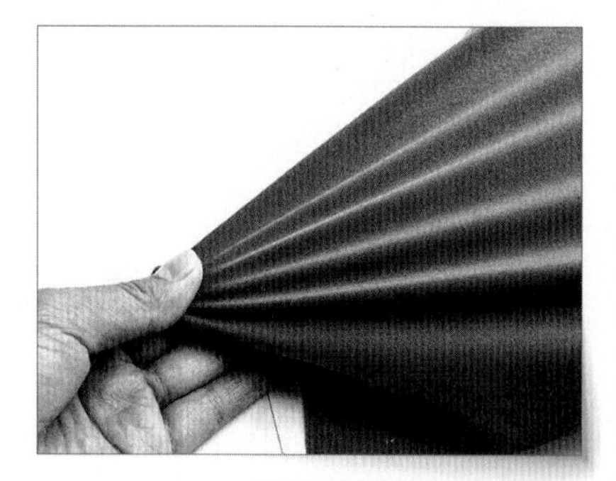

그림 28 _ 탄성

마찰저항 Abrasion Resistance

마찰저항은 다른 두 소재를 비벼서 마찰했을 때 견디는 힘이다. 마찰저항이 나쁜 섬유는 생활마찰 뿐만 아니라 잦은 세탁을 견디기도 힘들어 빨리 낡을 것이다. 마찰저항은 섬유의 인장강도에 비례하는 강인함Tenacity과 관계 있으며 바지, 스커트 또는 가방의 재료가 되는 소재는 특히 마찰에 강해야 한다. 마찰저항은 다음 3가지가 있다.

- 평면마찰Flat abrasion : 원단 표면의 rubbing
- 접힘마찰Flex abrasion : Bending, folding에 의한 마찰
- 모서리마찰Edge abrasion : Collar나 Cuffs등 모서리에서 발생하는 마찰

나일론은 마찰저항이 우수해 가방소재로 많이 사용된다. Nylon의 한 종류인 코듀라Cordura는 가방소재로 특별히 설계된 마찰에 강한 나일론 직물이다. 마찰저항이 가장 좋은 섬유는 방탄복 소재로 자주 사용되는 Kevlar이다. Wool도 마찰저항이 뛰어나 오래 입을 수 있으나 면은 접힘이나 모서리 마찰저항이 약한 편에 속한다. Denim을 Vintage 가공하기 쉬운 이유가 바로 그것이다.

섬유의 비중 Specific Gravity

각 섬유의 비중은 가장 가벼운 섬유와 가장 무거운 섬유가 60%이상 차이 날 정도로 다양하다. 천연섬유는 대개 무겁다. 가장 비중이 큰 섬유는 면으로 1.54 이다. 레이온도 셀룰로오스로부터 유래하므로 비중이 1.5정도로 무거운 섬유이다. Wool이나 Silk같은 동물성 섬유의 비중은 1.3 정도이며 Polyester계도 1.3이 조금 넘는 비중을 가진다. Acrylic이나 Nylon은 비중이 1.1대로 가벼운 편에 속한다. 세상에서 가장 가벼운 섬유는 비중 0.91인

폴리프로필렌Polypropylene이다. 즉, 이 섬유는 유일하게 물에 뜨는 섬유이다. 같은 올레핀 계열인 Polyethylene도 물에 뜨는 섬유이지만 타이벡Tyvek을 제외하고 의류소재로는 거의 사용되지 않는다. 그런데 우리는 실제로 면이 가장 무거운 섬유라고 생각하지 않으며 그렇게 느낀 적도 없다. 섬유의 비중과 우리가 실제 경험하는 원단의 무게감이 다른 이유는 바로 실이나 원단 내부에 공기를 포함하는 비율인 함기율 때문이다.

섬유가 실이 되고 또 제직이나 편직되어 원단으로 바뀌면 단순히 섬유의 비중이 아닌 실을 구성하는 밀도 또는 원단을 구성하는 밀도에 따라 함기율이 다르고 비중이 크더라도 함기율이 높으면 우리는 그 원단이 가볍다고 느낀다. 대표적인 케이스가 면이다. 반대로 Rayon은 면과 거의 비슷한 비중이지만 매우 무겁게 느껴진다. 이는 비스코스 레이온 원사와 직물의 함기율이 매우 낮고 Drape성이 있기 때문이다. 또 섬유의 비중은 실의 굵기 단위인 번수에도 영향을 미친다. 실의 번수는 일정 길이당 무게 또는 일정 무게당 길이로 표시하기 때문에 비중이 큰 섬유는 번수보다 더 가늘고 비중이 적은 섬유는 표시된 번수보다 더 굵다. 이에 대한 내용은 실의 번수에서 자세하게 언급할 것이다.

표 3 _ 섬유의 비중

섬유	비중	섬유	비중
면	1.54	아세테이트	1.32
아마	1.50	나일론6	1.14
양모	1.32	폴리에스터	1.38
견	1.39	아크릴	1.15
레이온	1.52	PP	0.91
폴리노직	1.52	폴리우레탄	1.20

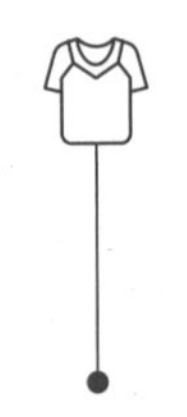

소재와 섬유의 종류

bamboozle

verb [T]

informal

UK

/bæmˈbuː.zəl/ **US**

/bæmˈbuː.zəl/

to trick or deceive someone, often by confusing them :

She was bamboozled into telling them her credit card number.

동의어

hoodwink 누군가를 기만하거나 속이다

-영국 캠브리지 사전에 등재-

섬유 종류에 대한 구분은 의류의 라벨에 사용될 때 보수적으로 사용하지 않으면 큰 낭패에 빠질 수 있으므로 미국의 FTC나 유럽의 ISO 등에서 제정한 Generic Term을 잘 숙지하여야 한다. 예컨대 대나무Bamboo 섬유는 재생섬유의 일종으로 많은 브랜드들이 이를 마치 신소재인 것처럼 라벨에 사용하여 수천만불의 막대한 벌금이 부과된 적 있다. 재생섬유는 대개 나무에서 비롯되지만 나무의 수종은 재생 후 결과물과 상관없으므로 어떤 나무가 원료로 사용되었는지에 대한 표기나 정보는 Generic Term에서 인정하지 않고 있다. 따라서 대나무로 만들었더라도 그것은 Generic Term의 범주안에서는 Viscose Rayon에 불과한 것이며 실제 결과물도 여타의 나무로 만든 그것과 전혀 다르지 않다. 즉, 대나무라는 특성은 이 소재에 전혀 나타나지 않으며 실험실에서도 다른 레이온과 전혀 구분할 수 없다.

-섬유지식-

17세기 이전만 해도 직물 생산은 가내수공업에 의지했다. 당시의 주요 섬유는 모, 면, 견, 대마와 린넨 이었다. 그 중 인류 최초의 섬유라고 할 수 있는 소재는 단연코 '마'였다. 이유는 단순하다. 섬유장 때문이다. 즉, 섬유를 손으로 꼬아 실로 만들기 쉬웠다는 말이다. 이후에 일어난 산업혁명이 의미하는 것은 단순히 대량생산을 위한 새로운 생산방식기술의 발전을 의미할 뿐 사실상의 진정한 소재혁명은 아니다. 섬유 소재에 대한 진정한 혁명은 이후 300년 동안 일어나지 않았다. 다른 과학분야의 진전에 비해 늦은 것이다. 최초의 인조섬유는 19세기 후반에 셀룰로오스Cellulose를 녹여 다시 섬유 상태로 만든, 이른바 재생섬유Regenerated Fiber의 출현에서부터 시작된다. 재생섬유는 20세기 초반에 대량생산에 들어갈 수 있었다. 재생섬유는 식물 원료를 화학적으로 변형시킨 단순한 것으로 진정한 인류 최초의 인조섬유는 석탄이 원료인 1935년, 캐로더스Carothers가 발명한 '나일론'이다.

나일론의 발명은 섬유역사 뿐만 아니라 화학의 역사에서도 인류 최초의 인공중합이라는 면에서 특기할 만한 사건이다. 동시대에 Polyester와 Acrylic으로 이어진 3대 합성섬유 출현이후 현재에 이르기까지 다양한 소재를 개발하려는 시도가 이어졌지만 Spandex 말고는 사실상 획기적인 진전은 이루어지지 않고 있다.

소재 → 섬유 → 실 → 원단 → 의류

섬유의 종류는 크게 천연과 인조, 두 가지로 나눌 수 있다. 그런데 천연도 아니고 그렇다고 인조도 아닌 재생섬유 라는 것이 있다. 재생섬유는 천연에서 유래한 소재지만 섬유 형태가 아니어서 화학변화를 거쳐 섬유로 만들기 위해 성형 가능한 고분자 물질로 변환된 섬유를 말한다.(나중에 자세히 나온다) '국제적인'이라는 단어가 International → Worldwide → Global로 변화한 것처럼 용어도 유행을 탄다. 인조섬유라는 용어 대신 요즘은 화학섬유(이후 화섬) 또는 합성섬유(이후 합섬)라고 부른다. '반합성섬유'라는 것도 있는데 재생섬유의 한 종류이지만 물성이 합섬처럼 변해버린 섬유를 말한다.

앞으로 다룰 모든 소재는 학술적인 분류가 아닌 상업적인 분류를 따른다. 따라서 미국 FTC(Federal Trade Commission)의 총칭인 Generic Term을 기준으로 설명해 나갈 것이다. 섬유 소재의 국제적인 기준은 유럽의 ISO와 미국 FTC가 양대 축을 이룬다. 둘은 서로의 기준을 대개 인정한다.

천연섬유

천연섬유는 식물성, 동물성, 광물성으로 다양한 종류가 있지만 우리나라의 공식적 분류는 앞서 얘기한 면, 모, 마, 견 4가지이며 미국과 유럽은 6가지가 된다. 차이는 마섬유이다. 우리나라는 모든 마섬유를 한가지로 분류한 반면, 미국과 유럽은 마 종류 중 Linen, Ramie 그리고 Hemp 3종을 각각의 천연섬유로 별도 분류한 것이 다르다. 이외의 섬유는 아무리 그것이 천연에서 유래했더라도, 따라서 '천연'이라는 타이틀을 붙이고 싶은 강한 유혹이 생기더라도 어떤 것이든 모두 공식적인 천연섬유로 분류되지 않는다.

여기서의 공식적 분류는 의류의 라벨에 사용할 수 있는 이름인 'Generic Term'을 말한다. 물론 마가 여러가지인 것처럼 모에도 다양한 종류가 있다. 그중 몇몇은 Wool이라는 Generic name 말고도 각각의 Generic name을 가지고 있다. Cashmere가 대표적이다. 이들은 각 소재를 다룰 때 정확하게 언급할 것이다.

화학섬유(합성섬유)

화섬은 다양하다. 그리고 더디기는 하지만 계속 새로운 것이 발명될 것이다. 하지만 현재, 패션 의류로 사용되는 화섬은 주종 3가지와 Spandex만 알면 된다. 그 외의 화섬은 특수 목적을 위한 옷이나 작업복, 산업자재 등에 사용되는 것들로 패션과는 거리가 있다. 사실 패션의류로 사용할 만한 화섬은 드물다고 할 수 있다. 그만큼 의류로 제작함에 있어 수많은 조건을 패션의류가 요구하기 때문이다.

합섬의 Big3는 Polyester, Nylon, Acrylic이다. 폴리에스터와 나일론은 실크를 모방했고 아크릴은 Wool을 모방한 일종의 생체모방Bio-mimics이라고 할 수 있다. 따라서 섬유의 형태도 오리지널을 따라 장섬유 또는 단섬유로 제작된다.

Polyester와 Nylon이 비록 실크를 모방하기는 했지만 탁월하고 강인한 물성으로 인해 실크보다 훨씬 더 폭넓은 용도로 개척되어 사용된다. 즉, 실크로서는 넘볼 수 없는 Sportswear나 Outerwear, Outdoor 의류의 소재로 두 화섬이 가장 적합하다고 할 수 있다. 특히 폴리에스터는 겉옷과 속옷을 포함한 거의 모든 복종에 사용될 수 있을 정도로 응용범위가 넓다. 심지어 패딩의 충전재로도 사용되는데 폴리에스터의 가장 큰 수요는 정작 의류가 아닌 PET병이라는 사실이 재미있다.

최근 Sustainability를 추구하기 위한 재생합섬Recycled synthetic도 나일론보다 폴리에스터가 구하기도 쉽고 재생이 쉬워 *소비된 제품의 재생 Post-Consumer product라는 면에서 유용하다.

재생섬유

셀룰로오스를 원료로 하는 레이온과 콩이나 우유에서 추출한 단백질을 원료로 하는 Azlon 그리고 탄수화물을 발효하여 만든 PLA 등이 있으나 우리는 Rayon만 공부하면 된다. 그 외는 거의 상용되지 않고 있다. 거의 만날 일이 없다는 뜻이다. Rayon은 만드는 방법에 따라 여러 종류가 있고 복잡하지만 이것들은 반드시 숙지하고 각각의 차이점을 충분히 이해하고 있어야 한다. 그렇지 못할 경우 OO인견이나 대나무 섬유처럼 소비자를 현혹하는 마케팅에 노출될 것이다.

특수섬유

원단에 탄성Stretch을 부여하는 섬유인 Spandex는 PU(폴리우레탄)의 한 종류이기 때문에 패션에 다양하게 상용되는 유일한 특수섬유이다. 그 밖에 가장 가벼운 섬유인 PP나 PE는 Olefin에 속하지만 염색이 되지 않아 그동안 별로 쓸모가 없었다. 하지만 앞으로는 Sustainability소재로 주목을 받을 수도 있다. 특수섬유인 Aramid섬유에는 불에 타지 않는 Nomex와 방탄 섬유로 유명한 Kevlar가 있다. 패션에는 사용되지 않지만 소방복이나 극한 스포츠에는 없어서는 안 되는 소재이다. 그렇기 때문에 아라미드 섬유는 요즘 미국에서 일어나는 빈번한 총기 사고로 인해 주목 받고 있다. 그 외에도 유리섬유 같은 광물성 섬유도 있고 금속성 섬유도 있지만 그런 것들은 패션의류에 사용되지 않는다. 금속 섬유는 스테인리스 섬유와 구리 섬유로 나뉘는데 스테인리스 섬유는 패션 용도로 구리 섬유는 기능 섬유로 사용된다는 것이 다르다. 또 금속처럼 보이는 반짝이는 실이나 원단이라도 실제로는 금속이 아닌 경우가 대부분이고 화섬(주로 폴리에스터)에 알루미늄 금속박을 라미네이팅한 것들이다.

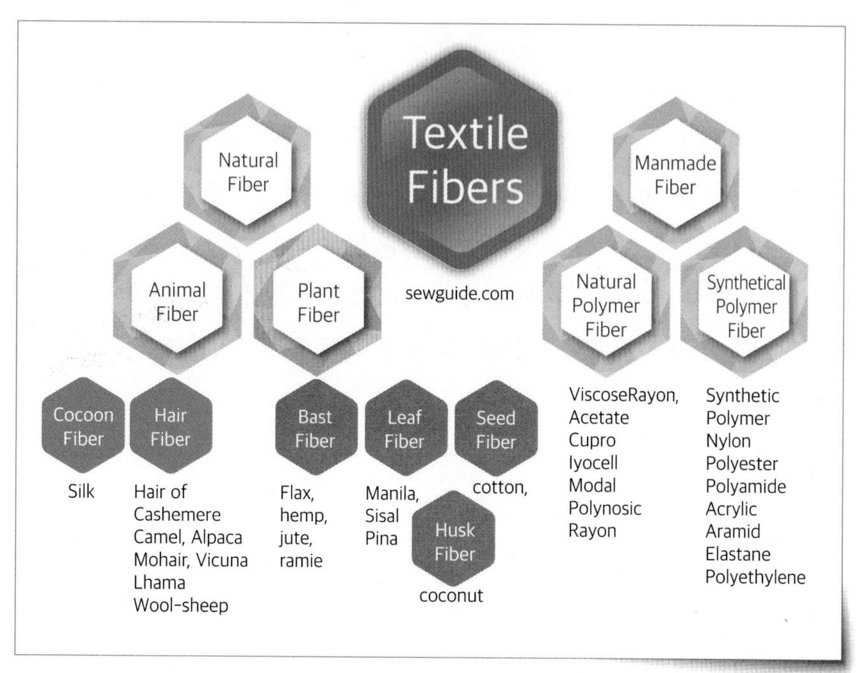

그림 29 _ 소재의 종류(영국 옥스포드 분류)

심화학습

Types of fibers

섬유의 종류는 다음의 3가지 그룹으로 구분할 수 있다.

- 천연섬유
- 재생섬유
- 합성섬유

천연섬유는 식물, 동물 광물성 섬유로 분류할 수 있는데 이 중 광물성 섬유인 석면Asbestos은 심각한 수준의 발암성이 있다는 사실이 밝혀져 더 이상 사용되지 못한다. 유리섬유도 광물성으로 분류된다. 가죽은 동물성 섬유로 이루어진 일종의 부직포이나 태생이 섬유가 아닌 Fabric이므로 이 분류에는 포함하지 않는다.

- 식물성 섬유 또는 셀룰로오스 섬유
- 동물성 섬유 또는 단백질 섬유

식물성 섬유는 그것이 어디로부터 유래되었든 다음의 3가지로 분류된다.

- 씨Seed : 면
- 줄기Bast : 마(Linen, Hemp, Ramie가 의류에 사용되는 마 소재이다)
- 잎Leaf : 사이살Sisal, 삼 등

동물성(단백질) 섬유는 크게 3가지로 분류할 수 있다.

- Wool : 양털만 해당된다
- Hair : 양을 제외한 모든 동물의 털, Cashmere, Angora같은 염소나 토끼털 등
- Silk : 누에고치

합성섬유는 다음과 같이 분류된다.

- 합성고분자 : Nylon, Polyester, Acrylic, Spandex
- 무기섬유 : 탄소섬유, 유리섬유, 세라믹Ceramic이나 모든 종류의 금속(Metallic) 섬유

무기섬유Inorganic fiber는 반드시 섬유상을 띠어야 섬유로 분류될 수 있다. 구상이나 면상으로 되어있는 무기질은 섬유로 분류되지 않는다. 예컨대 재귀반사 소재에 사용되는 유리는 구형Beads으로 재귀반사원단의 50% 넘는 중량을 차지 하지만 섬유형태가 아니기 때문에 'Glass'라는 표기를 할 수 없다. 합성고분자Synthetic Polymer는 다양하지만 다음의 5가지로 크게 분류할 수 있다.

- 폴리에스터Polyester계 : PET, PTT, PBT 등
- 폴리아미드Polyamide계 : 나일론Nylon
- 올레핀Olefin계 : Polypropylene, Polyethylene 등
- 탄성Elastomer계 : PU, Spandex, Lycra 등
- 아크릴Acrylic계 : Acrylic, Modacrylic

이 중에, 의류소재로 가장 많이 사용되는 폴리에스터, 나일론, 아크릴을 3대 합성섬유라고 한다.

재생섬유는 가장 많이 혼동하는 개념으로 다음과 같이 분류할 수 있다.

- 1세대 : 최초의 레이온 Viscose, Acetate, Cupra
- 2세대 : 수축 및 강력문제 없는 레이온 Polynosic, Modal
- 3세대 : 환경을 해치지 않는 무공해 레이온 Tencel, Lyocell

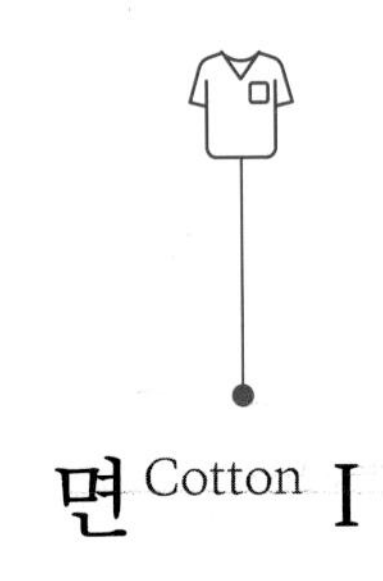

면 Cotton I

세상에서 가장 비싼 원단은 어떤 것일까? 우리 주변에 아주 흔한 그 원단은 바로 미국 달러 지폐이다. 워싱턴과 제퍼슨 그리고 링컨과 해밀턴, 잭슨, 그랜트 등, 미국 대통령들의 얼굴이 새겨져 있는 달러 지폐는 일반 종이가 아닌가 하고 생각하겠지만 실제로 그 재료는 면 혼방원단이다. 달러 지폐를 구성하고 있는 원단은 면 75%와 Linen 25%가 혼용되어 있는 혼방원단이다. 정확하게 말하면 Non-woven으로 분류되지만. 그 구성성분은 정확하게 면과 Linen이다. 물론 이것은 새로운 사실이 아니다. 종이와 면은 형태만 다를 뿐 똑같은 셀룰로오스 성분이다.

-섬유지식-

면은 인류 역사에 가장 늦게 출현한 천연소재이지만 지금은 전체 의류소재의 절반이 넘게 사용되고 또, 천연소재 중 90%가 면일 정도로 현재 가장 많이 사용되는 의류소재이다. 이유는 분명하다. 면이 의류소재가 요구하는 대부분의 까다로운 조건을 충족하기 때문이다. 면은 부드럽고 수분을 잘 흡수하여 쾌적하고 값싸고 통기성이 좋고 염색도 잘 된다. 식물섬유 중, 굵기가 가장 가늘기 때문에 soft 하다. 적당히 질겨 내구성도 좋다. 텐트 원단으로 작업복 바지를 만드는 단순한 착안으로 150년간 질긴 역사를 유지해 오고 있는 리바이스 청바지도 면 소재이다. 질긴 작업복으로 적합한 소재인 것과는 반대로 갓 태어난 연약한 유아에게 처음 입히는 옷도 면이다. 면은 다양한 종류의 의류뿐만 아니라 가구Home Furnishing를 비롯한 산업자재까지도 폭넓게 사용 가능해 문자 그대로 천 가지 용도가 있으며 100가지 major use가 있다. 면은 마치 인간의 의류소재가 되기 위해 의도적으로 설계된 식물인 것 같다는 생각이 들 정도이다.

그림 30 _ Pima 면의 Brand인 Supima

면의 등급

대개의 면은 등급이 별도로 없고 99% 일반 면이지만 특별히 이집트면이나 피마면 그리고 해도면 같은 고급 면이 드물게 존재한다. 이들 고급 면은 섬유장이 특별히 길어서 방적 할 때 꼬임을 상대적으로 적게 주고도 동일한 인장 강도를 낼 수 있으므로 이런 원사로 원단을 만들면 훨씬 더 부드럽고 광택도 뛰어나다. 물론 미면이나 중국면 같은 일반면에서도 섬유장이 길거나 짧은 것들이 있으며 이를 등급으로 나눠 섬유장이 긴 것들은 *세번수 원사를 만들 때 사용해야 한다. 면의 굵기는 대개 비슷하며 굵기에 따른 별도의 등급은 존재하지 않는다.

단섬유 Staple

면은 대표적인 단섬유Staple fiber 이다. 따라서 실을 만들기 위해 복잡한 단계의 방적이 필요하다. 면은 섬유장이 중요하며 섬유장에 따라 대략 3가지 종류로 나눈다. LS(Long Staple) MS(Medium Staple) SS(Short Staple)이 그것이다. 미면이나 인도면, 중국면 등이 일반적으로 사용되는 면이며 이집트면이나 해도면 같은 고가의 면은 ELS(Extra Long Staple)라고 부른다.

면의 컬러

면은 모두 흰색으로 알고 있고 백도가 높을수록 더 좋은 품종이다. 그러나 최근의 Sustainability trend는 염색을 최소화하거나 아예 하지 않는 것이 바람직하다는 방향으로 가고 있으므로 드물지만 백색이 아닌 컬러가 있는 면을 선호하게 되었다. 이런 면을 Colored cotton이라고 부르며 대략 3가지 컬러가 있다. 물론 채도가 낮아 염색한 것처럼 선명한 컬러가 나오지는 않는다. 선명할수록 가격은 더 비쌀 것이다. Colored cotton은 차별화를 위해 주로 Organic cotton과 병행하여 제조된다.

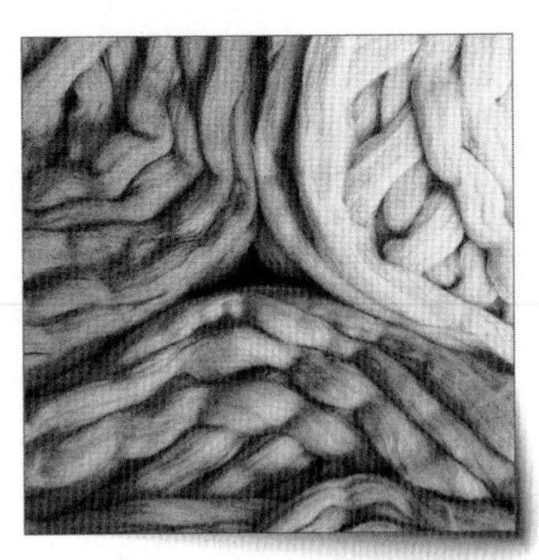

그림 31 _ Colored cotton

종자 섬유

면은 마치 동물의 털처럼 생긴 식물의 털이다. 사실 목화처럼 생긴 식물은 희귀하다. 면은 1년생 관목인 목화의 씨앗에 자라난 털을 깎아서 만든다. 즉, 씨 섬유이다. 털북숭이 씨앗이며 이것이 면섬유의 굵기가 가는 이유이다. 다른 종자 섬유로 케이폭Kapok이나 코이어Coir 같은 것들이 있지만 몰라도 된다. 마같은 줄기 섬유와 비교된다.

셀룰로오스 섬유

면은 대표적인 셀룰로오스 섬유이다. 셀룰로오스는 모든 식물의 기초를 이루는 성분이며 포도당의 *중합으로 이루어져 있다. 면은 순도가 98%에 이르는 거의 순수한 셀룰로오스이다. 식물 줄기나 나무 또한 면과 같은 성분이지만 셀룰로오스 외에 다른 불순물들이 많기 때문에 면을 제외하면 순수한 셀룰로오스로 이루어진 식물은 없다. 나무가 원료인 레이온도 100%셀룰로오스로 이루어진 섬유이다.

중합 Polymerization

단분자Monomer가 서로 연결되어 길이가 길고 무거운 고분자Polymer로 되는 화학반응을 중합이라고 한다. 섬유는 천연이든 합성이든 모두 고분자이다. 합성섬유들도 한가지 또는 두 가지 유기물의 중합을 통해 만들어진 고분자이다. 섬유는 중합의 산물이다.

중공섬유 Hollow Fiber

면은 속이 빈 중공섬유이다. 면의 빈 공간을 루멘이라고 하는데 이 공간을 채움으로써 광택이 나게 해줄 수 있다. 존 머서John Mercer가 개발한 이 가공은 면의 기본 가공이 되었다.

그림 32 _ 면의 Lumen과 천연꼬임

셀룰로오스 섬유의 수분율

면의 수분율은 8.4%로 양모 다음으로 좋다. 수소결합 때문에 친수성을 띠기 때문이다. 레이온을 포함한 모든 셀룰로오스 섬유의 수분율은 대개 이정도 수준으로 비슷하다.

강도 Strength

면이 밧줄로 쓰일 정도로 질긴 이유는 <그림 32>처럼 섬유 자체에 약간의 천연 꼬임이 있기 때문이다. 따라서 여러 가닥을 겹쳤을 때 꼬임이 전혀 없는 매끄러운 섬유에 비해 마찰계수가 높아 미끄러지지 않으므로 높은 인장강도를 보인다. 게다가 물에 젖으면 더욱 강해진다.

그림 33 _ 두 마리의 말이 당겨도 찢어지지 않는 질긴 원단이라는 리바이스의 로고

Sustainability issue

신의 축복처럼 보이는 면의 유일하고도 치명적인 단점은 우리의 생각과 달리 지독한 반환경 섬유라는 것이다. 우리가 면을 더 많이 사용할수록 지구는 더욱 더 더럽혀진다. 전세계에서 사용되는 살충제의 30%가 목화밭에 뿌려진다. '천연섬유는 친환경적이다'라고 생각하는 것은 큰 착오이다. 면의 미래는 어둡다.

유기농 면과 유기농 식품은 전혀 다르다. 둘은 농약이 함유되어 있지 않다는 면에서 동일하지만 유기농이 아닌 일반 면도 농약은 포함되어 있지 않다. 즉, 유기면의 목적은 농약 성분이 없는 면직물이 아니다.

그림 34 _ Organic Cotton

고가의 유기면이 생긴 이유는 농약 살포를 줄이겠다는 환경 보전이 유일한 목적이며 유기농 식품처럼 특별한 기능의 개선이나 인체의 건강을 위해서가 아니다. 사실 유기농 면과 일반면은 실험실에서 조차 구분할 수 없다. 다만 농사 방법만 다를 뿐, 둘은 똑같다. <섬유지식 Organic cotton 참고>

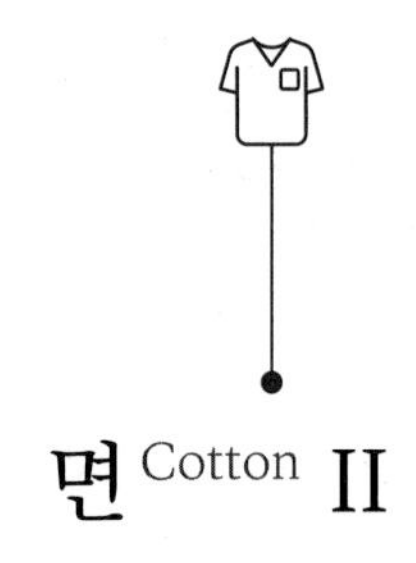

면 Cotton II

'Supima'로 알려진 피마Pima면은 이집트 면을 미국땅에서 키웠거나 미면과 교배하여 얻은 잡종으로 이집트 면 정도의 품질을 보이는 고급 면 이다. 즉 미국에서 나는 이집트 면이라고 생각하면 된다. 피마는 애리조나 주의 County 중 하나이며 브랜드 이름인 Supima는 이 재배에 성공한 인디언 추장의 이름이라고 한다.

-섬유지식-

면화

면은 1년생 관목이다. 씨를 뿌리고 목화를 걷는데 최소한 반년이 걸린다. 1960년대까지는 흑인 노예의 노동력을 착취할 수 있었던 미국이 주산지였고 전 세계 총 생산량의 3분의 1을 점하였다. 그러나 지금은 중국이 20년째 세계 1위이고 미국이 세계 2위의 생산국이다. 현재 면 생산의 Big 5는 중국, 미국, 인도, 러시아, 파키스탄이다. 인도와 파키스탄에서도 많이 생산된다. 여기에는 이유가 있다. 면은 최초, 인도에서 사용하기 시작했다고 알려져 있다. 지금으로부터 약 5000년 전에 인도에서 면을 사용한 흔적이 있으니 인도가 원산지라고 봐도 무방할 것이다. 그 후 동쪽으로는 중국, 서쪽으로는 페르시아와 이집트로 전해졌다. 그런데 남미의 페루에서도 4500년 전에 사용된 흔적이 발견되기도 했다. 우리나라에서도 해방 전 4만 5천 톤까지 생산되었지만 지금은 몇 백톤 밖에 나오지 않는다. 면은 성숙 단계에서 뜨거운 태양빛을 필요로 한다. 따라서 열대나 아열대가 주 산지이다.

원면의 품질과 등급

면의 품질을 결정하는 것은 섬유장이다. 섬유장이 길어야 세번수 면사를 뽑을 수 있기 때문이다. 가는 원사가 원단의 품질을 높이는 가장 중요한 요소 이므로 섬유장이 긴 면이 가장 비쌀 것이다. 방적이 가능한 가장 짧은 섬유의 섬유장은 대략 16mm정도이다. 세계에서 가장 좋은 면은 해도면Sea island Cotton 이라고 하는 것으로 섬유장이 무려 44mm나 된다. 이렇게 길이가 긴 원면은 120수 이상의 세번수를 뽑는데 사용되며 이론적으로 300수까지 방적이 가능하고 또한 부드럽고 광택이 있는 극상 품질의 면사가 된다. 실제로 면으로 보이지 않을 만큼 fine 하고 광택이 좋다. 산지는 미국 남부 해안지대로 한정이 되어있다 요즘은 수요가 적어 생산량이 극히 미미한 편이다. 해도면은 미국에서 나지만 미면이라고 하지는 않는다. 이집트 면은 섬유장이 32-41mm정도로 100수 이상의 면사를 방적 할 때 사용된다. 이론적으로 150수이상도 방적이 가능하다. 다음은 미면으로 섬유장이 22-32mm정도로 중간 정도의 품질이다. 우리나라의 수입 원면은 주로 미면 이다. 주로 40수 이상 원사를 뽑는데 쓴다.

피마Pima면은 이집트 면을 미국 땅에서 키웠거나 미면과 교배하여 얻은 잡종으로 이집트 면 정도의 품질을 보이는 고급 면 이다. 즉 미국에서 나는 이집트 면이라고 생각하면 된다. 피마는 애리조나 주의 County 중 하나이며 브랜드 이름인 Supima는 이 재배에 성공한 인디언 추장의 이름이라고 알려져 있다. 중국 면은 미면 다음의 품질로 치는데 섬유장이 25mm정도로 최대 30수까지 뽑을 수 있다. 중국 면직물이 주로 미면을 사용하는 한국산에 비해서 왜 그렇게 가격이 저렴한지 이제 이해가 될 것이다. 원료 자체가 다른 것이다. 따라서 중국의 30수 이상 되는 면은 다른 나라에서 수입했다고 볼 수도 있다. 그런데 중국의 신장에서는 미면 수준 이상 가는 좋은 면이 나고 있다고 한다. 잘 알려져 있지는 않다. 가장 등급이 낮은 원면은 인도 면으로 4000년의 역사를 자랑하지만 섬유장이 9-22mm에 불과하고 벵갈산 같은 것은 그 자체 만으로는 20수 정도를 뽑는 것도 미면을 일부 섞어 줘야 가능할 정도로 품질이 떨어진다. 물론 같은 지방의 면이라도 여러 가지 품질이 있을 수 있으므로 산지에 의한 분류가 절대적이라고 볼 수는 없다.

면의 품질은 분자의 크기인 중합도 와도 관계가 있는데 당연히 중합도가 높으면 길이가 길고 품질도 좋을 것이다. 예컨대 이집트 면의 중합도는 2960이고 미면은 2450 그리고 인도 면의 중합도는 1800정도이다.

면은 길이는 각각 다 다르지만 굵기는 모두 비슷하다. 면의 내부는 Lumen이라는 강낭콩 형태의, 원형질이 차 있던 구멍이 있어서 평소에는 찌그러져 있다가 물을 함유하면 이 부분이 팽창하게 된다. 마치 소방 호스처럼 생긴 것이다. 이런 현상을 이용해서 영국의 John Mercer가 면에 양잿물을 넣어서 가공하면 멋진 광택이 생기는 것을 발견하여 머서라이징Mercerizing 가공 및 구김 방지 가공을 착안하게 된다. 면직물에 수산화 나트륨, 즉 양잿물을 저온에서 (약15도정도) 투입하는 것이 Mercerizing 가공이다. Mercerizing 하면 광택이 좋아진다. 이유는 아래의 <그림 35>에서처럼 단면이 타원에서 원형으

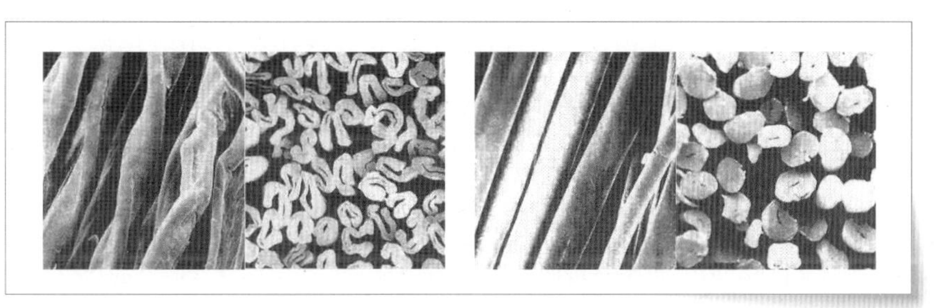

그림 35 _ Mercerizing된 면의 전 후 변화를 확인

로 변하기 때문이다. 단면이 원래의 면처럼 불규칙하면 빛이 난반사되어 광택이 나기 어렵게 된다. 그러나 원형이 된다면 정반사가 늘어나 광택이 난다.

단면이 원형으로 변하면 그 자체로 머리카락의 직모처럼 잘 구부러지지 않게 된다. 따라서 방추성(구겨지지 않는 성질)도 좋아진다. 머서 전의 면은 약간 꼬여 있는 상태이나 머서 후 마치 스트레이트 퍼머를 한 것처럼 천연 꼬임이 풀려 있는 것을 알 수 있다. 이렇게 되면 동시에 길이 방향으로 수축이 일어나게 된다. 이것이 면이 전처리 후, 급격한 수축이 일어나는 이유이다.

면의 특성

면의 강도는 당연히 섬유장과 비례한다. 섬유가 길수록 강도도 좋다. 이에 반해서 굵기는 품종과 섬유장에 관계없이 거의 일정하다. 면은 젖으면 오히려 강도와 신도가 증가한다. 이유는 섬유 내부에 물이 차서 팽윤 하기 때문이다.

일반적으로 많은 양의 외부물질 흡수는 내부 응력을 높여서 강도의 저하를 가져온다. 그런데 희한하게 면은 반대 현상이 일어난다. 그 이유는 면의 내부 구조에 있다. 면의 내부 벽이 서로 교차하는 두 가지의 다른 방향으로 형성되어 있는 구조 때문에 내부 응력을 약하게 만든다. 따라서 강도가 높아진다 섬유장이 2배나 긴 해도면은 미면보다 강도도 2배나 높다.

면은 비중이 1.54로 제법 무거운 섬유에 속한다. 가장 가벼운 폴리프로필렌에 비해 무려 50% 이상 무거운 셈이다. 면은 다른 셀룰로오스 섬유처럼 내열성이 상당히 강한 편이다. 다리미의 온도 다이얼에서 면이나 마는 가장 끝, 온도가 가장 높은 곳에 위치한다. 약 220도 정도의 다림질에서도 면은 안전하다. 나일론의 융점은 220도이다.(N6만 그렇다)

면의 수분율은 8.5%이고 극한 습도(습도 100%) 에서는 25% 까지도 상승할 수 있다. 인체의 피부는 20%까지 되어도 젖은 느낌을 받을 수 없기 때문에 면은 쾌적한 느낌을 준다. 그런데 Mercerizing 한 면은 팽윤하여 수분율이 12%까지 올라갈 수 있다. Mercerizing 하면 면 내부가 팽윤하여 루멘이 축소되면서 면의 단면이 찌그러진 호스 형태에서 원통형으로 바뀌면서 부피가 커져 물을 흡수하기 쉬워지기 때문이다.

그림 36 _ 탄성

면은 산에는 약하고 알칼리에는 강하다. 면을 황산에 넣어두면 녹아서 포도당으로 변해 버린다. 면을 식초에 오랫동안 넣어두면 단 맛이 날것이다. 알칼리에는 강하지만 강알칼리인 수산화나트륨에서 오랜 시간 반응시키면 녹아서 조청처럼 되는데 이것이 Viscose Rayon을 만드는 원료가 된다. 물론 오랜 시간이라는 의미처럼 노성(老成)이라는 정말로 긴 시간이 필요하기는 하다. 특히 면을 100도 이상에서의 조건에서 알칼리와 오랜 시간 접촉하면 면 섬유가 파괴된다.

원면조합

실을 생산하는 방적공장에서는 대개 1년 단위로 원면을 수입하게 되는데 이 때 수입하는 면의 등급을 잘 선택해야 한다. 이른바 '원면조합'이라는 것은 각 섬유장에 따른 면의 등급을 고려하여 실을 뽑을 때 어떤 섬유장을 가진 원면을 얼마나 집어넣을 지에 대한 일종의 레시피Recipe 이다. 마치 특정 color를 내기 위해 실험실에서 염료를 처방하는 것과 마찬가지 이다. 면사가 40수까지는 일정한 가격을 유지하다가 50수부터는 급격하게 비싸지는 이유가 바로 50수 이상부터는 원면 조합이 바뀌기 때문이다. 원면의 등급은 20등급으로 나누는데 가장 좋은 등급이 SGM(strict good middling)이고 가장 낮은 등급이 GO(Good Ordinary)로 되어 있다.

마^麻

100여 년 전, 이집트 고대무덤에서 옷감 더미와 함께 발굴된 옷이 무려 5천년 전의 것으로 확인됐다. 지금까지 발견된 직물 옷 중 가장 오래된 것이다. 내셔널지오그래픽과 영국 일간지 데일리메일 등에 따르면 이 옷은 1912~1913년 이집트 카이로에서 남쪽으로 50㎞ 떨어진 고대 무덤 타르칸에서 처음 발굴됐다. Linen으로 만들어진 이 옷은 지난해 옥스퍼드가 시행한 방사성탄소연대 측정에 의해 기원전 3천482년~3천102년 전 것으로 확인됐다. 기존의 고대 의복들이 주로 몸에 느슨하게 걸치거나 몸을 감싸는 형태인 것에 비해 이번에 확인된 옷은 몸에 맞게 재단된 V-neck 형태로 상체와 소매 부분에 주름이 잡혀 있다. 이는 숙련된 장인의 솜씨로, 5천 년 전 고대 이집트의 번영과 계급 사회를 반영한다. 쉽게 상하는 옷감, 특히 옷이 거의 온전한 형태로 발견된 것은 고고학계에서 드문 일이다. 옷에 남은 흔적으로 봤을 때 부유한 계층이 실생활에서 입었던 옷으로 추정하고 있다.

-데일리뉴스-

질기고 구하기 쉽고 길다

충분히 질기고 섬유장이 긴 탓에 인류 최초의 원단 소재는 마였다. 7천 년 전에 이집트에서 만들어진 실물 원단이 현존할 정도이다. 놀라운 것은 옷이든 원단이든 지금의 것과 그리 차이가 나지 않아 보인다는 것이다. 마의 역사는 3만 년이 넘는다. 방적하여 실로 만들기 쉽고 일단 원단을 만들면 내구성이 좋다. 대량생산이 불가능하여 옷을 제조하는데 막대한 돈과 노동력이 들어갔던 옛날에는 '오래 입을 수 있는 옷'은 중대한 장점이었다. 하지만 마의 기능상 최대 단점은 보온성을 확보할 수 없다는 것이다.

마는 열전도율이 높고 섬유가 굵기 때문에 아무리 두껍게 만들어도 차갑게 느껴지고 바람도 막지 못한다. 게다가 마는 뻣뻣하고 구김도 잘 간다. 따라서 일반인에게 의류로서 가장 중요한 마 소재의 기능은 겨우 몸을 가리는 정도였다고 할 수 있다. 그런데도 마가 광범위하게 사용되었던 이유는 구하기 쉬워서였다.

양의 목축은 오래전부터 있었지만 초기 기술로는 털가죽을 얻을 수 밖에 없었고 그러려면 양을 죽여야 했다. 따라서 살아있는 양의 털을 깎아 실을 만들고 이를 이용하여 원단을 만들기 위해 인류는 가위의 발명을 기다려야 했다.

가장 늦게 사용된 천연소재인 면은 1년생 관목 인 데다 성정이 까다로운 식물이다. 지금도 농약을 대량으로 퍼붓다시피 해야 농사가 가능하다. 중국에서 발명/발견한 Silk는 가장 늦게 나온 천연소재이다.

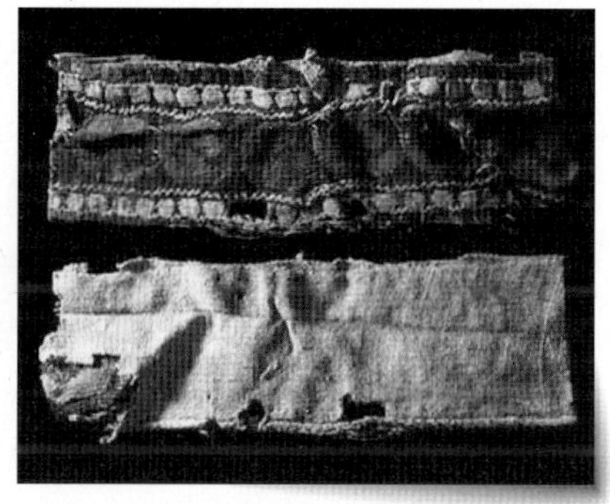

그림 37 _ 5천년된 옷과 7천년된 직물, 둘 다 이집트에서 발견되었다

3대 麻

마는 면과 동일한 식물성 셀룰로오스 섬유이지만 종자섬유인 면과 달리 줄기섬유이다. 지구에 존재하는 식물은 천만 종이 넘지만 그 중에 의류로 사용가능한 식물은 단 4종류에 불과하다. 질겨야 할 뿐만 아니라 너무 뻣뻣해서도 안되고 부드러워야 하기 때문이다. 마와 비슷한 식물은 많지만 오늘날 의류로 사용되는 마섬유는 겨우 3종류에 불과하다. Linen, Ramie, Hemp가 그것이다. 중국어로는 아마, 저마, 대마이고 우리 말로는 각각 아마, 모시, 삼(삼베라고 주로 하고 안동포가 대표적이다)이다. 그나마 모시는 너무 뻣뻣하여 옷 보다는 모자같은 용도에 적합하다. Linen은 가장 우수한 마 소재이지만 가격이 비싸 최근에는 그와 비슷한 hand feel을 가진 Hemp가 뜨고 있다. 우리나라는 마를 한 종류로 라벨에 표기하지만 미국이나 유럽은 각각 3종류로 구분하여 표기한다. 사용한 역사가 길어서 일 것이다. 그 때문에 마를 표기하는 이름도 영어, 한글, 중국어 셋 모두 사용되므로 전부 알아두어야 한다.

면에서 가장 중요한 성분이 길이(섬유장)인 것과 달리 마에서 가장 중요한 성질은 hand feel이다. 즉, 부드러운 소재가 비싸다. 린넨이 가장 부드럽지만 3-4불대로 너무 고가여서 High Fashion 소재로만 사용 가능하며 따라서

그림 38 _ 3대 마

그림 39 _ 대마 의류

중급Moderate 이하 브랜드에서는 면과 혼방한 소재가 주로 쓰인다. 그럴 경우 가격은 1-2불대로 급격하게 낮아진다. 즉, 야드당 4불대에서 1-2불대까지로 저렴해진다. 모시Ramie를 혼방하는 이유는 린넨과 전혀 다르다. 모시는 가격보다는 너무 뻣뻣하여 hand feel을 부드럽게 하기 위한 용도로 대개 혼방한다. 100% 모시로 트렌치 코트Trench coat를 만드는 게 잠깐 유행한 적도 있다. 레이온과 교직한 Linen/Viscose 소재로 얇은 원단을 만들면 고급스럽게 보이는 Drape성 있는 숙녀복 소재가 된다. 더 비싼 소재를 만들고 싶으면 비스코스 대신 모달Modal이나 텐셀Tencel을 쓰면 된다.

Linen / Viscose rayon 소재는 마에서 풍기는 은은한 광택이 레이온 고유의 광택과 조화되어 Luxury한 외관을 보여준다. T/C 혼방이 흔한 면과 달리, 마를 천연섬유가 아닌 화섬과 혼방하는 경우는 전혀 없다.

면은 내구성을 목적으로 강도를 높이기 위해 Polyester와 자주 혼방하는데 마는 충분히 강한 물성을 지녀서 그럴 필요가 없기 때문이다. 외관이 상당히 아름답지만 마를 화섬과 교직하는 경우도 드물다. 이런 교직물은 가격이 그대로 이거나 오히려 더 비싸지는 경우도 있다. 혼방에 비해 교직물은 생산이 까다로워 기본적으로 가격이 높기 때문이다.

마의 치명적 단점

의류 소재로써 마 원단의 치명적인 단점이 있는데 가장 부드러운 고가의 린넨조차도 피해갈 수 없는 문제이다. 그것은 바로 나쁜 Resilience 이다. 마는 잘 구겨진다. 너무나 쉽게 구김이 가기 때문에 아침에 정성 들여 다림질한 옷을 입고 나와도 점심 전에 이미 심하게 망가져 있다.

여름에는 시원한 마소재가 가장 적합하고 사용빈도가 높지만 이 단점 때문에 디자이너들은 늘 갈등한다. 소비자들은 특히, 청교도의 후예인 미국의 실용주의 소비자들은 옷을 관리하는 것을 귀찮아한다. 기계세탁Machine wash 되지 않는 옷은 미국 시장에서 팔리기 어렵다. 이때문에 입을 때마다 매번 다림질하는 것은 물론, 입고 있는 도중에도 후줄근해 지는 마의 특성 때문에 구매를 망설인다.

이런 마소재의 치명적인 단점을 구원해 준 트렌드가 'Wrinkle'이다. 구겨짐을 아예 하나의 새로운 Trend로 만들어 버린 것이다. 이때문에 구김성이 없는 화섬까지 일부러 구겨지게 만들기 위해 철사를 내부에 심는 원단까지 생겼다.

최근에 이 경향은 잘 구겨지는 화섬인 *PTT Memory 원단의 등장으로 이어졌고 천연섬유의 특성을 가진 구겨지는 화섬은 고급스럽다는 이미지를 획득하면서 럭셔리 브랜드의 선택을 받았으며(Burberry Trench같은) 이런 유행은 낙수효과로 하류 브랜드까지 파급되었다. 마소재의 구겨짐은 사실 Memory 원단과는 다르다. 마는 구겨진 다음에는 복원되지 않는 특성이 있다. 한번 생긴 구김은 다림질 하기 전까지는 절대 펴지지 않으며 이후 시간이 감에 따라 새로운 구김이 추가될 뿐이다. 또 구김이 팔이나 겨드랑이, 다리의 관절 쪽에 집중되므로 좋게 보기가 어렵다.

이에 비해 Memory 원단은 언제라도 손바닥으로 쓸어서 구김을 펼 수 있으며 구겨진 형태를 바꿀 수 있다는 점에서 구김효과Wrinkle effect에 관한 한, 천연섬유보다 백 배 낫다고 할 수 있다.

알려져 있지 않은 마의 기능

외관에서 보이는 마의 극명한 장점은 *Slub 효과이다. Uneven하고 Natural한 아날로그Analogue 느낌이 물씬 풍기는 'Slubby'는 'Neppy'와 함께 종종 등장하는 Vintage Look의 한 장르인데 화섬을 천연섬유로 보이게 하는 효과가 있어 그런 화섬 원사가 다양하게 생산된다. 국내의 한 화섬 업체가 TTD(Thick & Thin) 라는 균제도Evenness가 나쁜 것처럼 보이는 Polyester를 개발하여 큰 성공을 거둔 적이 있다. 물론 Evenness가 나쁘다는 것은 기능적으로는 통기성이 좋고 방수력은 떨어진다는 의미가 된다.

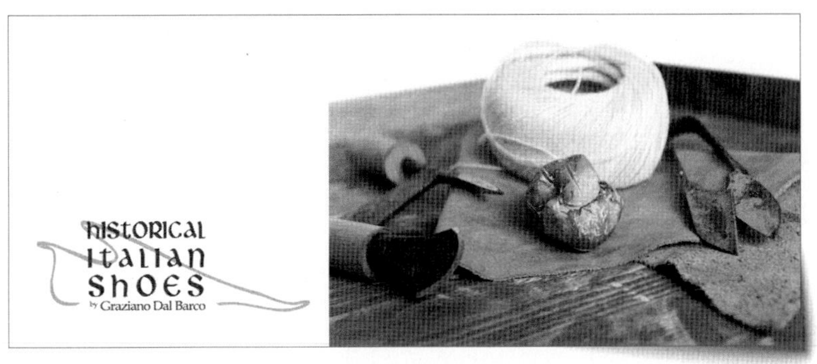

그림 40 _ 이탈리아 수제화 장인의 비밀

잘 알려져 있지 않은 마의 장점 중 하나는 팽윤인데 물을 흡수하면 크게 팽창하는 성질이 있다. 이런 특성을 이태리의 고급 구두브랜드가 착안하여 구두의 재봉사로 사용하였다. 마사(麻糸)는 평소에는 장점인 통기성 좋은 신발로 기능하다 비가 오면 급격히 팽창, 바늘구멍을 밀폐하여 구두가 완벽하게 방수되는 신기한 마법을 선사한다.

모 wool

로얄멜버른 공과대학(Royal Melbourne Institute of Technology)의 Fashion & Textile 연구원들은 방탄복에 널리 사용되는 100% Kevlar보다 울과 케블라의 혼방이 더 가볍고 저렴하며 축축한 조건에서 더 잘 작동한다는 것을 발견했다. 100% Kevlar는 젖었을 때, 효과의 약 20%가 감쇄되므로 고비용의 방수공정이 필요했다. 울은 마찰을 증가시켜 28~30 Layer의 원단으로 만든 방탄조끼로 36 Layer의 100% Kevlar같은 수준의 방탄성능을 제공했다.

-Wikipedia 수정 첨삭-

가죽과 Wool

진정한 인류 최초의 의류소재는 동물의 가죽이었다. 섬유를 방적하고 또 원단으로 만드는 기술이 없을 때는 물론이지만 그런 기술이 개발된 이후에도 방적과 제직이 필요없이 즉시, 부드럽고 튼튼한 원단이 얻어지는 뛰어난 장점이 있기 때문에 지금까지 사용된다. 단점은 무겁고 동물을 죽여야 하기 때문에 얻기가 어렵고 귀하다는 점이다. 그에 비해 동물의 털을 방적하여 원단을 만들 수 있는 모 섬유는 동물을 죽이지 않고 원하는 섬유를 지속적으로 얻을 수 있다는 장점이 있다. 즉, 값싼 풀이나 사료를 비싼 모직물로 바꾸는 마술을 부리는 것이다. 물론 단위면적 당 가장 많은 털을 생산하는 동물이 양이다. 가장 가성비가 높은 Wool이 바로 양털인 것이다. 동물성 소재는 세 종류인데 첫 번째는 hair, 두 번째는 곤충의 분비물 그리고 세 번째로 동물의 가죽이다. Wool은 대표적인 동물성 섬유이며 물론 인간의 머리카락과 똑같이 케라틴Keratin 단백질로 되어있다. 또, 가죽은 콜라겐collagen 섬유단백질이며 Silk는 피브로인Fibroin인 단백질이다.

그림 41 _ 숱이 빽빽한 면양의 털

Crimp

Wool은 곱슬이다. 이것을 크림프Crimp라고 하는데 나선형의 Crimp가 Wool의 특성을 결정짓는 중요한 요소가 된다. 곱슬 때문에 양모는 천연 Texture이다. 따라서 함기율도 높고 푹신하다. 모 섬유의 대부분이 양모인 이유를 한번이라도 양을 직접 본 사람은 즉시 알 수 있다. <그림 41>처럼 면양은 숱이 지독하게 많아 털이 빽빽하게 자란다. 그렇기 때문에 한 마리 양으로부터 대량의 모 섬유를 채취할 수 있다. 양은 들에 풀어놓기만 하면 알아서 풀을 먹기 때문에 사료값도 들지 않는다. 넓은 초원을 가진 호주가 양모의 세계적인 산지인 이유이다. 정기적으로 털을 깎아 사용하기만 하면 지속적으로 막대한 양모를 얻을 수 있다는 점에서 Wool은 가성비가 높고 유용하다. 오늘날 대부분의 양은 메리노Merino 품종이다. 대량의 털을 얻기 위해 우생학으로 생물학적 변이를 만든 것이다. 양털을 모직물의 원료로 사용하기 위해 초기 인류는 가위의 발명을 기다려야 했다. 그 정도로 초고밀도인 양털을 깎으려면 반드시 가위가 필요하다.

축융 Felting

Wool에는 특이한 물리적 성질이 있는데 각 섬유들이 젖었을 때 서로 뭉쳐 스스로 밀도가 커진다는 것이다. 펠트Felt 모자가 바로 그런 현상을 이용한 제품이며 이러한 Wool의 성질 때문에 두껍고 치밀한 코트를 만들 수 있다. 한번 뭉쳐진 Wool 원단은 다시는 원래 상태로 돌아올 수 없는 데 이는 바로 Wool에 결이 있기 때문이다. 이것을 스케일Scale이라고 하는데 물론 사람 머리칼도 마찬가지이다. Scale이 있는 모섬유는 마치 케이블 타이Cable tie 같아서 스케일의 반대 방향 결에 거스르는 마찰은 불가능하다. Scale은 견고해서 일회용 수갑으로도 충분히 쓸 수 있을 정도이다.

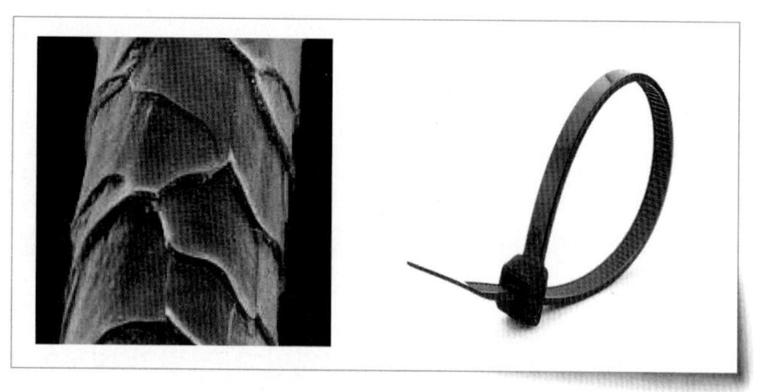

그림 42 _ Wool의 Scale과 케이블 타이

굵기

Wool의 가격을 결정하는 요소는 섬유장도 hand feel도 아닌 바로 섬유의 굵기이다. 가늘수록 비싸다. 물론 부드럽고 따뜻하기 때문이다. 같은 양모라도 굵기에 따라 가격이 크게 달라진다. 모의 굵기에서 중요한 한계선은

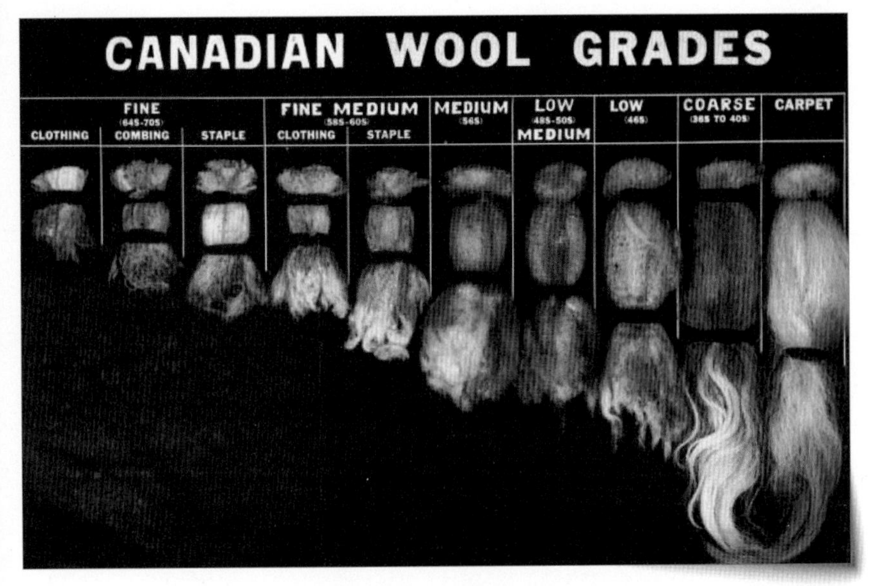

그림 43 _ Wool의 품종과 굵기

18미크론이다. 보온 기능이 탁월하고 흡습성도 좋은 양모를 셔츠나 내의로 사용하기 어려운 이유는 피부를 찔러 가렵게 하기 때문이다. 그러나 굵기가 18미크론보다 더 가늘어지면 강도가 약해져 더 이상 피부를 찌르지 않는다. 물론 이런 Wool은 손으로 만지면 부드럽다고 느낀다. 토끼털인 앙고라는 피부와 닿는 장갑이나 스웨터, 머플러를 만들기 적합하다. 굵기가 18미크론 이하이기 때문이다. 그런데도 앙고라가 그리 비싸지 않은 이유는 공급이 흔하기 때문이다. 토끼는 번식이 빨라 구하기 쉽기에 원한다면 언제라도 대량 공급이 가능하다. 캐시미어처럼 숱이 적지 않아 대량의 털을 구할 수 있다.

보온성과 흡습성

Wool의 가장 큰 특징은 보온성과 흡습성이다. 모든 천연소재 중 Wool의 흡습성이 가장 높은데 면의 2배에 달한다. Wool의 흡습성은 면과는 양상이 크게 다른데, Wool은 면처럼 겉으로 젖지 않고도 대량의 물을 흡수할 수 있다. 마술 같은 이 비결은 케라틴 단백질의 내부 구조 때문이다. 또, Resilience도 뛰어나 정장[Suiting]에 꼭 맞는 소재이다. Wool은 불에 잘 타지 않는 난연성이다. 만약 불을 붙이면 타기는 하겠지만 화인을 떼면 즉시 꺼진다. Wool은 단열과 발열이 동시에 가능한 유일한 섬유이다. 열전도율이 낮아 단열에 뛰어나며 수증기가 액체의 물로 바뀌면서 발생하는 흡착열때문에 발열도 가능해 보온성이 뛰어나다. 들이치는 바람만 막으면 뛰어난 보온의류가 된다. 또, Wool은 특유의 Felting(축융)성 때문에 치밀하고 두꺼운 코트 원단을 만들 수 있다. 이렇듯 Wool은 무겁다는 문제만 빼면 가장 우수한 보온 소재이다. 아쉽게도 남극 탐험대의 의류 장비가 Wool이 될 수 없는 이유가 바로 중량 때문이다.

레질리언스 Resilience

Wool의 가장 큰 특징 중 하나는 구김 회복성이 좋다는 것이다. 수소결합이 아닌 가교결합이 주종이기 때문이다. 구김에 강하지만 구김이 생기더라도 하루 저녁이면 회복된다. 따라서 정장의류의 소재로 최적이다. 만약 Wool을 혼방한다면 역시 Resilience가 좋은 Polyester와 하는 것이 좋다. 중국산 Wool 혼방 소재 중 Rayon이 있는데 Rayon은 Resilience가 나쁘고 수축율이 좋지 않아 썩좋은 결합은 아니다.

방모와 소모 Woolen Worsted

코트 소재가 되는 모직물이 방모[Woolen]이다. 양복[Suit] 원단 소재는 소모[Worsted]이다. 둘의 차이는 원사의 굵기와 원단의 중량 그리고 섬유장이다. 섬유가 가늘고 긴 것이 소모사, 굵고 짧은 섬유가 방모사가 된다. 가장 굵은 소모는

NM40수, 가장 가는 방모는 20수 정도이다. 둘은 염색방법도 다르다. 방모는 주로 *Top dyeing 하나 소모는 Yarn dyeing 한다. 방모는 만들기가 쉬워서 중소기업형 원단이며 소모는 대형 설비가 필요하기 때문에 제일모직같은 대기업만 운용할 수 있다.

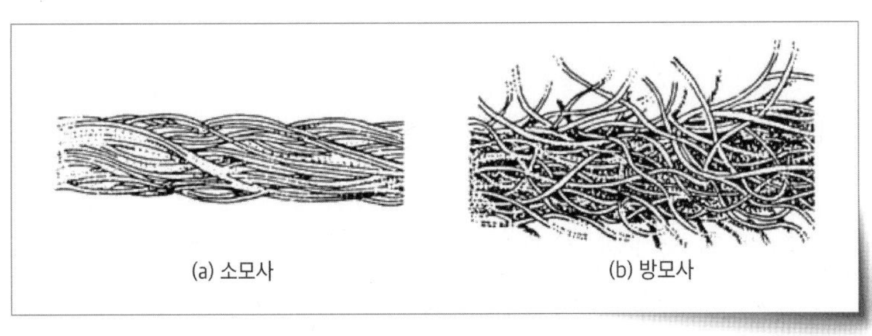

그림 44 _ 소모와 방모

Tropical / Gabardine / Venetian

양복 소재를 생산하는 소모방에서는 단순한 조직과 클래식한 패턴같은 보수적인 원단을 공급하는데 시즌과 중량에 따라 평직을 트로피컬Tropical, 능직을 개버딘Gabardine 그리고 satin을 베네시안Venetian이라고 부르며 각각 춘추복과 추동복을 만드는 데 사용한다. 사용하는 패턴들도 하운드 투쓰Hound tooth나 글렌 체크Glen check처럼 클래식한 것들로 제한되어 있다. 60수나 100수 원단이 주종이고 가장 저렴한 소모원단은 혼방인 40수 정도이다. 가장 고급 원단은 170수 이상이다. 참고로 모직물의 굵기를 나타내는 변수는 NM이다. 실의 굵기 편에 자세히 나온다.

Virgin Wool, Recycle Wool, Blended Wool

Wool은 고가이므로 가격을 낮추기 위한 목적으로 주로 혼방한다. 방모는 Polyester, Nylon, Acrylic같은 여러 화섬을 혼방 원료로 사용하지만 소모방에서는 오직 Polyester만 사용한다. 이를 T/W라고 부른다. 방모는 중량이 최하 12온스에서 20온스가 넘는 후직 원단이 많으므로 Wool 함량이 낮은 혼방인 경우는 재생모Recycled Wool를 사용한다. 하지만 Wool이 80% 이상 되면 Virgin Wool만 사용해야 품질이 제대로 나온다. Virgin Wool은 사용한 적이 없는, Recycled Wool의 반대개념으로 붙인 이름이다. 방모의 혼방은 주로 아크릴을 쓰지만 폴리에스터와 나일론이 조금씩 들어간다. 따라서 방모의 혼용률은 Wool/Others라고 표기한다. 소모 직물은 35% Wool이 들어간 T/W 혼방이 가장 저렴한데 10년 전부터 Wool이 전혀 들어가지 않았으나, 소모와 외관이 거의 같은 원단이 성행하는 중이다. 이것이 T/R, Polyester와 Rayon을 65/35%로 혼방한 직물이다. 터키에서 처음 개발했는데 일반인은 도저히 구분할 수 없을 정도로 소모직물과 유사하다. 최근의 경향은 Spandex가 들어간 Stretch 원단이 주종을 이루고 있다. 그 밖에 아크릴 생산에서 Wool이 10% 들어간 APW라는 원단이 있다.

양모 외의 Wool

Wool은 양모 뿐 아니라 모든 동물의 털로 만든 섬유를 통칭한다. 하지만 그냥 Wool이라고 할 때는 양의 털을 의미한다. 그 외의 다른 중요한 Wool들은 고유의 이름을 갖고 있다. 패션에서 사용하는 4대 Wool을 소개한다. 그 외의 Wool은 알 필요 없다.

> The term "wool" means the fiber from the fleece of the sheep or lamb or hair of the Angora or Cashmere goat (and may include the so-called specialty fibers from the hair of the camel, alpaca, llama, and vicuna) which has never been reclaimed from any woven or felted wool product.
>
> - US Wool Product Labeling Act -

Cashmere

Cashmere는 염소의 털로 북부인도와 파키스탄의 경계인 카슈미르Kashmir 지방으로부터 유래한다. 품종에 따라 Grey, Brown 등 몇 가지 색이 있는데 유색은 하급품에 속한다. 따라서 White가 가장 좋은 품종이다. Cashmere 털도 양모처럼 길고 짧은 섬유로 분류되어 소모와 방모로 나뉘어 방적 된다. 캐시미어는 양모보다 더 부드러운 표면을 가지고 있으며 곱슬거림의 정도는 보통 Wool보다 더 낮은 수준이다. 즉, 직모에 더 가깝다. 캐시미어도 Keratin 단백질의 일종이므로 모든 화학적 물리적 성질은 양모 Wool와 같다. 한가지 예외가 있다면 털 내부에 미세한 기공air pocket이 있어서 가벼울 뿐만 아니라 우수한 단열성능을 나타낸다. 이런 섬유를 중공섬유(Hollow Fiber)라고 부른다. 캐시미어의 굵기는 품종에 따라 14-19미크론 정도로 분포되는데 14-16미크론이 대부분인 중국산의 품질이 몽골산보다 더 좋다고 할 수 있다. 가장 등급이 높은 캐시미어는 '파시미나Pashimina'로 카슈미르 지방에서만 생산된다. 주로 Silk와 섞어 사용한다.

그림 45 _ Cashmere(좌)와 Alpaca(우)

Alpaca

알파카(Vicugna pacos)는 남미 낙타 종이다. 라마와 비슷하여 종종 혼동된다. 알파카는 가장 비싼 천연소재인 비쿠냐와 비슷하다. 알파카는 페루 남부 안데스 산맥, 볼리비아 서부, 에콰도르 및 칠레 북부 안데스 산맥 해발 3,500m~5,000m의 높이에서 방목한다. 알파카는 라마보다 상당히 작으며 라마와 달리 일하는 동물로 자란 것이 아니라 단지 섬유를 얻기 위해 특별히 사육한 것이다. 알파카의 털은 선이 굵고 선명하여 직모처럼 보인다. 주로 코트에 사용된다.

그림 46 _ Alpaca(좌)와 Mohair(우)

Mohair

모헤어는 앙고라 염소의 털이다. 앙고라는 토끼라고 대개 생각하지만 터키의 앙카라가 산지인 염소의 이름이며 토끼인 앙고라와는 전혀 다르다. 모헤어는 특유의 Crimp가 그대로 살아있는, 선이 굵고 털이 긴 Wool이다. 주로 스웨터 소재로 많이 사용된다. 남아프리카 공화국은 2013년 기준, 세계 최대 모헤어 생산지로 전 세계 생산량의 약 50%를 공급했지만 남아프리카 농장의 동물 학대 이슈로 인해 Zara, H&M, Gap, Top shop, Lacoste 등은 더 이상 모헤어 의류를 판매하지 않는다.

Angora

그림 47 _ 1,500달러 짜리의 Vicuna 양말

한때, 전국민이(여성만) 앙고라 스웨터를 입었던 적이 있다. 프린트된 얇은 스웨터가 유행할 때 였는데 부드럽고 가벼운 털에 비해 가격이 저렴했기 때문이다. 앙고라 토끼털의 굵기는 캐시미어보다 더 가늘거나 비슷한 정도이다.

세상에서 가장 비싼 섬유

통칭 Wool은 양모의 털 뿐만 아니라 모든 동물의 털을 의미한다. 당연히 인간의 머리카락도 Wool의 한 종류이다. 동물의 털은 다양하기 때문에 세상에서 가장 비싼 섬유도 Wool 중 하나이다. 비쿠냐Vicuna는 남미에서 자라는 낙타이다. 혹이 없고 터무니 없이 작지만. 비쿠냐로 만든 이탈리아 롤로 피아나Lolo Piana 코트는 한 벌에 3천만원이나 할 정도로 비싸다. <그림 47>은 비쿠냐로 만든 양말인데 한 컬레에 1,500달러이다.

견 Silk

실크는 마와 함께 너무나 오래된 섬유라서 역사는 전설로 남아있을 뿐이다. 실크는 기원전 2640년 고대 중국 삼황오제 시대의 황후인 서릉(西陵)이 차를 마시다가 찻잔 속에 누에고치가 떨어져 이를 빼내려다 발견되었다고 전해진다. 서양사람들이 실크의 비밀을 알게 된 것은 그 후 3,000년이나 뒤인 서기 555년이다. 동로마제국의 황제인 유스티니아누스는 두 명의 수도사를 중국으로 보내 뽕나무 씨와 누에나방의 알을 훔쳐오도록 했다. 그들은 왕복 28,000km라는 긴 여정을 걸어 뽕나무 씨와 누에나방의 알을 대나무 지팡이 속에 감춰 왔다고 하는데 어디서 많이 들어본 스토리 같지 않는가? 이들의 모험은 결국 성공하여 1865년까지 유럽과 미국에서 기르던 누에는 모두 그 수도사들이 훔쳐온 알에서 나온 후손들이다. 이렇게 해서 양잠 기술은 이태리와 프랑스에 전해지고 두 나라가 유럽 실크 산업의 선두 주자가 된다. -섬유지식-

그림 48 _ Silk Cocoon

3,000년의 비밀

실크는 중국에서 발견되었으며 서양에 처음 알려지게 된 것은 기원전 4세

기의 알렉산더 대왕 시대이다. 당시에는 이 희한한 섬유의 본질을 알 수 없어서 존경 받는 고대로마의 학자 베르길리우스Publius Vergilius조차도 중국인들이 보드라운 양털 같은 숲에서 실을 꼬아내어 비단을 만든다고 했을 정도이다. 실크를 식물로 알았던 것이다. 실크는 같은 무게의 금값과 동일할 정도로 서양에서는 신비한 섬유로 취급 받았다. 지구의 직경보다 더 긴 14.000km가 넘는 실크로드는 이런 강력한 실크 수요에 대한 열망에서 비롯된 것이다. 최초의 발명자이자 발견자인 중국은 실크의 비밀을 무려 3천년간이나 지켰고 그로 인한 막대한 부를 취득하였다. 단지 이 아름답고 놀라운 섬유를 얻기 위해 유럽인들은 중국까지 무려 14,000km라는 어마어마한 거리를 산 넘고 물 건너 걸어서 왕복한 것이다. 그렇게 만들어진 길이 Silk road이다. 이처럼 Silk는 금보다 더 귀했던 유일한 물건이었다. 금은 어디든 있었으나 실크는 오직 중국까지 가야만 구할 수 있었다. 18세기말까지 중국이 세계 최강국이었던 역사가 실크 때문인지도 모른다. 실크의 무게 단위는 지금도 금의 무게 단위와 같은 것을 사용한다. 그것은 MM인데 일본어 '몸매(もんめ)'에서 왔으며 한자로는 금의 단위인 '돈(匁)'을 뜻한다. 모르는 사람은 없겠지만 금 한 돈은 3.75g이다.

유일한 천연 장섬유

우리가 입고 즐기는 모든 실크는 한때 어떤 누에 번데기의 집이었으며 그 주인은 나방이 되어 푸른 하늘을 향해 날갯짓을 해보는 작은 소망을 이루지 못하고 죽었다. Silk는 의류 소재의 여왕이다. 그 섬세함과 부드러움 그리고 우아한 광택은 비교 대상 자체가 없을 정도이다. Silk는 천연소재 중 유일하게 장섬유이며 가장 가는 섬유이다. 단백질이 주성분이지만 흔해 빠진 케라틴 단백질인 Wool과는 전혀 다르다. Silk는 곤충의 분비물로 만든 섬유이다. Silk를 만드는 곤충은 의외로 많지만 그 중 B. Mori 나방의 애벌레인 누에가 만든 Silk만이 상용된다. 스파이더맨의 인기에 힘입어 최근에는 거미가 만든 Silk를 모방하여 만든 인조 실크가 연구되고 있다. 거미의 실크는 같은 무게의 강철보다 더 질기다. 스파이더맨은 결코 허풍이 아닌 것이다. 비단은 우아하고 값비싼 직물이지만 실크의 본질은 사실 곤충의 침이다. 누에나방의 유충은 번데기로 지낼 자신의 거처를 만들기 위하여 침샘에서 분비물을 뽑아내는데 이 침샘의 길이는 누에 몸길이의 10배에 이르며 자기 몸무게의 절반이나 된다. 단백질로 이루어진 이 누에의 침을 우리는 Silk라고 부른다. 누에는 고치를 짓기 위하여 Silk를 1분에 15cm의 속도로 무려 3000m나 뽑아낸다. 나방이 되기 전, 애벌레 상태인 자신의 몸을 보호하기 위해 누에가 만든 일종의 천연 캡슐이자 옷이 누에고치(cocoon)인데 누에는 굵기가 1-2denier에 불과한 단백질 섬유로 자신을 둘러싼 보호막이자 피난처를 만드는 것이다. 누에는 식물인 뽕잎(Mulberry)을 원료로 단백질 섬유를 만드는 살아있는 작은 화학공장인 셈이다.

최고의 과학기술 - 진화

인간의 옷은 소재 → 섬유 → 실 → 원단 → 의류라는 복잡한 과정을 거친다. 중간 단계를 건너뛰어 소재가 바로 원단이 되는 부직포가 있고 실이 바로 옷이 되는 Seamless 봉제가 있기는 하지만 누에고치는 모든 중간 단계를 생략하고 섬유가 곧바로 최종 제품인 의류로 제작되는 놀라운 첨단기술을 보여준다. 미래의 의류는 그런 식으로 만들어지게 될 것이다. 자연은 불필요한 낭비를 싫어하며 발견 즉시 제거된다.

사랑스러운 소음 견명

실크를 제외한 모든 의류 소재에서 발생하는 소리는 대부분 부정적인 영향을 미친다. 때문에 소음을 제거해야 하는 군복뿐만 아니라 주로 합섬에서 생기는 바스락거리는 소리는 대개 혐오의 대상이다. 그런 소리는 그 원단이 부드럽지 않고 건조하다는 청각 신호이기 때문이다. 원단에서 나는 이런 소음을 제거하려는 목적을 가진 연구소가 설립될 정도이다. 실크는 원단에서 나는 소리(견명 絹鳴)마저 사랑스러울 정도로 놀라운 천연소재이다.

High End 브랜드의 상징 소재 Silk

이전에 실크가 사용된 거의 모든 옷들이 지금은 Polyester로 대체 되었지만 둘은 겉모습만 비슷할 뿐, 사실 크게 다르다. 예전과 마찬가지로 실크는 지금도 고귀함과 부유함의 상징이다.

모든 High end brand의 얇은 직물은 예외없이 실크가 소재이다. 블라우스는 물론이고 스카프, 심지어 안감도 실크를 사용해야 진정한 Luxury brand가 되기 때문이다. 만약 소재가 Silk이면 브랜드 이름이 없더라도 틀림없이 Luxury brand이다. 만약 그것이 안감이라면 명품 Top Brand임이 틀림없다.

Silk의 내부 구조

Silk를 자세히 보면 2가닥이 한 가닥으로 뭉쳐져 있다는 사실을 알 수 있다. Silk의 75%를 구성하는 내층을 피브로인(Fibroin)이라고 하는데 피브로인은 피브릴(fibril)의 다발이며 피브릴은 1,000여 개의 극세섬유인 마이크로 피브릴로 구성되어 단단한 세리신(Sericin)

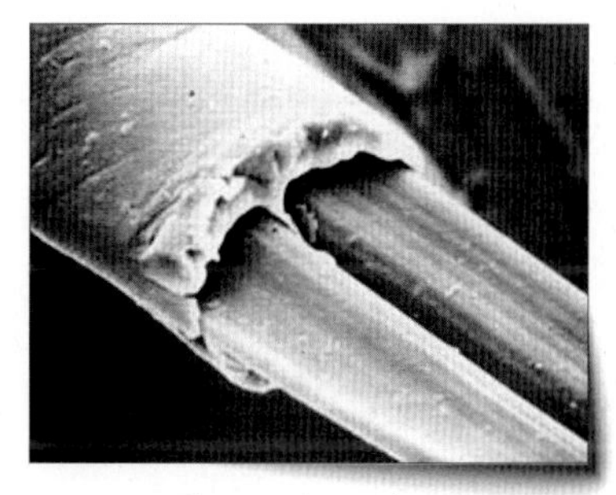

그림 49 _ Fibroin과 Sericin

이라는 단백질 외피에 둘러싸여 있는 형태이다. 세리신은 거칠고 끈적거리기 때문에 제거하고 피브로인만 남는다. 결국 25%의 감량이 이루어진 것과 같다. 그 결과로 Silk 특유의 광택과 부드러운 hand feel 그리고 Drape성이 나타나게 된다. 세리신을 제거하기 전 상태인 Silk를 생사(生絲)라고 한다.

Silk의 광택

Silk는 표면이 매끄러운 데다 단면은 삼각형이어서 정반사를 유도하여 특유의 광택을 발현할 수 있다. 합성섬유도 실크처럼 삼각형 단면을 만들면 Spark Yarn이라는 고 광택사를 만들 수 있는데 이렇게 만들어진 'Trilobal'(트라이로발)이라는 듀폰의 브랜드가 유명하다.

Silk는 천연섬유 중 가장 가는 섬유이며 굵기가 대략 1 데니어 정도이다. 1 데니어는 9,000m 길이인 섬유의 무게가 겨우 1g이라는 의미이다. 합성섬유에서는 실크보다 더 가는, 즉 1d 미만의 섬유를 극세사라고 분류하기도 한다. Silk는 공정수분율 11%로 흡습성이 좋기 때문에 Silk를 속옷으로 사용했을 때 쾌적한 것이다. 면처럼 인간 친화적인 섬유이며 정전기도 잘 발생하

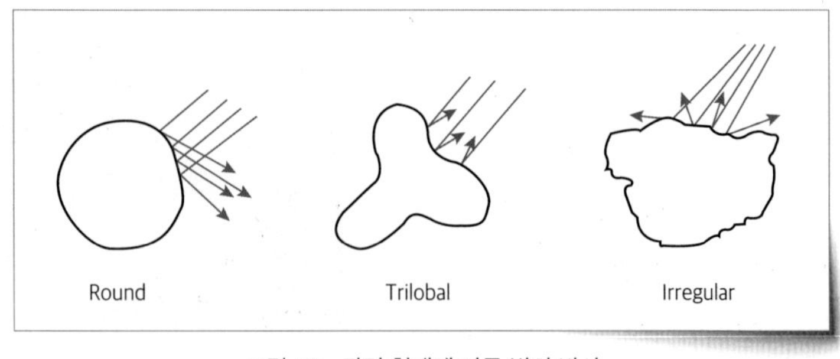

그림 50 _ 단면 형태에 따른 빛의 반사

지 않는다. Drape성도 있어서 하늘거리는 여성의류에 적합하다. Solid보다 Print원단이 더 많다. 하지만 다른 단백질 섬유처럼 일광에 약하고 알칼리에도 약하다는 단점이 있다. 물에 의해 크게 수축이 일어나므로 세탁은 반드시 드라이클리닝 해야 하며 피치 못하게 물세탁하는 경우 중성세제를 사용해야 한다. 비누가 알칼리 성분이기 때문이다.

견방사Spun silk yarn

Silk는 원래 장섬유이지만 단섬유로 만들어 방적사 형태로 나오는 것도 있다. 이를 견방사라고 한다. Habotai, Pongee, Chiffon, Shantung 등, 우리가 알고 있는 대부분의 경량 합섬 원단의 명칭은 Silk에서 비롯되었다.

가장 질긴 천연섬유

실크는 무게에 비해 가장 질긴 천연섬유이다. 거미줄도 마찬가지인데 만약 Silk로 밧줄을 만들면 같은 굵기의 금속 밧줄보다 더 강할 정도이다. 지구상의 모든 생명체는 식물과 동물을 가리지 않고 모두 같은 언어로 된 설계도로 만들어져 있는데 그것이 바로 DNA이다. 분자 생물학은 식물이나 동물을 가리지 않고 장점이 되는 DNA를 다른 동물 또는 식물에 이식할 수 있다는 점에서 무궁한 가능성을 가지고 있다. 천연 단백질 섬유는 분자생물학의 발전과 더불어 단점이 제거되고 장점이 돋보이거나 추가된 새로운 형태의 소재로 거듭나게 될 것이다.

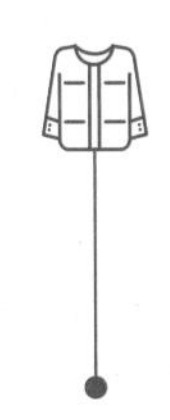

폴리에스터 Polyester

페트병은 현재 가장 일반적인 플라스틱 재활용 품목 중 하나로, 가벼운 페트병의 저렴함과 내구성은 페트병을 유리병보다 더욱 인기 있는 품목으로 만들었다. 미국의 엔지니어인 너세니얼 와이어스(1911~1990)는 거의 십 년간 페트병을 연구하였는데, 동료들에게 플라스틱으로 코카콜라와 같은 탄산음료를 담을 수 있는지 물어봤을 때 동료들은 폭발할 것이라고 예측하였으며 일련의 초기 실험을 통해 이와 같은 사실이 입증되었다. 플라스틱은 약하지만 구성하는 고분자들이 서로 얽히게 되면 강력해 질 수 있다. 초기 결과는 실패에 가까웠지만 와이어스는 1만 번 넘게 시도한 끝에 탄산음료로 인해 페트병이 터지는 문제를 해결하였다. 페트병은 탄산음료 산업의 호황으로 업계에서 즉시 사용되었으며 1999년, 한 해에 1,000억 병이 생산되었다. 오늘날 미국에서 생산된 폴리에스터 카펫 중 거의 절반 정도는 페트병을 재활용하여 만든 것이다.

[네이버 지식백과] (죽기 전에 꼭 알아야 할 세상을 바꾼 발명품 1001, 2010. 1. 20, 잭 챌리너)

놀라운 범용성

세상에서 가장 흔한 플라스틱이 바로 폴리에스터Polyester이다. 저렴하고 질기면서도 Soft하다. 열에도 강해 범용성이 뛰어나다. Outerwear로 가장 적절하게 사용되는 소재이면서도 그런 용도의 정반대 편에 서있는 Dress나 Blouse, 심지어 잠옷이나 속옷까지, 더 나아가 양복Suiting 소재로도 크게 손색이 없을 정도이다. 심지어 극한의 내후성과 강한 마찰에 견디는 힘을 요구하는 Outdoor원단의 겉감으로도 문제없이 사용되는 한편, 충전재인 패딩 솜으로도 견줄 만한 적수가 없다. 계절도 타지 않아 사계절 전방위에 걸쳐서 사용된다.

이토록 광범위한 패션의류 쪽의 범용성에도 불구하고 폴리에스터의 가장 큰 수요는 패션제품이 아니라 물병이다. 폴리에스터는 나일론에 이어 두 번째로 발명된 인공중합 섬유이며 나일론을 발명한 위대한 화학자 캐로더스의 작품이다. 비록 상업화는 다른 사람이 했지만 그가 최초의 발명자이다. 폴리에스터가 뛰어난 점은 그것이 천연소재의 기능적 단점을 보강하는 재료로 쓰인다는 것이다. 나일론은 방적사가 거의 없지만 폴리에스터는 단섬유Staple로도 제조되어 면이나 Wool같은 천연섬유와의 혼방에 다양하게 사용된다.

물론 Wool과의 혼방은 기능보다는 원가절감Cost saving의 목적이 더 크다. 군복은 예외없이 T/C 혼방 직물로 만들어진다. 100% 면은 쾌적하지만 특수복에 적용하기에는 강도가 부족하기 때문이다.

그림 51 _ 폴리에스터 직물

기능과 감성이라는 두 마리 토끼

폴리에스터의 장점은 기능뿐만 아니라 동시에 감성도 만족시키는 소재라는 것이다. Coolmax는 면보다 두 배나 더 흡수력이 좋고 극세사[Micro]원단은 Silk보다 더 월등한 감촉을 자랑한다. Satin 샤무즈로 만든 잠옷은 레이온보다 더 광택이 좋고 찰랑거리는 Drape성을 가진다. Suede의 일종인 '알칸타라[Alcantara]'는 천연 양가죽을 제치고 수 억대를 호가하는 수퍼카인 람보르기니의 인테리어에 사용된다. Burberry Trench coat 소재로 사용되는 Memory 원단은 기존의 면보다 훨씬 더 우아하고 젊고 현대적이다. Memory 원단은 할아버지 시대의 브랜드인 버버리의 수요층을 젊은이들로 수평 이동시킨 일등공신이다. 폴리에스터는 아름답고 탁월하다. 신이 만든 자연 최고 의류소재가 면이라면 폴리에스터는 인간이 만든 패션의류 소재 중 최고 걸작이다.

그림 52 _ Burberry Brit Trench

폴리에스터는 여러가지이다

폴리에스터는 우리가 아는 것보다 더 다양한 종류가 있는데 의류소재로 사용되는 대부분은 PET이다. 그 외에 PTT 나 PBT는 지그재그로 결합된 분자구조로 인하여 Stretch 원사로 사용된다. Burberry가 그들의 새로운 Young age 라인인 'Brit'에 100년간 사용해온 트렌치 코트 소재인 면 개버딘 원단 대신 PTT Memory를 적용하였다. Modern하면서도 천연섬유 느낌이 나는 Memory 원단의 지속적인 유행이 계속되고 있어 PTT 수요가 증가하고 있다.

특히 PET와 PTT를 한 가닥으로 결합하여 Stretch기능을 가진 T400이라는 신소재를 듀폰DuPont이 개발하여 새롭게 조명되고 있다. 최근 듀폰은 PTT제조에 석유 원료가 아닌 옥수수를 사용하고 있다. 물론 그것이 친환경을 의미하지는 않는다. 또, 친환경이 목적인 것도 아니다. 옥수수는 식량이고 옥수수 밭은 숲을 대신하기 때문에 옥수수를 원료로 하는 섬유는 친환경으로 분류되지 않기 때문이다. 다만 그들은 미국에서 남아도는 옥수수의 새로운 수요가 필요했을 것이다.

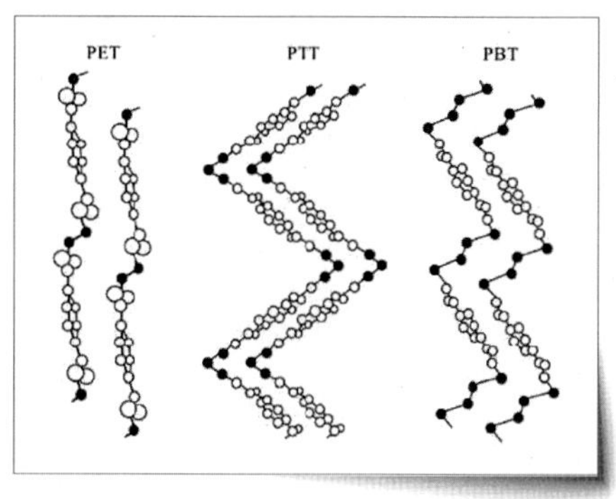

그림 53 _ 각 Polyester의 분자구조

곱슬 가공으로 거듭나다

화섬은 기본적으로 Filament로 생산되고 Crimp가 없기 때문에(직모라는 말이다) 신축이나 탄력, 볼륨volume같은 성능이 떨어진다. 이를 보완하기 위해 다양하게 Crimp를 주는 사가공이 필요하다. *DTY는 가장 흔하고 저렴하게 만들어지는 텍스쳐Textured 가공원사이다. 직모를 곱슬로 바꿔주는 간단한 가공을 통해 한꺼번에 여러가지를 얻을 수 있다. DTY는 원사에 신축성을 부여하고 합섬 고유의 싸구려 광택을 죽이는 동시에 딱딱한 원단에 스폰지Sponge하게 탄력 있는 볼륨감을 줄 뿐만 아니라 부드럽고 함기율을 높여 보온성도 생긴다.

ITY라는 보다 진보한 Textured yarn도 있는데 신축성보다는 볼륨감과 Soft한 감성을 부여해주는 겨울용 두꺼운 원단을 만드는 데 사용된다. 135d ITY 원단은 가격이 저렴하고 함기율이 높은(내부에 공기가 많이 들어있는) 두터운 볼륨감 때문에 20년 동안 대체 불가할 만한 소재가 나타나지 않을 정도이다.

상용 번수

폴리에스터는 광범위한 용도에도 불구하고 의류소재로는 극히 제한된 굵기의 원사만 생산된다. 가장 흔한 번수는 75d(데니어)이다. 75d 원사로 만드는 원단의 용도는 도비조젯Dobby georgette, 티슈파일Tissue Faille, 쉬폰Chiffon 같은 블라우스/드레스 원단이 있고 타페타(다후다)Taffeta는 겨울용 자켓이나 안감으로도 사용된다. 그보다 가는 굵기는 50d나 30d 등이 있는데 고밀도로 제직하여 다운/패딩 자켓의 겉감으로 주로 사용된다. 가장 가는 실은 20d이다.

의외로 Spring용 원단은 충전재 없이 사용해야 하므로 75d 보다 굵은 원사가 사용된다. 50d 폰지Pongee는 부드럽고 푹신하면서도 신축성이 좋은 저렴한 고밀도 Outerwear 원단으로 계절에 상관없이 다양하게 사용되는 베스트셀러이다. 특히 30d는 경량 다운 자켓을 만드는 원단에 사용된다. 두꺼운 원단은 150d가 대부분이고 가장 두꺼운 원단을 만드는, 패션의류 용도 최대 한계 번수도 300d에 불과하다. 폴리에스터의 상용 굵기는 10가지 정도이다.

폴리에스터 신축섬유

Spandex없이 폴리에스터 원단에 신축성을 구현하는 방법은 Crimp를 주는 Textured yarn을 쓰거나 PTT, PBT를 사용하는 두 가지다.

PTT는 PET와의 결합으로 듀폰에서 T400이라는 이름으로 발매되었는데 Spandex의 고질적 문제를 해결한 장점에도 불구하고 너무 고가이고 상대적으로 Stretch는 약해 거의 사용되지 않고 있다.

최근 중국에서 유사 제품을 만들어 팔고 있는데 가격이 훨씬 저렴하여 향후 귀추가 주목된다. DTY를 사용한 *Mechanical stretch는 원단 폭만 조금 희생한다면 스판덱스 2-3% 원단과 신축성에서 큰 차이가 없을 뿐만 아니라 더 가볍고 밀도도 적게 설계할 수 있어 통기성도 양호하다. 그렇기 때문에 Mechanical stretch는 주로 Summer 시즌에 Activewear로 많이 사용된다.

Nike의 조깅반바지Jogging short도 Spandex가 아닌 Mechanical이다. 그러나 75d보다 더 두꺼운 원단의 Mechanical stretch는 신축성이 그다지 좋지 않다. TPEE는 굵은 낚시줄처럼 생긴 열가소성 Mono filament로 그 자체로 신축성이 좋고 인장 강도가 뛰어나 현대의 사무용 의자를 만드는 혁신적인 소재가 되었다.

그림 54 _ PET 감량물의 Drape성

감량가공의 놀라운 결과 Drape성

폴리에스터 원단에 감량가공이 발명되면서 Outerwear 소재에서 Blouse, Dress 같은 feminine한 쪽으로 용도가 수십 배나 더 커지는 계기가 되었다. 폴리에스터는 알칼리에 약하기 때문에 강알칼리인 수산화나트륨과 반응시키면 표면이 부식되어 달 분화구 같은 크레이터Crater가 형성되면서 묘하게 drape성이라는 감성효과가 나타난다. 10-20%까지 감량하는데, 많이 감량할수록 부드럽고 Drape성이 뛰어나지만 너무 지나치면 솔기가 미어지는 봉탈Seam slippage이 나타나므로 주의해야 한다.

초극세사 Micro Fiber와 Powdery

폴리에스터는 가장 가는 섬유가 1d 정도로 실크와 유사하지만 이보다 더 가늘게 만든 섬유는 뛰어난 표면 감촉이 나타난다. 천연섬유로는 불가능한 영역이다.

이런 원단의 표면에 peach가공이 더해지면 감촉이 더 부각되지만 0.1d 이하의 극도로 가는 섬유로 만든 원단은 peach하지 않아도 특유의 마이크로 감촉을 나타낸다. 이런 느낌을 밀가루 표면을 만지는 느낌과 유사하다고 하여 'Powdery'라고 한다. 지금은 0.01d 이하의 초극세사 Micro fiber도 흔하다.

그림 55 _ TPEE가 사용된 의자

이형 단면 Coolmax & Thermolite

화섬의 단면과 굵기를 변화시킴으로써 다양한 기능과 감성을 부여하려는 노력은 계속되었다. 효율적인 생산을 위해서는 마찰이 가장 작은 원통형 단면이 이상적이지만 기능을 추가하기 위해 체표면적을 극대화 하는 방향으로 다각도의 개발이 이루어진 결과, 모세관현상을 이용한 '흡한속건'이라는, 서로 충돌하는 기능을 한 원단에 실현한 놀라운 섬유가 쿨맥스이다.

한편, 면처럼 속이 빈 중공사를 만들어 경량 보온 자켓으로 기능할 수 있도록 써모라이트 Thermolite라는 패딩 솜이 개발되었다.

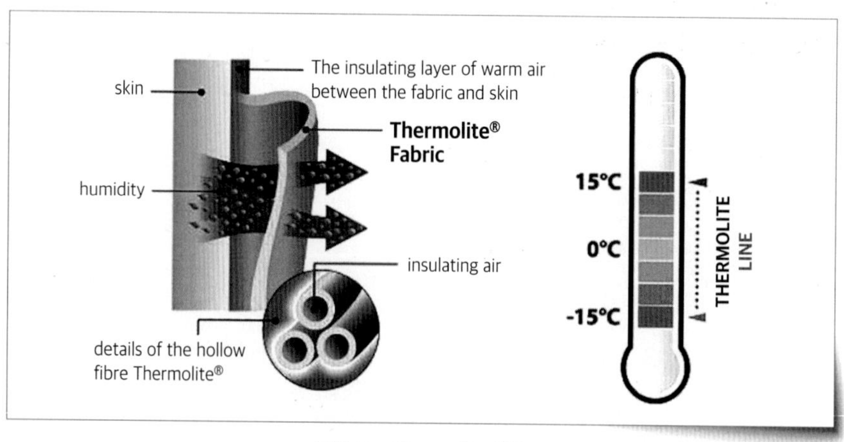

그림 56 _ Thermolite 섬유

새로운 폴리에스터 Elasterell-P

폴리에스터의 한 종류인 PTT는 신축성을 나타내는 소재로 기능하거나 Memory원단을 만드는 등, 두 가지 다른 소재로 사용될 수 있다. PET와 차별화하기 위해 듀폰은 PTT의 원료를 석유에서 옥수수로 바꿔 'Sorona'라는 브랜드로 판매하고 있다. 이 소재는 PET+PTT를 한 가닥의 섬유에 설계하여 폴리에스터 라는 식상한 이름에서 벗어나 새로운 Generic name을 취득하였다. 그 이름은 'Elasterell-P'이다.

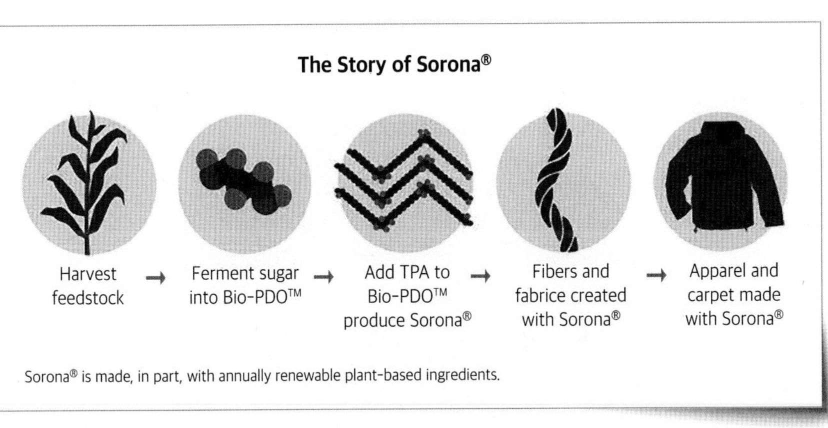

그림 57 _ 듀폰 Sorona 공정도

치명적인 Migration

폴리에스터의 가장 큰 단점은 염색 후 염료가 이동하여 번지는 마이그레이션Migration이다. 폴리에스터는 결정영역이 너무 견고해 염색이 어려우므로 분산염료로 고온에서만 염색이 가능하다. 이 현상은 분산염료의 특성에 기인하는데 염색이 완료된 후에도 Migration은 끊임없이 일어난다. 특히, 고온에 노출되거나 휘발성 용매를 만나면 가속화된다. 따라서 코팅된 원단이나 라미네이팅 된 원단의 경우 이 문제에 부딪히기 쉽다.

분산염료는 승화성이 있어서 진한 색인 경우 포장재인 폴리백에 원단

컬러가 번지기도 한다. 만약 제품을 실은 컨테이너가 적도 근방을 지나가게 되면 컨테이너 내부 온도가 70도까지 상승할 수 있는데 바로 그때 승화(sublimation)가 일어난다. 이를 막기 위해 폴리백 사이에 Tissue를 끼우기도 한다. 나일론도 분산염료에 염색되므로 팔과 몸통이 다른 색의 코디 자켓을 만들 때 폴리에스터 쪽 컬러를 진하게 하고 나일론 쪽을 연한 색상으로 설계하면 나일론 쪽으로 이염되기 쉽다. 나일론의 산성염료는 폴리에스터를 이염시키기 어려우므로 반드시 그 반대로 설계해야 한다. 디자이너가 무지하면 일어나지 않을 사고도 생긴다.

그림 58 _ Migration이 일어난 셔츠

Recycle에 최적화된 화섬

폴리에스터는 나일론에 비해 재생이 쉽다. 이유는 단순하다. 페트PET병의 존재때문이다. Polyester의 최대 수요는 PET병인데 염색되지 않고 다른 불순물도 없어서 재생하기가 용이하다.

Polyester 의류를 재생하려면 대부분 염색이 되어 있으므로 탈색부터 시작해야 한다. 그나마 탈색이 100% 일어나기도 어렵다. 비용도 PET병에 비해 몇 배가 들어간다. 따라서 PET병은 Recycle 화섬의 축복이라고 할 수 있다.

무거운 Color

PET를 염색하는 분산염료는 채도가 낮아서 상대적으로 어둡고 칙칙한 컬러로 발색된다. 즉, 같은 색을 구현해도 Nylon같은 Vivid한 색상을 만들기 어렵다. 나일론은 밝고 색이 아름답다. 디자이너들이 폴리에스터보다 나일론을 선호하는 이유 중 하나이다.

전사 프린트 - 폴리에스터의 축복

유일하게 PET만 종이에 먼저 인쇄한 다음, 이를 판박이처럼 원단에 옮기는 방식의 전사 프린트가 가능하다. 분산염료가 열에 의한 승화성이 있기 때문이다. 이 프린트 방식은 물이 전혀 필요 없고 염료도 최소로 사용되며 버려지는 염료도 없기 때문에 수자원 절약, 염료절약 등의 측면에서 Sustainable 하여 미래 전망이 밝은 프린트 방식이다. 전사 프린트를 면 같은 다른 소재에도 적용 가능하다고 주장하는 이들이 있는데 가능할지도 모르지만 당장은 무시해도 된다.

나일론 Nylon

"'석탄, 물, 공기'에서 유래하고 강철처럼 강하다"고 약속한 "인류 최초의 인공 유기섬유"는 중산층 여성의 열광으로 대부분의 신문 헤드라인을 장식하였다. 나일론은 1939년 뉴욕세계박람회 (New York World 's Fair)에서 "내일의 세계"의 일부로 소개되었으며, 1939년 샌프란시스코 골든게이트 국제박람회에서 듀폰의 "Wonder World of Chemistry"을 통해 소개되었다. 나일론 스타킹의 첫 공개 판매는 1939년 10월 24일 델라웨어 주 윌밍턴 에서 이루어졌다. 4,000쌍의 스타킹 모두가 3시간 이내에 판매되었다. 하지만 실제 나일론 스타킹은 1940년 5월 15일까지 전국 매장 모두에 배송되지 않았다.

-Wikipedia-

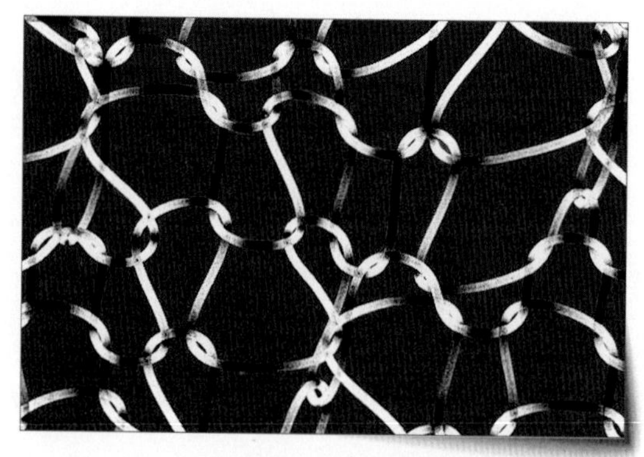

그림 59 _ 나일론 스타킹

인류 최초의 합성섬유

나일론은 1935년, 세계 최초로 발명된 인조섬유이다. 듀폰의 화학자 캐로더스Carothers는 인류 최초의 인공중합으로 나일론을 만들었다. 나일론은 듀폰의 상품명이고 정식이름은 폴리아마이드polyamide이다. 85년 전에 만들어졌지만 지금도 없어서는 안 될 가장 중요한 의류 소재 중 하나이다. 특히 Outerwear나 Outdoor 그리고 Activewear에서의 나일론의 기능적 역할은 뛰어나다. 폴리에스터보다 더 가벼울 뿐만 아니라 더 질기고 가늘어서 경량 소재로 사용되거나 가방 그리고 고밀도 다운 자켓의 소재로 쓰인다. 나일론은 폴리에스터보다 더 부드러워 란제리나 속옷, 수영복에 선호된다. 나일론은 7d 원사를 넘어 5d 원사까지 생산되는데 20d가 최저 굵기인 폴리에스터로는 도저히 넘볼 수 없는 경지이다. 디자이너들은 나일론의 매끈한 감촉과 밝고 아름답고 Vivid한 컬러를 사랑한다. 단지 폴리에스터보다 더 비싼 가격 때문에 선택하지 못할 뿐이다.

화섬 최고의 감성 - Hand feel & Color

나일론이 의류소재로 각광받는 이유는 기능적인 측면보다 감성적인 면이 더 크다. 나일론은 니트와 우븐을 가리지 않고 모두 감촉이 뛰어나고 염색된 컬러의 채도가 높아 밝고 아름답나. 산성염료를 사용하기 때문이다. 나일론은 합섬인데도 잘 구겨지는 성질이 있어 별도의 가공료 없이 Crush나 Crinkle 가공을 추가할 수 있다. 특히 나일론에 스판덱스가 들어간 니트는 Active wear나 요가복에서 폴리에스터로는 능가할 수 없는 매혹적인 hand feel을 자랑한다. 덕분에 가격이 두 배 넘게 형성되지만 디자이너들의 선택은 예산Budget이 허락하는 한, 언제나 나일론이 될 수 밖에 없다. 특히 스판덱스 나일론 경편원단은 프린트가 어려운데도 불구하고 여성수영복으로 대체 불가한 소재이며 최근은 Athleisure 쪽으로 활용범위가 확대되고 있다.

열에 약하고 프린트가 어려운 단점

나일론의 단점은 크게 두 가지이다. 첫 번째로는 열에 약하다는 것이다. 나일론의 융점은 220도로 주요 소재 중 가장 낮다. 그러나 이는 우리나라에서 주로 생산되는 N6에 한정되는 단점이며 원래 오리지널인 N66은 융점이 260도로 폴리에스터와 비슷하다. 두 번째는 프린트가 어렵다는 것이다. 불가능한 것은 아니지만 다루기 어렵다. 컬러는 아름답지만 번짐Blurring이 잘 일어나 높은 해상도나 선명한 Edge가 나오기 힘들고 균염이 어려운 데다 색의 발현이 일정하지 않아 재현성이 떨어진다. High end brand 소량 물량의 프린트는 가능하지만 Gap 같은 major 브랜드에서는 채택이 어렵다. 하지만 Print와 Solid가 Assort된 제품기획은 흔하고 나일론이 소재일 경우는 곤란해진다. 이에 대한 해결책으로 프린트 쪽은 유사한 폴리에스터 원단으로 대체하여 진행하는 것이 대부분이다. 그러나 같은 콤보의 컬러로 구성되어도 둘은 채도가 크게 달라서 그에 따른 차이는 피할 수 없다.

그림 60 _ 듀폰의 ATY 원단 브랜드

타슬란Taslan - 나일론의 곱슬 가공

매끄럽고 광택이 있는 나일론 특유의 외관과 감촉을 천연섬유처럼 만들려면 texture가공이 필요하다. 폴리에스터와 마찬가지로 원사에 Crimp를 부여하는 방법이 사용된다. 나일론의 사가공은 폴리에스터에 비해 종류가 많지 않고 단순하다. ATY(Aero Textured Yarn)가 대부분 적용되며 최근은 경량 원단을 위해 DTY 원사가 다양하게 개발되는 추세이다. ATY는 공기를 이용하여 곱슬을 만드는 사가공인데 Loop가 만들어지는 특징이 있고 대개는 두꺼운 원단을 설계하기 때문에 160d를 가장 많이 쓴다. 경사에 70d, 위사에 160d ATY를 사용한 평직물(평직 Woven)을 '타슬란Taslan'이라고 하는데 경사로 70d를 쓰기 때문에 벵갈린Bengaline처럼 경사는 보이지 않고 위사 쪽으로 굵은 선이 도드라지는 특징을 보인다.

Taslan은 원래 듀폰의 브랜드명이지만 지금은 누구나 사용할 수 있는 일반 명칭이 되었고 이에 따라 듀폰은 Premium brand를 새롭게 출시하여 'Tactel'과 'Supplex'라는 두 브랜드를 관리하고 있다. 탁텔과 서플렉스는 차별화를 위해 N66 원사로 제작되었으며 Full dull원사를 사용하므로 외관에서 저렴한 Taslan과 차이가 나지만 겉으로 보기에는 구분이 쉽지 않다. Taslan과의 경쟁을 피하기 위해 대개 Taslan 보다는 경량의 원단을 제조한다. N66은 대만에서 주로 생산하기 때문에 우리나라에서는 두 원단을 구할 수 없고 중국에서도 흔치 않다. 우리나라는 코오롱이나 효성에서 N6만 생산된다.

트라이로발Trilobal - Spark 섬유

천연섬유와 닮기 위해 합섬 특유의 광택을 제거하는 개발과 반대로 오히려 광택을 더 강하게 만든 듀폰에서 제조한 원사이다. 이름 그대로 단면을 삼각형으로 만들어 정반사가 최대

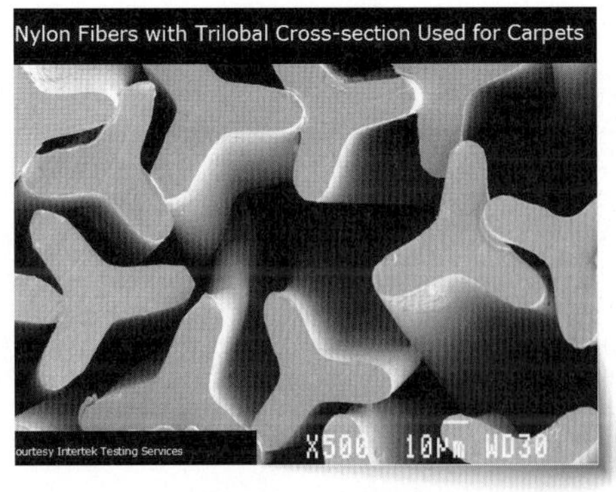

그림 61 _ 트라이로발

한 유도되도록 단면구조를 바꾼 나일론이다. 어느 정도 투명하면서도 불꽃 같은 강한 광택이 나기 때문에 독특한 의상을 만들 수 있다. 80년대에 대유행 했지만 지금은 트렌드에 따라 잠깐 나타났다가 사라지기도 한다.

NP Micro 분할사

마이크로의 대부분은 폴리에스터와 나일론을 섞어 만든 분할섬유이다. 이를 콘쥬게이트Conjugate yarn이라고 하는데 폴리에스터 섬유 중간에 나일론을 뼈대로 집어넣어 가공할 때 수축 차이로 내부에서 서로 벌어지도록 만든 섬유이다. 한 가닥의 섬유가 여러 가닥으로 분할되어 많게는 수십 가닥의 가느다란 섬유를 만들어 낼 수 있다. 100% 폴리에스터 초극세사Polyester Micro는 있으나 Nylon 100%인 Micro Fiber는 없다. 더 자세한 내용이 이후에 나온다.

Mono filament

대부분의 실은 여러 가닥의 섬유로 이루어지지만 단 한 가닥의 섬유가 그대로 실인 경우도 있다. 낚싯줄이나 스타킹원사가 대표적이지만 원사로서 Mono filament실도 있다. 대부분 20d인 이 원사가 투입된 원단은 광택이 뛰어나고 잘 구부러지지 않아 마치 스프링이나 부드러운 뼈대가 들어간 원단처럼 '탱글탱글'한느낌을 준다. 이런 원단을 Shimmer라고 한다. 투명한 원단인 Organza를 만들 때 사용하기도 한다.

그림 62 _ 방탄 나일론

코듀라Cordura와 볼리스틱 나일론Ballistic Nylon

원래 패션 의류 소재는 아니지만 코듀라와 볼리스틱 나일론은 전투복이나 방탄복 또는 가방에 적절한 두꺼운 나일론 직물이다. 물론 마찰에 강하고 잘 찢어지지 않는다. Kevlar가 방탄복 소재로 등장하기 전까지는 볼리스틱 나일론Ballistic Nylon이 베트남전에서 폭탄의 파편을 막는 조끼로 사용된 적이 있다. 코듀라와 볼리스틱 나일론의 차이는 볼리스틱이 좀 더 후직이며 1680d 원사를 사용했고 Cordura는 조금 더 얇은 500-1,000d를 사용한 캔버스Canvas 조직의 직물이다.

Down proof 가공이라는 것은 없다

원단에 다림질처럼 열처리로 표면에 광택을 부여하는 가공이 있는데 다림질과 똑같이 열과 압력을 동시에 이용한다. 이 가공은 소재마다 다른 이름을 가지고 있다. 면에서는 친츠Chintz나 캘린더Calendar라고 하고 나일론이나 폴리에스터 같은 합섬은 씨레Cire라고 한다. 나일론은 융점이 낮아서 Cire 가공의 예후가 좋아 주로 평직 나일론에 더 많이 사용된다. 박직인 나일론에 Cire 가공을 하면 광택만 나는 게 아니라 hand feel도 부드러워진다. 열과 압력으로 인해 원단 표면이 평활해지면서 동시에 얇아져 나일론 특유의 매끈한 촉감이 더 강조되기 때문이다.

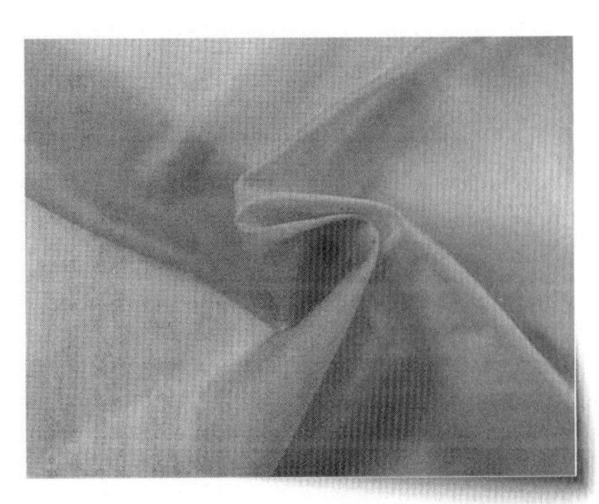

그림 63 _ Nylon 5d 초 박지 직물

Cire를 하면 3가지 효과가 생기는데 감촉과 광택 말고도 직물의 경위사 틈새를 메꿔주는 기능적 효과가 있다. 이를 이용해 나일론을 고밀도로 제직하여 Down proof 원단을 설계할 수 있다. Down proof는 단지 특정 가공만으로 목적을 달성할 수 없다. 기본적으로 직물 자체가 평직의 고밀도여야 가능하다. 즉, 번수에 따른 적정 밀도로 제직되고 이후 cire 가공이 추가되어야 한다. 또한, 통기성이 있으면서 down이 새는 것을 막아야 하기 때문에 코팅하지 않은 원단이어야 한다. 따라서 Down proof 가공이라는 것은 없고 Down proof가 가능한 원단만이 존재한다. 그런데 자켓의 광택은 트렌드에 따라 호불호가 크게 갈리는 컨셉이므로 광택을 원하지 않을 때는 열을 빼고 압력만 가하는 냉 씨레 Cold Cire 가공을 하면 된다. Cold Cire는 나일론이 고온에서 경화되는 문제를 막아줄 수도 있다.

가볍고 질긴 나일론

나일론은 마찰에 강하고 인열 강도가 우수한 질긴 원단이다. 따라서 얇은 원단의 설계가 가능하고 이에 따라 초경량 박지 원단으로 만든 Ultra-light down jacket이 가능해져 재킷을 손바닥만 한 작은 파우치에 넣을 수 있는 Packable down이라는 새로운 카테고리가 생겨났다. 15d 이하의 이런 박지 원단은 투명하기까지 하여 'Transparent Down'이라는 독특한 트렌드를 만들었다. 나일론의 이런 강한 물성 때문에 가방이나 텐트, 등산용 로프, 운동화 같은 제품에는 주로 나일론이 사용된다. 사실 나일론은 의류보다는 어망이나 밧줄 같은 산업자재용으로 더 많이 쓰인다.

교직의 시작 나일론

폴리에스터와 달리 나일론 방적사는 거의 보기 어렵다. 방적사뿐만 아니라 나일론은 타 소재와의 혼방 또한 찾아보기 힘든데 필자의 경우 딱 한번 본 것이 전부이다. 나일론과 면의 교직은 우리나라 주도로 발전시킨 새로운 직물 카테고리이다.

개발 초기, 틈새시장 공략을 목적으로 개발되었지만 저가로 분류되는 혼방에 비해 오히려 면이나 나일론 단독의 소재보다 더 고가의 가격에 형성되었다. 합섬 특유의 장점과 천연섬유인 면의 장점이 절묘하게 혼재되어 있는 키메라Chimera이기 때문에 N/C 교직물은 Rich해 보이는 외관을 가진다. 교직물의 염색이나 가공은 고도의 기술이 필요하지만 합섬을 혐오하기 시작한 소비자의 경향을 반영한 결과로 단기간에 견고한 시장을 형성하였다. N/C 교직물은 중국의 진출과 폴리에스터 감량물의 퇴조로 괴멸되어 가는 우리나라 섬유산업을 지키는 일등공신이 되었다. 나일론 교직은 염색과 가공이 까다로워 지금도 중국 기술로 마땅한 경쟁력을 확보하지 못한 유일한 분야이다. 중국 교직물은 가격은 국산과 비슷하고 품질은 떨어진다.

아크릴 Acrylic

영국 Plymouth University는 12개월 동안 여러 가지 가정용 세제와 세탁기를 사용하여 다양한 종류의 합섬의류를 세척했을 때 발생하는 잔류섬유 부스러기를 분석했다. 그들은 아크릴 제품이 세탁 당 거의 730,000개의 작은 플라스틱 입자(마이크로 플라스틱)를 배출한다는 사실을 밝혔는데 이는 T/C 혼방직물의 5배, 순수한 폴리에스터의 거의 1.5배나 된다는 결과를 발표하였다. 생태학자 마크 브라운 (Mark Browne)의 연구에 따르면 전세계 해안선의 하수도 배출 부근에서 합성섬유 폐기물이 가장 큰 농도로 나타났다고 한다. 해안선에서 발견된 합섬 원료 중 85%는 초극세사Microfiber이며 의류에 사용된 원사 유형(예: 나일론 및 아크릴)과 일치한다.

-Wikipedia-

이랜드와 잉글랜드

70년대까지만 해도 두꺼운 겨울 스웨터 소재는 모두 Wool이었다. 대체할 만한 다른 소재가 전무했기 때문이다. Wool 스웨터는 상당히 고가여서 대를 물려 입는 것은 물론이고 오래된 스웨터는 실을 풀어 다른 패턴의 새로운 스웨터를 만들어 입는 것이 당연했다. 이 오랜 전통과 상식을 깬 한 조그만 브랜드가 있었는데 바로 '잉글랜드'라는 신촌에서 시작한 소규모 내수 브랜드이다. 다른 나라 이름과 국기를 자신의 브랜드로 사용한 것을 보면 지극히 소규모인 동네가게 수준의 로컬 브랜드였음을 미루어 짐작할 수 있다. 이들은 그동안 누구도 의류에 사용할 생각을 하지 못했던 선염의 아크릴 방적사를 이용하여 과감하게 스웨터를 만들어 팔았는데 색감이 Vivid하고 아름다운데다 White와 원색이 포함된 과감한 북유럽 패턴을 적용하여 순식간에 대인기를 끌었다. 물론 인기의 또 다른 비결은 Wool 스웨터의 10%도 안 되는 저렴한 가격이었다. 비록 아크릴의 특성상 보풀이 쉽게 생기거나 세탁이 어려워 내구성은 짧았지만 그럼에도 불구하고 구매를 망설이지 않을 정도로 매력적인 가격이었다.

그림 64 _ 아크릴 스웨터

Poor man's Wool

아크릴의 정식 이름은 PAN(Polyacrylonitrile)이다. 3대 합성섬유 중 하나이며 다른 합섬들이 Poor man's silk를 추구한 반면, Poor man's wool로 패션에 등장하였다.

아크릴은 의류에서 오로지 Wool의 저가 대안으로 사용되었으므로 주로 필라멘트가 사용된 폴리에스터나 나일론과 달리 오직 방적사로만 생산된다. 스웨터는 물론 직물에서도 방모를 겨냥하여 대개 후직물로 생산된다. 단섬유Staple로 나오기 때문에 Wool과의 혼방도 많다. 양복지로 사용되는 얇은 원단인 소모에서는 Wool과의 혼방 소재가 Polyester인 반면, 코트 소재인 두꺼운 방모직물은 아크릴과 혼방한다.

저가 Flannel 셔츠

울 플란넬Wool Flannel 직물의 대체품으로도 많이 생산되어 NM36/2 선염 평직물에 brush가공된 패턴물로 면보다 따뜻한 저가의 겨울 셔츠로 많이 사용된다. 물론 *Pilling의 위험이 크지만 니트보다는 훨씬 더 낫고 저렴한 가격 때문에 크게 신경 쓰이지 않는다.

그림 65 _ 아크릴 플란넬 셔츠

봉제완구 용 보아Boa

열과 햇빛에도 강하여 Weather proof로 불릴 정도로 내후성이 좋아서 겨울 담요로도 많이 사용된다. 저렴한 가격 때문에 겨울의류의 안감으로도 많이 적용되고 봉제완구 소재 또한 대부분이 아크릴이다. 보아Boa는 모피를 흉내 낸 아크릴 니트 원단으로 하이 파일Hi pile원단의 유행과 함께 겨울용품 소재로 견고한 시장을 형성하였다. 봉제완구 용 아크릴은 대개 Micro fiber를 사용하여 촉감이 믿을 수 없을 정도로 soft하다. 최근은 Sherpa라는 천연 양털을 모방한 아이템으로 인기를 끌고 있다. 이 소재는 인조 Suede와 합포Bonding되어 인조 무스탕 재킷의 소재가 된다.

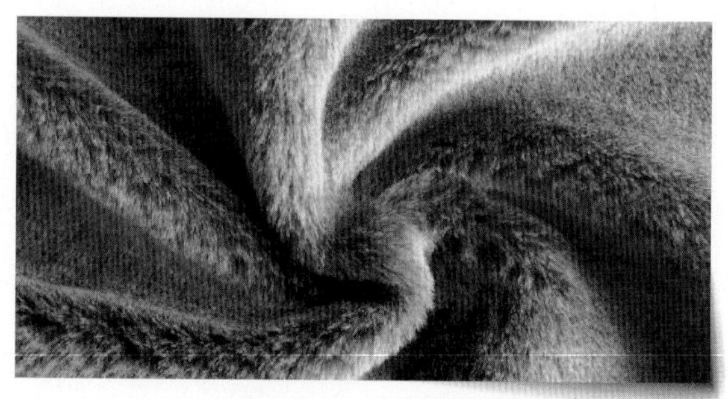

그림 66 _ 밍크담요라 불리는 아크릴 소재 담요

비행기 담요 Moda Acrylic

모다아크릴Moda Acrylic은 불에 잘 타지 않는 난연 성능 때문에 비행기의 기내 담요로 주로 사용된다. 가연성인 물건은 탁구공조차 비행기에 실을 수 없다.

아크릴 번수

아크릴 원사의 굵기를 나타내는 번수는 Wool에서 사용하는 NM과 같다. NM은 면 번수 보다 1.7배 더 크다. 즉, 면 100수는 NM170수와 같은 굵기이다.

아크릴 직물의 혼방

아크릴은 예전에 한일합섬에서 많이 생산하였는데 가동을 멈춘 뒤로는 국내에서는 공급이 제한적이고 중국에서도 아크릴 우븐 원단은 쉽게 찾아보기 어렵다. 이 때문에 보통 방모의 혼방에 들어가는 아크릴 대신 중국에서는 그보다 더 흔한 비스코스를 사용하는데 사실 비스코스 레이온은 차가운 느낌 때문에 겨울용이라기 보다는 여름용 소재이므로 울과의 혼방은 적합하지 않다고 볼 수 있다.

100% 아크릴 같은 합섬 원단은 저가제품 느낌 때문에 구매를 망설이는 소비자들을 유치하기 위해 Wool을 소량 투입하여 물타기를 시도한 제품이 있다. APW는 아크릴 80%, 폴리에스터 10%, 울 10%인 희한한 원사이다. Wool 10%로는 어떤 기능이나 외관적 영향이 있을 수 없지만 단지 10%인 Wool이 얼굴마담 역할을 함으로써 강력한 마케팅 효과를 준다. 이 직물은 아크릴 쪽만 염색하고 나머지 20%는 염색하지 않는 방식으로 염색을 단순화 시켰다. 이러한 염색방식은 원단에 약간의 헤더Heather 효과를 내면서 원단의 품위를 높인 결과를 가져왔다.

레이온 Rayon

2004년, 아테네올림픽 당시, IOC 국제올림픽위원회는 한가지 조사를 실시한다. 탁구 종목 경기를 위해 탁구공을 아테네로 공수하는데 어떻게 두 달이 넘는 긴 시간이 걸렸는지에 대한 의문을 풀기 위해서였다. 조사결과 그 이유는 화재 위험성 때문에 탁구공의 항공기 반입이 불가했기 때문으로 밝혀졌다. 인화성 물질로 이뤄진 셀룰로이드 재질의 탁구공은 항공기 운반 대신 선박을 이용하는 불편함을 겪을 수밖에 없었는데 IOC는 이 문제를 공식 제기해, 국제탁구연맹(ITTF)에 이의 시정을 요구하게 된다. 탁구공이 불에 탄다는 사실이 놀라운가? 유튜브에 아주 생생한 영상이 있다. 무려 100년 넘게 써온 셀룰로이드 재질의 탁구공을 바꾸기는 쉽지 않은 결정이었다. 하지만 올림픽 정식종목으로 살아남기 위해서는 다른 선택의 여지가 없었다. ITTF는 지난 2012년 독일 도르트문트 세계선수권대회때 열린 총회에서 탁구공의 재질을 플라스틱으로 변경하기로 전격 결정하였다. 2년간의 실험을 거쳐 2014년 8월부터 국제대회에 플라스틱 탁구공을 사용하기로 한 것이다. 2014년, 인천 아시안게임에서는 기존 셀룰로이드 공을 사용했지만 2015년부터는 모든 국제 대회에서 예외없이 플라스틱 공인구를 사용하게 된다. 셀룰로이드 공이 만들어진 것이 1898년이니까 무려 117년 만에 탁구공의 전면 교체가 이뤄지게 되는 것이다.

[출처] 세계탁구의 '2차 혁명'…탁구공이 바뀐다, 작성자: 숲속향기

탁구공과 레이온

면, 종이, 당구공, 탁구공, 셀로판지, 레이온의 공통점이 무엇일까? 답은 모두 나무와 동일한 재질인 셀룰로오스가 원료라는 것이다. 탁구공의 재료인 셀룰로이드는 레이온과 동일한 물질이다. 다만 1차원 섬유 형상이 아니라 2차원 평면인 종이처럼 생겼을 뿐이다. 인류 최초의 당구공도 셀룰로이드로 만들어졌었다. 그러니 쉽게 불에 타는 것이 당연하다. 염소가 종이를 맛있게 먹는 이유는 그것이 풀과 똑같은 셀룰로오스이기 때문이다. 염소에게 풀이 밥이라면 종이는 설탕과 마찬가지이다.

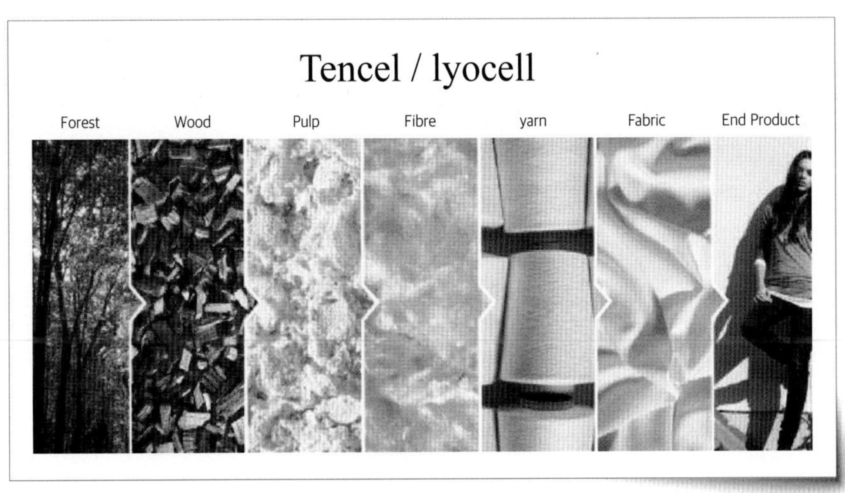

그림 67 _ 텐셀공정도

최초의 인조섬유

인류 최초의 인조섬유는 사실 레이온이다. 진정한 의미의 '인조'는 아니지만 천연재료를 화학적으로 형태를 바꾼 '최초의 섬유'라는 점에서 의미가 있다. 모든 천연섬유는 그 자체로 섬유 형태를 띠고 있다. 실로 만들기 위해서다. 모든 화학섬유는 가소성 플라스틱이므로 언제든 원하는 형태로 바꾸면 된다. 하지만 나무는 면이나 마와 동일한 셀룰로오스 성분이라도 즉시 사용가능한 섬유 형태가 아니어서 분쇄하여 가루로 만들고 이를 다시 녹인 다음 섬유로 뽑아야 한다. 국수와 마찬가지이다.

레이온은 면과 동일한 성분인 셀룰로오스이지만 나무가 원료이다. 나무는 리그닌Lignin을 포함하여 다양한 불순물을 담고 있으므로 거의 순수한 셀룰로오스인 면과 다르다. 나무로부터 불순물을 제거하고 100% 순수한 셀룰로오스로 만든 것이 펄프이다.

왜 재생섬유인가?

문제는 펄프가 면과는 달리 섬유 형태가 아니라 입자라는 것이다. 입자형태인 가루를 기다란 섬유 형태로 바꾸기 위해서는 국수 제조를 떠올릴 필요가 있다. 국수를 만들려면 밀가루에 물을 첨가하여 반죽으로 만들어야 한다. 만약 반죽이 되지 않으면 국수는 만들어지지 않는다. 이때 밀가루를 비롯한 가루가 중요한데 모든 가루가 반죽되는 것은 아니다. 밀가루에 포함된 글루텐Gluten이라는 끈적이는 성분이 있어야 반죽이 가능하다.

글루텐 성분이 없는 가루처럼 펄프는 순수한 셀룰로오스로 접착력이 전혀 없어 그대로는 반죽을 만들 수 없다. 방법은 액체 상태가 되도록 녹이는 것이다. 하지만 동물의 위에서도 소화되지 않는 셀룰로오스는 녹이기 어려운 고분자이다. 결국 다양한 용매와 케미컬을 이용한 수십 차례의 시도 끝에 몇 종류의 레이온이 탄생하게 되었다.

그중 대중적으로 상업화에 성공한 최초의 것이 이황화탄소를 사용한 비스코스Viscose이다.

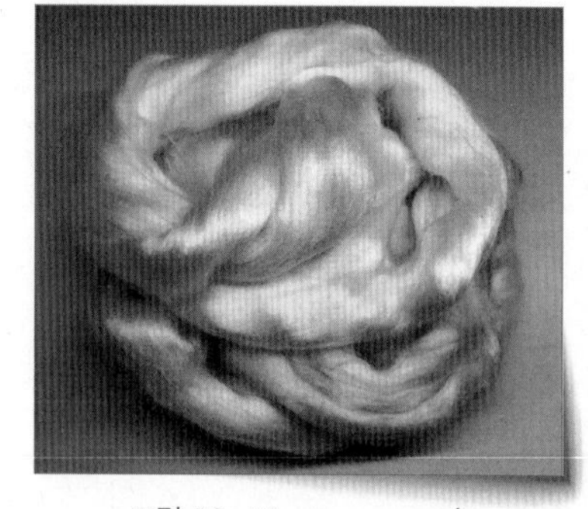

그림 68 _ Viscose rayon 솜

빛나는 면 Ray cotton

레이온은 19세기 중반에 처음 나왔지만 진정한 '인조 섬유'는 그로부터 85년을 더 기다려야 했다. 레이온은 처음에는 인조 실크라는 이름으로 알려졌다. 그러나 실제로는 동물성 섬유인 실크보다 면에 가까운 성분이다. 정확하게는 면과 분자의 크기만 다를 뿐, 100% 동일한 성분이기 때문에 실크와는 사실 거리가 멀다. 단지 실크처럼 표면이 매끄러워 광택이 비슷한 것뿐이다. 따라서 모든 물성은 면과 같거나 유사하다. 1924년, 미국 상무부는 Rayon을 특유의 광택을 반영하여 빛을 뿜어낸다는 의미로 Ray와 Cotton의 마지막 두 철자인 on을 결합하여 Rayon이라고 명명하였다. 인조 실크보다는 '빛나는 면'이 훨씬 더 사실에 가깝다. 하지만 매끄럽고 광택이 나는 외관과 장섬유라는 사실, 특유의 Drape성은 Silk에 더 가깝다고 할 수 있다. Dry cleaning 해야 하는 것도 실크와 비슷하다. 레이온은 내면과 외형이 전혀 다른 성질을 가진 두 얼굴의 섬유이다.

차가운 레이온 - 공해산업

레이온과 실크의 가장 큰 차이는 레이온이 차갑다는 것이다. 따라서 레이온은 여름에 적합한 소재이다. 이유는 열전도율보다 함기율과 관련있다. 푸지에트Fujiette, 레이온 조제트Rayon Georgette, 새틴Satin, 크레이프Crepe 등 다양한 원단이 개발되면서 80년대 초반까지 전성기를 누린 레이온은 폴리에스터Polyester를 감량가공한 원단이 탁월한 Drape성을 갖게 됨으로써 퇴조하기 시작했다. 그 와중에 레이온 제조가 대기중에 이황화탄소를 배출하는 치명적인 공해산업이라는 사실이 드러나면서 레이온은 거의 시장에서 자취를 감추게 되었다. 하지만 비스코스 방적사로 만든 레이온 샬리Rayon Challis는 저렴한 가격과 soft한 hand feel, Drape성, 차가운 감촉 그리고 폴리에스터와는 다른 탁월한 흡습성 같은 장점때문에 저가 Summer Blouse /Shirts 시장의 한 부분을 차지하여 지금까지 명맥을 유지하고 있다. 21세기에 접어들어 Sustainability가 시장을 강타하면서 이황화탄소를 배출하지 않는 새로운 레이온인 Tencel이 개발되어 새로운 시장을 형성하게 되었으며 결국 기존의 공해산업인 비스코스 레이온은 이황화탄소를 전량 회수하지 않는 한, 곧 사라질 운명이다.

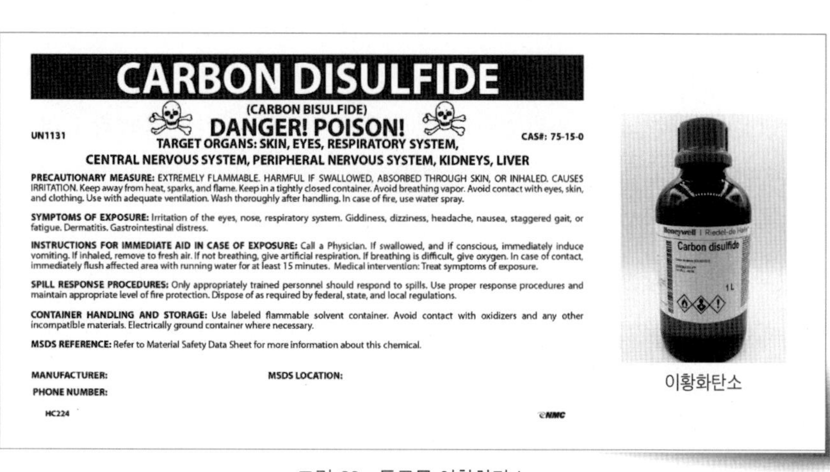

그림 69 _ 독극물 이황화탄소

비스코스 는 무겁다 정말 그럴까?

비스코스 는 무겁다고 느껴진다. 틀림없는 팩트이다. 그런데 섬유 자체가 무거운 것은 아니다. 비중은 면과 비슷하다. 무거워지는 이유는 실로 만들어졌을 때이다. 비스코스 는 실로 만들었을 때, 실 내부에 공기를 포함하는 비율인 함기율이 낮다. 함기율이 상당히 높은 면은 따라서 레이온사보다 훨씬 더 가볍다. 번수에 따라 차이가 나지만 면사는 실로 방적 되었을 때 원래보다 비중이 크게 작아진다. 즉, 내부에 공기를 많이 포함하고 있다. 태번수(굵은 실) 일수록 더욱 함기율이 높아진다.

하지만 레이온은 실이 되어도 원래의 비중을 80% 정도 유지하고 있다. 둘의 차이는 불 균일과 균일의 차이 때문이다. 두개의 같은 필통에 하나는 같은 굵기의 연필을 넣고 다른 하나는 굵기가 각각 다른 필기구를 넣는다면 후자가 Dead space가 많이 발생하여 불리하다. 이를 PF[Packing Factor]라고 하는데 레이온은 PF가 모든 소재 중 가장 높다. 흡습율도 Wool과 Silk를 제외하면 가장 높다. 비스코스가 비결정영역이 많기 때문인데 이 때문에 비스코스는 강도가 약하고 신축성이 좋으며 세탁 후 수축이 잘 일어난다.

공해 없는 레이온

이에 비해 Tencel은 비스코스의 모든 장점을 그대로 지니면서(가격은 빼고) 약점은 모두 보완하였다. 환경을 해치지 않고(친환경이라고 말하기는 어렵다), 합섬만큼 강하며 세탁 후 수축이 별로 일어나지 않는다. 반드시 바이오 가공을 해야 하므로 생산과정이 길고 가격도 비싸다. 따라서 시장의 주류인 Basic group에서는 감히 쳐다보지도 못하는 고급소재에 속한다.

그런 이유로 바이오 가공이 필요 없는 Tencel A-100이 이후 개발되었지만 가격만큼 고급스럽게 보이지 않아 시장에서 보기 어렵다.

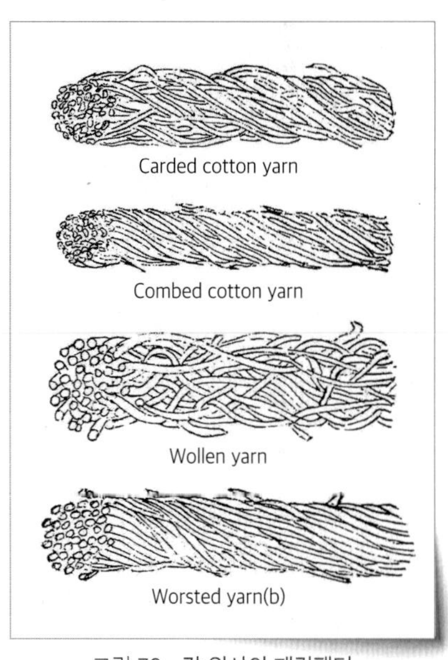

그림 70 _ 각 원사의 패킹팩터

풀과 나무의 차이

면을 비롯한 모든 식물성 섬유는 겉모습만 다르지 주성분은 동일하다. 셀룰로오스는 식물이 광합성으로 얻은 포도당을 중합하여 만들어진 고분자 섬유이다. 포도당은 모든 동물의 연료에 해당되지만 정작 포도당을 체내에서 합성하는 동물은 전혀 없다. 포도당은 모두 식물에서 만들어지는 에너지원이자 연료이다. 식물에게 포도당은 동물에게 제공하는 것이기도 하지만 스스로를 구성하는 물질이기도 하다. 식물이 광합성을 통해 생산하는 대부분이 포도당이기 때문이다. 지구상에서 포도당은 모든 에너지의 공통화폐이자 출발점에 해당한다. 설탕, 쌀, 석유, 석탄은 모두 동일한 원재료인 포도당으로 만들어진 것들이다. 에너지를 소화시켜 천천히 태우느냐 아니면 불로 빠르게 태우느냐의 차이일 뿐이다. 지구상에 존재하는 대부분의 물질은 무기물이든 유기물이든 여러가지 성분이 섞여 있는 화합물 또는 혼합물이다. 식물의 줄기나 잎, 열매 심지어 나무도 셀룰로오스와 다른 것들이 섞인 화합물로 되어있지만 순도 98% 셀룰로오스로만 된 식물이 존재하는데 그것이 바로 '면'이다. 전혀 달라 보이지만 나무도 풀도 식물이므로 동일한 셀룰로오스로 되어있다. 둘의 차이는 무엇일까? 한쪽은 딱딱하고 다른 한쪽은 부드럽다. 여성복은 Soft해야 하고 남성복은 어느 정도 Stiff 하거나 Hard 해야 한다. 풀과 나무의 차이는 남성복과 여성복 차이와 마찬가지이다. 나무에는 Lignin이라는 딱딱한 수지가 포함되어 있다. 그래야 키가 커도 고개를 숙이지 않고 하늘 높이 치솟을 수 있는 것이다. 원단을 부드럽게 만드는 가공은 여러 가지지만 Stiff 하게 만드는 가공은 자연이 그런 것처럼 수지를 첨가하는 것이 기본이다.

레이온은 원재료인 수종에 따라 다를까?

오스트리아의 렌징[Lenzing]에서 광고하기를, Modal은 오스트리아산 너도밤나무로 만들었고 텐셀은 유칼립투스[Eucalyptus] 나무로 만들었다고 한다. 나무 종류가 수십만 가지인 만큼 제조된 레이온의 품질 또한 나무의 종류에 따라 다른 것일까? 유리의 원료는 모래이다. 모래가 유리 성분인 이산화규소로 대부분 이루어져 있기 때문이다. 그렇다면 속초 앞바다에서 채취한 모래로 만든 유리와 몰디브의 아름다운 은빛 모래로 만든 유리는 품질이 다를까? 마찬가지로 태평양에서 제조된 소금과 대서양 소금은 다를까? 그럴 리가 없다. 유리를 만들기 위해 모래에서 필요한 성분은 오로지 이산화규소뿐이다. 그 외의 성분은 모두 제거된다. 최저 98%의 염화나트륨을 포함하고 있는 것만이 소금으로 팔릴 수 있다. 레이온도 마찬가지이다. 어떤 나무가 되었든 심지어 대나무라도, 레이온을 만드는 데 필요한 부분은 오직 셀룰로오스뿐이다. 따라서 각각의 나무가 어떤 성분을 포함하고 있던 제조 수율(Yield)만 차이 날 뿐, 결과물은 언제나 같다.

그림 71 _ 유칼립투스와 너도밤나무

6가지 레이온

"텐셀과 레이온은 어떻게 다릅니까?"라고 묻는 디자이너들이 꽤 많다. 이 질문은 "BTS와 정국은 어떻게 다른 가요?"라는 질문과 같다. 정국은 BTS이지만 BTS는 정국이 아니다. 상용되는 레이온은 여러 종류가 있는데 이들의 차이를 제대로 아는 사람은 거의 없다. 사실 한 번도 만나본 적 없다. 디자이너나 머천다이서는 6가지만 알고 있으면 된다. 비스코스, 아세테이트,

모달, 큐프라, 텐셀, 라이오셀이 그것이다. Viscose는 저렴한 대신 수축이 크고 강도가 약해 문제가 된다. 아세테이트는 일광에 약해 안감으로만 사용된다. Modal은 Viscose의 단점인 수축과 강도를 보완한 강력 레이온이다. 큐프라(Cupra또는 Cupro)는 유일하게 재료가 나무가 아닌, 면화 씨의 잔털이 원료인 가장 고가의 레이온이며 Tencel은 최초로 이황화탄소를 사용하지 않은 레이온이다. Lyocell은 Tencel의 Generic name이다. 둘은 제조사만 다를 뿐이다. 결국 레이온의 종류는 5가지이다.

레이온의 이중성

레이온은 면을 닮은 모습과 실크를 닮은 모습, 두 가지를 완벽하게 연출할 수 있다. 비밀은 섬유의 길이이다. 레이온은 장섬유filament로도 단섬유staple로도 생산되어 다양하게 활용된다. 레이온 샬리Rayon Challis는 가장 흔하게 볼 수 있는 Viscose의 방적사 원단이며 가장 저렴한 반면, 제직 불량이 많아 대개 프린트해서 사용한다. Drape성이 훌륭하기 때문에 나름 매력 있는 원단이다. Challie는 평직이지만 능직Twill으로 제직 하여 두껍게 만들면 여성 Pants용으로도 훌륭할 뿐만 아니라 Filament로 만들면 광택과 매끄러운

그림 72 _ 비스코스와 이태리타올

감촉 때문에 제법 고가의 원단이 된다. 그 중간에 Filament와 방적사로 만든 교직물인 푸지에트Fujiette라는 원단도 한때는 대유행한 적이 있다. 강연사로 만든 Rayon Crepe('끄레뻬'가 아니라 '크레이프'이다)는 고급 원단에 속하는데 때수건으로 친숙한 이태리타올도 Rayon Crepe 이다. 특히 조제트Georgette는 Polyester와는 다른 특유의 드라이한 감촉 때문에 High End 여름 블라우스용 원단으로 최적이며 고가이다. Zara는 이 원단을 꽤 좋아한다. 중국에서는 방적사 레이온을 인면, 필라멘트사 레이온을 인견이라고 한다.

레이온의 치명적 단점

비스코스 레이온의 가장 큰 단점은 수축이다. Machine wash하면 8% 이상 줄어들어 드라이클리닝이 필요하지만 저가의 옷이므로 물빨래를 허용하되 방축가공을 통해 5%까지는 인정하고 있다. 이런 점을 감안하여 대개는 헐렁한 스타일의 의류에 사용되어야 한다.

강력 레이온 Modal

비스코스의 이런 치명적 단점을 보완한 강력 레이온이 Modal이다. 하지만 Modal은 면보다 비싼 고급 소재에 속한다. 따라서 비스코스와는 전혀 다른 수요층과 시장을 형성하고 있다. Modal원단은 대부분 경사만 모달 원사로 사용하고 위사는 Polyester를 사용하는 단섬유 X 장섬유 교직으로 만들어지며 반드시 *Sand wash 해야 한다. 그렇지 않으면 비스코스와 외관 차이가 거의 없다. 결과적으로 Modal은 항상 Vintage효과와 표면 Peach 효과가 있다.

Sand wash하지 않는다면 굳이 고가의 Modal을 사용할 이유가 없다. 이 원단에 프린트는 거의 하지 않는데 Sand wash 가공을 하고 나면 Fade out 되는 데다 폴리에스터와의 교직이라서 한쪽 성분만 염착되고 프린트는 상대적으로 염색보다 침투도Saturation가 낮기 때문에 프린트 패턴이 선명하지 않게 나오기 때문이다. 선명한 프린트의 Modal 교직물은 불가능하다. 이는 Cupra도 마찬가지이다.

우아한 고급 레이온 Cupra

큐프라Cupra는 모달Modal에 광택을 더한 모습인데 100% Filament 원사이기 때문이다. Drape성이 뛰어나고 탄성 회복력이 좋아 탱글탱글 하다. Sand wash 하면 Powdery한 hand feel이 초극세사Micro fiber를 능가할 정도로 뛰어나다. Sand wash가 나오기 전에는 주로 High End 브랜드의 정장 안감으로 애용되었는데 이 수요는 지금도 지속된다.

큐프라는 독일 제조업체의 브랜드인 벰베르크Bemberg 라고도 하는데 안감으로 사용될 때는 가격을 낮추기 위해 위사에 폴리에스터Polyester가 들어간 교직을 사용한다. 이를 PB(Polyester Bemberg)라고 부른다.

그림 73 _ 오스트리아 렌징사

텐셀과 라이오셀은 같을까?

텐셀은 비스코스를 발명한 영국의 코틀즈[Cautaulds]가 개발하였는데 최초로 독극물 이황화탄소가 아닌 'NMMO'라는 무공해 용매를 사용하여 제조되었다는데 의미가 있다. 즉, 공해를 일으키지 않는 최초의 레이온인 것이다. 물성은 Modal과 비슷하며 Sand Wash 대신 *Bio washing 한다는 것이 다르다. 그 때문에 Modal보다 가격이 더 비싸다. Tencel은 특유의 지저분한 잔털인 피브릴[Fibril]의 자연적인 형성 때문에 반드시 효소를 이용한 Bio washing 가공해야 하며 가공 후의 외관은 Modal과 비슷하여 구분하기 어렵다. 이후 시간이 오래 걸리고 비용이 많이 드는 Bio washing이 필요 없는 Tencel A-100이 개발되었지만 인기는 없다. 오스트리아에 있는 세계 최대의 레이온 제조업체인 렌징[Lenzing]이 Tencel과 동일한 레이온을 뒤늦게 개발하여 'Lyocell' 이라고 명명했는데 이를 보수적인 미국 FTC의 Generic name에 등재하는 데 성공하여 후발주자로 텐셀 시장을 장악하는데 성공하였다. Tencel은 1년이나 먼저 시장을 선점하고 이름을 알렸지만 최종제품인 옷의 라벨에 경쟁사의 브랜드 이름을 사용해야 하는 어처구니없는 상황에 직면하게 되었다. 이후 영국의 코틀즈는 렌징에 합병되었다. 과학이 아닌 전략의 승리인 셈이다.

극단적인 두 가지 아세테이트[Acetate]

아세테이트 레이온은 일광에 약한 단점이 있어 안감으로만 사용된다. 100%도 있지만 나일론과 교직으로 만든 저가의 N/A 원단이 대다수이다. 안감으로 사용되는 전형적인 아세테이트는 디 아세테이트[Di-Acetate]인데 유사한 이름인 트리 아세테이트[Tri-Acetate]는 남녀 정장에 사용되며 hand feel이 독특하여 고가의 원단이다. 일본 Mitsubishi Chemical에서 독점 공급된다.

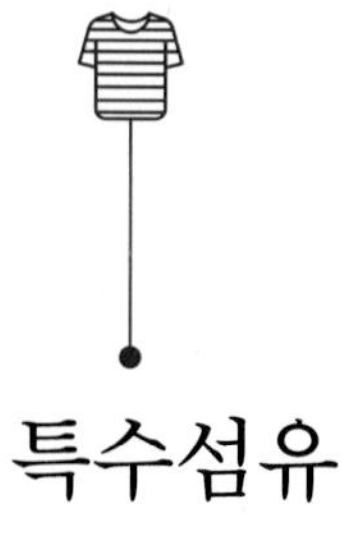

특수섬유

Spandex는 장점이 많은 섬유이지만 열이나 염색 관련 등, 몇 가지 치명적인 문제를 안고 있다. 대안으로 개발된 T400은 그 자체가 Polyester이므로 염색이나 가공할 때 고온에 의한 손상 문제가 없어 봉제의 가혹한 Steam Ironing공정에서 발생하는 Spandex 원단의 파단 문제도 해결할 수 있는 장점을 지니고 있다. T400은 염색이 되지 않는 스판덱스의 단점에 비해 염색도 가능하며 Spandex원단에서 늘 말썽이 되는 수축Shrinkage 문제도 저절로 해결됨과 동시에 양호한 방추성으로 인하여 다림질이 필요 없는 Easy wear 성능까지 갖춘 다기능Multi-function 첨단 소재이다. T400은 놀랍도록 매끄러운 표면 감촉과 특유의 광택으로 디자이너들의 감성도 자극하고 있다. 아름다움이나 패션성이 떨어지는 원단은 아무리 뛰어난 기능을 가지고 있어도 소비자들에게 어필하지 못한다는 특성에 비추어 이 원단 완벽해 보인다. 그런데 우리가 이 소재를 자주 볼 수 없는 이유는 무엇일까?

-섬유지식-

패션 디자이너는 4대 천연섬유와 3대 합성섬유 그리고 레이온만 알면 충분하지만 그 외에 몇 가지 특수 섬유에 대해서도 최소한의 기본 정보는 필요하다. 다른 섬유에 비해 중요도는 떨어지더라도 생소함은 면해야 한다. 물론 최고가 되려는 디자이너는 여기까지도 충분히 숙지해야 한다.

그림 74 _ Olefin 소재

스판덱스Spandex가 롱런한 이유

폴리우레탄을 섬유 형태로 만든 스판덱스는 기능성으로 출발했지만 그와는 별개로 제품의 품위를 상승시켜주는 감성 효과로 인하여 용도가 확대되고 결국 롱런하게 되었다. 효성은 저물어가는 화섬 원사 제조 시장에서 스판덱스 아이템의 투자 비중을 높이는 현명한 결정 덕분에 오늘날까지 살아남았음은 물론이고 세계 최대의 Spandex 생산회사가 되었다.

스판덱스의 치명적 단점

Spandex는 원래 길이의 580%까지 늘어나는 최고의 신축섬유이지만 염색이 되지 않는 치명적 단점이 있다. 원단 염색 후에도 염료가 고착되지 않고 안료처럼 섬유 위에 얹혀 있는 상태가 되므로 세탁할 때마다 마찰에 의해 염료가 탈락되어 빠져나온다. 따라서 함량이 많을수록 더 많은 염색견뢰도 문제를 야기하므로 항상 주의하여야 한다.

Spandex는 Stretch성이 워낙 뛰어나 단지 원단 전체의 3%만 들어가도 우수한 신축성 원단을 만들 수 있다. 다만 열에 약해 원단을 가공할 때 고온에 노출되지 않도록 주의가 필요하며 수영장의 염소에도 상당히 취약하고 기본적인 내구성에도 한계가 있어서 어느 정도 기간이 지나면 기능을 상실하고 물러지게Embrittled된다는 점을 명심해야 한다. 하지만 요즘의 소비자는 의류의 내구성이나 유효기간에 별로 집착하지 않아 문제가 생기기 전에 소비자의 옷장에서 방출됨으로써 치명적인 문제를 피하게 되었다. Spandex는 중요한 섬유이므로 이후에 별도로 집중하여 다룰 것이다.

라텍스와 스판덱스는 어떻게 다를까?

라텍스Latex는 고무를 일컫는 말이다. 천연고무뿐만 아니라 합성고무도 Latex이다. 최근에는 고무보다 '라텍스'라는 이름을 좋아하는 것 같다. 하지만 이것은 크게 잘못 사용하는 용어이다.

원래 Latex는 고분자Polymer가 수용액이나 끈적한 용액으로 녹아 있는 상태를 말하며 "수성 매질에서 폴리머 미립자의 안정한 분산액(에멀젼)이라고 정의한다. 쉽게 페인트를 연상하면 된다. 고무 성분이 전혀 없어도 그런 액체 상태의 폴리머를 라텍스라고 한다. 단지 고무에만 한정된 것은 아니다. 다시 정리해 보자. 고무는 식물에서 나오는 천연고무의 라텍스를 굳혀 만든 것이다.

합성고무는 천연 라텍스를 모방하여 만든 스티렌의 중합체로 만든 고무이다. 이것들은 성능이 스판덱스를 닮았다고 해도 형태는 섬유가 아니다. 스판덱스는 폴리우레탄 성분의 합성섬유이다.

염색도 안 되는 올레핀Olefin 이 유망한 이유

Olefin은 유일한 Sustainable 합섬이라고 할 수 있다. 소재 중 가장 가볍고 양모보다 따뜻하며 독성이 전혀 없어 인체 내부에 삽입할 수도 있고 불에 태워도 독가스를 방출하지 않으며 용융점이 낮아 재활용도 쉽다.

물에 젖지 않는 성질 때문에 염색이 되지 않아 패션소재로는 부적합하지만 비중이 0.9로 유일하게 물에 뜨는 섬유이다. 따라서 부직포를 만들어 심지Interlining용도로 많이 사용되고 염색이 필요 없는 방호복Hazmat suit로는 필수 원단이다. 폴리프로필렌PP 과 폴리에틸렌PE 두 가지가 있는데 의류에는 대개 Polypropylene이 사용되고 Polyethylene은 부직포Non-woven원단인 Tyvek의 원료로 최근 급부상하고 있다. 염색이 불가능하지만 다양한 Laminating으로 컬러를 올릴 수 있고 옵셋 인쇄로 프린트가 가능하여 용도 확대가 예상된다. 타이벡Tyvek은 흰색이며 그 자체로 투습 방수가 되는 원단이다. PP는 Dope dyed 원사가 다양하게 나와있어 선염 패턴으로도 제조가 가능하고 Solid color로도 만들 수 있다. 올레핀은 Sustainability가 시장을 지배하는 중요한 이슈가 됨에 따라 미래 전망이 밝은 소재이다.

최강의 기능 섬유 아라미드Aramid

아라미드는 듀폰이 대개의 섬유 부문을 '인비스타Invista'에 넘겼지만 현재까지 예외적으로 보유하고 있는 산업용 특수섬유이다. 두 종류가 있는데 불에 전혀 타지 않는 원사인 Nomex와 마찰에 강한 Kevlar가 있다.

Nomex는 소방복은 물론, 파일럿의 비행복이나 장갑, 폭발이 우려되는 현장에서 일하는 극한 종사자가 입어야 하는 특수복에 사용된다. Nomex는 난연이나 방염 소재가 아닌 불연 소재로 전혀 불에 타지 않는다.

Kevlar는 강한 마찰에 자주 노출되는 모터사이클 복이나 아이스하키 용품같은 극한 스포츠 장비에 적합하다. 가방

그림 75 _ 케블라 장갑

이나 등산복의 일부에 사용되기도 하고 군용으로 방탄복에 사용되는 소재로도 유명하다. Nomex는 의상 디자이너가 만날 일이 전혀 없지만 Kevlar는 가끔 찾을 때가 있다.

탄수화물로 만든 섬유 PLA

모든 탄수화물을 함유한 소재는 PLA 섬유로 만들 수 있다. 물론 자연에서 발견되는 대부분의 탄수화물은 셀룰로오스 즉, 식물이다. PLA는 젖산을 중합하여 고분자로 만든 섬유이다. 젖산은 포도당을 발효하여 만들 수 있으므로 포도당이나 다당류를 포함하는 어떤 소재라도 PLA가 가능하다. 현재 상용화된 유일한 PLA는 옥수수지만 모든 식물이 PLA 섬유가 될 수 있다. 예를 들어, 수확하고 남은 식물 쓰레기인 짚단이나 옥수수대, 해초 등의 셀룰로오스에서도 해당Glycolysis(解糖)을 통해 포도당을 얻을 수 있으므로 Upcycle이 가능하고 자연에서 썩는 생분해성이 있다는 측면에서 Sustainable하다. 다만 PLA는 올레핀 처럼 열에 약하다는 단점이 있다. 열에 약한 특성은 단점이지만 녹는점이 낮아 Recycle이 쉽다는 점에서는 장점이 되기도 한다. 셀룰로오스 해당 비용이 저렴해지면 인기가 좋은 섬유가 될 전망이다. 열에 약한 단점은 Sustainable하다는 장점으로 인하여 상쇄될 수도 있다.

그림 76 _ 콩섬유

아즐론Azlon 단백질 섬유

식물성 단백질이든 동물성 단백질이든 섬유가 될 수 있다. 즉, 콩과 우유에 포함된 단백질을 추출하여 섬유를 만들 수 있다는 의미이다. 여기서 우유 섬유는 우유 단백질인 카제인Casein을 추출하여 만든 섬유이다. 단백질 섬유는 섬유이기 전에 식품이 원료이기 때문에 기아에 허덕이는 사람들이 존재하는 한, 바이오 디젤처럼 개발 자체에 대한 윤리적 문제를 수반하고 있다. 그렇기에 아직까지는 시장에서 만날 일이 거의 없다. 주의할 것은 이들의 원료가 천연이라도 6대 천연섬유 외는 천연섬유로 분류되지 않는다는 사실이다. 파인애플, 코코넛 등도 마찬가지이다. 천연 원료지만 옥수수섬유와 마찬가지로 Sustainable하지도 않다.

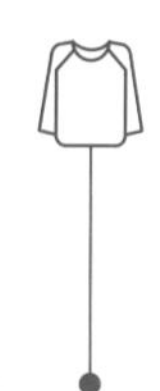

기능 섬유

Coolmax는 인비스타Invista(이전 Dupont Textiles and Interiors)에서 개발 및 시판한 일종의 폴리에스터 섬유 브랜드이다. Coolmax는 "흡한속건기능" 으로 판매된다. 폴리에스터는 소수성이므로 액체를 거의 흡수하지 않아 비교적 빨리 건조된다(면과 같은 친수성 섬유와 비교). 단면은 원형이 아니며, 모세관현상을 통한 Wicking 효과를 증대하기 위한 이형 단면 섬유로 표면적이 원형 단면 섬유에 비해 약 20 % 증가되었다.

-Wikipedia 수정 첨삭-

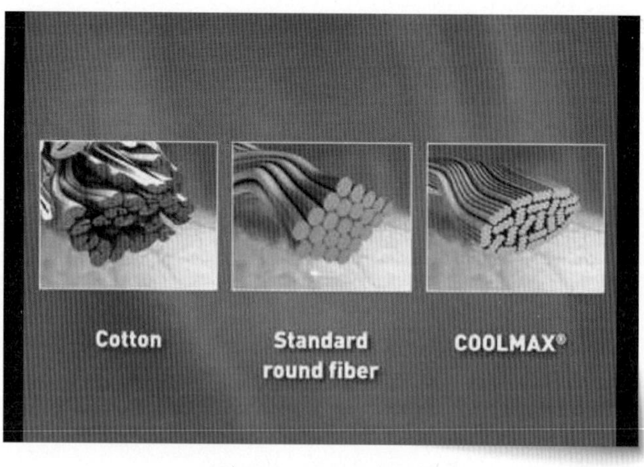

그림 77 _ Coolmax 단면 비교

특수섬유 기능섬유

특수섬유는 소재 자체가 여타의 섬유들과 다른 것에 비해 기능섬유는 기존의 폴리에스터나 나일론같은 주요 합섬 소재의 구조를 변경하거나 첨가제를 투여하여 물성을 바꾸고 그에 따른 기능을 달성하고자 한 섬유이다.

섬유의 단면이 대개 원형인 이유

원단에 기능을 부여하는 방법은 여러가지이지만 크게 섬유/원사를 통해 얻는 방법과 원단의 후가공으로 얻는 방법이 있다. 여기서는 섬유나 원사를 이용하여 특정 기능을 달성하는 것들을 살펴볼 것이다. 물론 천연섬유가 아닌 합성섬유들이다. 합성섬유는 원래는 섬유 형태가 아닌 플라스틱 고분자 소재를 성형하여(Plasticize) 섬유상으로 제조하므로 제조과정에 개입하여 다양한 기능 섬유를 만들 수 있다. 합성섬유의 제조는 국수 제조와 비슷하다. 밀가루 반죽을 사각형 관을 통해 뽑으면 사각국수가 되고 삼각형 관을 통과시키면 삼각형 단면의 국수가 얻어진다. 같은 방법으로 특정 기능이나 목적을 위해 섬유 단면을 변화시키거나 형태 변형을 시도하는 개발이 다양하게 이루어지고 있다. 관 Nozzle 통해 빠져나오는 국수의 단면은 대개 원형이다. 그 이유는 원형이 최소 표면적이 되는 입체이므로 마찰을 최소로 받는 형태이기 때문이다. 마찰이 적으면 그만큼 생산이 증대된다.

따라서 원형 단면인 섬유가 공장에서는 가장 이상적인 형태이며 최초의 형태이고 기본모양이 된다. 이를 변형시키면 생산량은 줄어들지만 다양한 기능을 얻을 수 있다. 또 일반적인 섬유라도 원사가 만들어지는 과정에 개입하여 열처리 등 단순한 가공을 통해 원하는 기능을 추가할 수 있다. 이를 사가공이라고 한다. 대체로 사가공의 목적은 Crimp를 부여하는 것이며 결과는 Textured yarn이다. 가장 흔하고 대표적인 Textured yarn이 DTY이다. 이외에도 원단에 신축성, 보온, 냉감, 흡한속건, 광택, hand feel 향상 등 일정수준의 기능이나 감성에 대한 목적을 달성하기 위해 특별하게 제작된 이형 단면 섬유가 있다.

중공섬유 - 북극곰의 털은 속이 비어 있다

중공섬유는 북극곰의 털처럼 내부가 비어 있는 섬유를 말한다. 목적은 중량감소 또는 보온이다. 비어 있는 섬유의 내부는 공기로 채워져 있으며 공기는 탁월한 단열재여서 체온을 외부로 빼앗기는 것을 막아준다. 더불어 가벼운 섬유가 된다. 'Thermolite'는 3M에서 제조하는 Polyester로 보온과 경량이라는 두 가지 기능을 절묘하게 섞은 브랜드 이름에서 특징을 잘 반영하고 있다. 지금은 패딩 솜의 재료로 대부분 사용된다. 중공섬유는 실현된 내부 빈공간의 크기에 따라 '중공률'이라는 척도로 성능을 나타낼 수 있다. 중공율이 높을수록 더 성능이 좋은 것이다. <그림 78>의 왼쪽이 북극곰의 털보다 훨씬 높은 중공률을 보여준다.

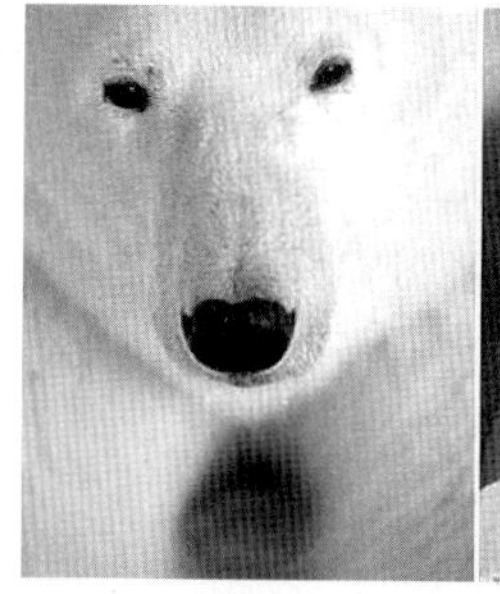
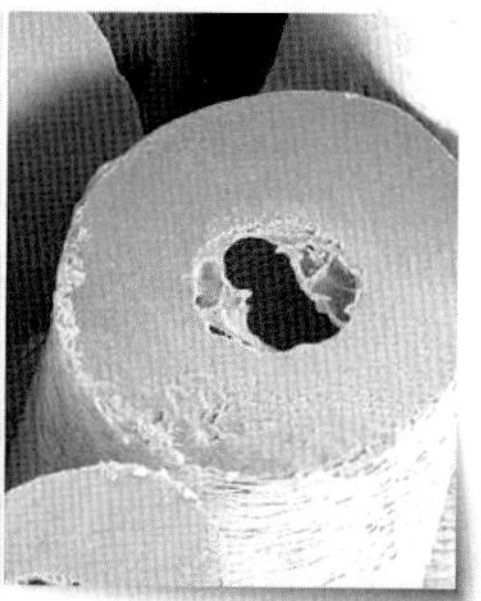

그림 78 _ 섬유의 중공률

상반되는 기능 - 흡한+속건 섬유

면은 흡습력이 좋아 쾌적하지만 땀을 많이 흘리면 잘 마르지 않아 곤란하다. 합섬의 기본인 원형 단면은 체표면적이 가장 작은 형태이지만 가능한 체표면적을 확장하여 두 가지 목적을 달성하려는 기능섬유가 흡한속건 섬유이다. 첫 번째 목적은 모세관현상의 증대를 통한 흡수력 향상이고 두 번째 목적은 빠른 건조이다. 사실 둘은 서로 상반되는 기능이다. 우수한 흡수력은 소재가 물을 끌어당기는 친수성 때문이다. 하지만 이 성질은 반대로 건조를 어렵게 한다. 물이 외부로 빠져나가려는 증발을 방해하기 때문이다. 친수성 일수록 건조는 어렵고 소수성 일수록 건조가 빠르다.

놀랍게도 섬유의 체표면적을 극대화하는 단순한 물리적 변형을 통해 서로 상반되는 두 가지 목적이 동시에 달성된다. 소수성 섬유이지만 표면적이 커지면 모세관력이 증대되어 처음에는 반발하더라도 일단 원단 내부로 물이 흡수되었을 때 최대한 멀리 퍼지게 할 수 있다. 증발은 표면에서만 일어나므로 물이 묻은 표면이 확장될수록 증발에 유리하다. 그렇게 흡한과 속건, 두 마리 토끼를 잡을 수 있다.

트라이로발Trilobal - 실크 광택의 비밀

합섬은 표면이 매끄럽기 때문에 기본적으로 광택이 뛰어나다. 같은 조건이라면 원형 단면보다 표면이 flat한 구조로만 이루어진 삼각 단면이 정반사를 더 많이 유도하므로 탁월한 광택이 실현된다. 이런 원사를 기본 광택인 Bright와 비교하여 Super Bright 또는 'Spark'라고 한다.

Silk의 광택은 삼각 단면과 매끄러운 표면, 두 요인의 공조로 나타난 결과이다. 'Trilobal'은 silk에서 착안한 일종의 생체모방Biomimetics으로, 듀폰이 최초 개발하여 '트라이로발이라는 Hip한 브랜드명으로 마케팅하여 한때 폭발적인 인기를 누렸다.

그림 79 _ Trilobal 원사

평편 섬유(사)Flat - 스팡글의 금속광택

평편 섬유는 필름처럼 납작한 형태의 원사로 스팡글을 섬유 형태로 제작한 것이다. 삼각 단면보다 더욱 극대화된 광택을 나타낸다. Metallic 원사인 Lurex가 좋은 예이다. 루렉스는 이름처럼 금속이 아닌 Polyester 평편 섬유이다. 제조회사의 브랜드 명이기도 하다.

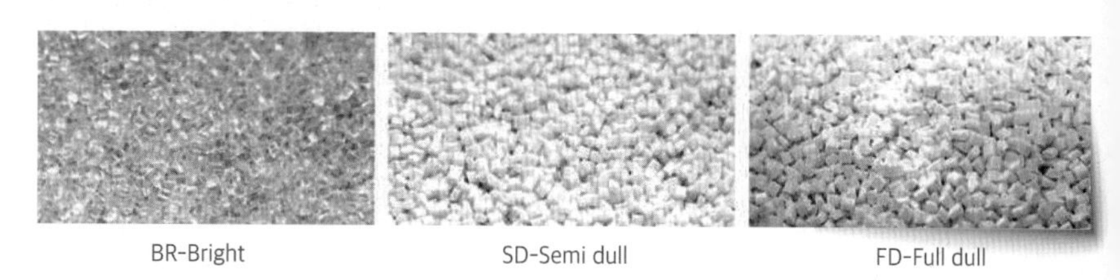

그림 80 _ 화섬의 광택별 Chip

Dull - 무광 섬유

광택의 증진과는 반대로 광택을 없애기 위한 소광(消光)목적으로 만든 섬유이다. 합섬은 애초에 광택이 있어서 처음부터 아무런 가공 없이도 Bright 사로 분류된다. 이 기본 원사에 소광제를 투여하면 광택을 감소시킬 수 있다. Dull한 섬유는 광택이라는 경박한 감성을 혐오하는 젊은 세대에 어필할 수 있는 데다 절제된 묵직한 느낌의 무광이 Luxury한 감성을 자극하여 High fashion에 주로 반영되는 섬유가 되었다. 소광제는 이산화 티탄을 사용하는데 빛을 흡수하거나 난반사 하면서 광택을 감소시킨다. 소광제는 일종의 무기물로 양이 많아지면 섬유의 강도를 떨어뜨리기 때문에 최대로 0.3%를 넘을 수 없다. 투여되는 소광제의 양에 따라 Semi Dull, Full Dull로 나눈다. 소광제로 사용하는 이산화 티탄은 자외선을 잘 흡수하는 무기물이다. 그 결과로 흡수된 자외선은 무해한 빛으로 바뀌어 피부에 해를 끼치지 않게 된다. 즉, 이산화 티탄이 처리된 섬유는 자외선 차단 기능이 있다. 흰색이라도 그렇다. Full dull 합섬은 감성과 기능을 동시에 갖춘 섬유이다.

그림 81 _ 영국의 Coolcore

쿨코어Coolcore - 놀라운 냉감 원단

보온보다 냉감 기능을 만드는 것이 더 어렵다. 냉감 기능은 열전도율이 높은 소재를 이용하거나 기화열을 이용하는 두 가지가 일반적이다. 흡한속건처럼 극대화된 체표면적을 이용하여 증발속도를 높이면 더욱 많은 기화열을 빼앗을 수 있다. 같은 표면적이라면 물보다 알코올이 증발이 더 빠른 냉매이다. 따라서 더 많은 기화열이 발생한다. 냉장고나 에어컨은 증발속도가 빠른 냉매를 이용하여 대량의 기화열을 발생시키는 장치이다. 프레온처럼 증발이 빠른 냉매를 사용할수록 더 효과가 좋다. 의류에서의 냉매는 물로 한정되어 있으므로 빠른 증발을 유도하기 위해 섬유의 체표면적을 극대화하면 놀라운 냉감 섬유를 만들 수 있다. 냉매가 같은 조건에서는 표면적의 크기에 따라 기화열이 달라진다. 증발은 표면에서만 일어나는 물리현상이기 때문이다. 영국에서 개발한 Coolcore는 현존하는 가장 체표면적이 큰 섬유이다.

초극세사Micro Fiber - 가는 섬유의 마법

Silk나 Cashmere가 부드러운 이유는 굵기가 극도로 가는 섬도(纖度) 때문이다. 우리 손은 섬유는 가늘어질수록 더 부드럽다고 느낀다. 가는 섬유를 얻기 위해서는 섬유가 빠져 나오는 관을 가늘게 해야 한다. 하지만 관이 너무 가늘어지면 막히거나 불량이 생기는 등의 문제가 있어 한계 굵기가 정해져 있다. 그 한계가 대략 섬유의 굵기로 1d 정도인데 전통 제조 방식으로는 이보다 더 가는 섬유는 만들 수 없다는 것을 의미한다. 실크의 섬도가 1d 정도이므로 실크를 능가하려면 이보다 더 가늘어져야 한다. 방법 중 하나로 이미 성형된 섬유와 실을 가공을 통해 더 가늘게 쪼개는 기법을 사용하고 있는데 그렇게 만들어진 합섬이 Micro Fiber 이다. 초극세사는 한 올의 섬유를 쪼개 8-16등분하거나 수십 등분으로도 나눌 수 있다. 람보르기니의 내장재인 알칸테라가 바로 초극세사이다. 한편, 초극세사 원단의 기능적인 면이 효과를 발휘하는 제품은 바로 걸레이다. 마찰계수가 극대화 되어있는 점을 이용한 초극세사 스폰지는 단지 몇 번만 문질러도 때가 쉽게 닦이는 기능이 있다. 주방의 행주로 사용하는 극세사 걸레도 마찬가지이다. 또한, 흡습이 면보다 뛰어나 스포츠 타월로도 많이 사용된다.

그림 82 _ 람보르기니와 알칸테라

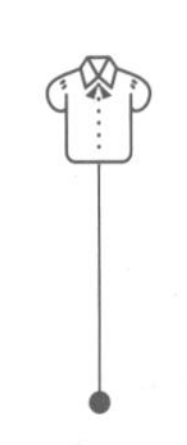

Stretch에 대하여

듀폰은 1931년에 'DuPrene'이라는 상표명으로 네오프렌을 처음 판매하였는데 엉뚱한 제조업체가 제품의 명성에 해를 끼치지 않도록 DuPrene상표는 듀폰에서 판매하는 재료에만 적용되도록 제한하였다. 그러나 회사 자체가 DuPrene을 포함하는 최종제품을 제조하지 않았기 때문에 1937년에 이 상표를 버리고 "소재가 완제품이 아닌 성분임을 의미하기 위해 네오프렌"으로 대체되었다.

듀폰은 제품에 대한 수요를 창출하기 위해 광범위한 노력을 기울여 자체 테크놀로지 저널을 출판하는 마케팅 전략을 구현하는 동시에, 네오프렌의 용도를 널리 알리고 다른 회사의 네오프렌 기반 제품을 광고하는 마케팅 전략을 구현하였다. 1939년까지 네오프렌의 판매는 30만 달러가 넘는 수익을 창출했다.(2019년 5,514,115 달러에 해당)

-Wikipedia 수정 첨삭-

그림 83 _ Neoprene

가장 쓸모 있는 발명

원단의 기능 중, 최장기간 변함없이 인기를 누리고 있는 것은 바로 Stretch이다. 특히, 신축이 불가능했던 직물[Woven]의 Stretch기능은 인류 문명사에서 바퀴[Wheel]의 발명에 비견될 정도로 의류와 패션 역사에 획기적인 발명이며 예기치 못한 출현이다.

간지나는 스판덱스 원단

의상은 지속적으로 활동하는 인간이 착용하는 3차원 구조의 장비이므로 관절의 활동반경에 따라 의상을 구성하고 있는 원단이 때맞춰 굴절되거나 신장해줘야 행동에 제약을 받거나 불편하지 않다. 니트 원단은 애초에 신축성이 있으므로 편안한 의류가 된다. 하지만 니트는 내구성에 한계가 있고 기후변화나 마찰에 약한 단점이 있어서 활동적인 의류의 겉감 소재가 되기 어렵다. 따라서 보다 강인한, 직물에 탑재된 Stretch 기능 이야말로 편안하고 쾌적하면서도 Stylish한 의류를 위한 최선의 선택이다. 니트만큼 부드럽거나 편하지는 않지만 장거리 여행을 떠나도 될 만큼 내구성은 보장된다. 최근의 여성 바지는 Stretch가 아닌 것을 찾기 어려울 정도로 일반화되었으며 처음에는 기피되었던 남성용 바지에도 Stretch기능이 점차 확산되고 있는 추세이다.

Stretch는 단순하게 기능뿐만 아니라 감성적인 측면에서도 어필하기 때문에 전혀 신축성이 필요 없는 의류로 까지 용도가 확장되며 롱런하고 있다. 좋은 예는 'Moncler'이다. 수년 전, Moncler는 Stretch down jacket을 출시하였는데 사실 Down jacket을 포함한 대부분의 Outerwear는 몸에 끼지 않고 여유 있는 스타일이므로 소재의 신축성이라는 기능이 전혀 불필요하다. 다만 원단 표면에 나타나는 Textured한 Crepe효과나 광택이 적은 Matt한 느낌, Non stretch와는 다른 Tight한 감촉, 그리고 고밀도의 Fine하고

Luxury해 보이는 외관으로 인한 감성효과의 증대인 것이다. 즉, Spandex 원단은 기능뿐만 아니라 외관에 나타나는 감성효과 때문에 더욱 인기를 끌고 있다. 스판덱스 원단은 겉으로 봐도 느낄 수 있는 간지가 있다.

니트의 신축성은 어디에서 올까?

니트의 신축성은 가제트 형사의 팔과 같다. 꺾이는 부분마다 관절이 있어 모서리 각도를 자유자재로 바꿀 수 있는 굴절 가능한 사각형 프레임을 찌그러뜨려 마름모꼴로 만들면 한쪽 길이가 줄어드는 만큼 다른 쪽으로 길어진다. 니트 원단에서는 가제트 형사의 관절 대신 매듭이 역할을 맡고 있는 것이 다를 뿐이다. 일종의 구조적인 스트레치Structural Stretch이다.

니트 조직 자체가 그런 구성을 하고 있다. 물론 편직 방법에 따라 한 방향 또는 양 방향으로 늘어난다. 조직 뿐만 아니라 니트를 구성하는 원사도 직물보다는 꼬임이 적고 함기율이 높아 더 신축성이 있다.

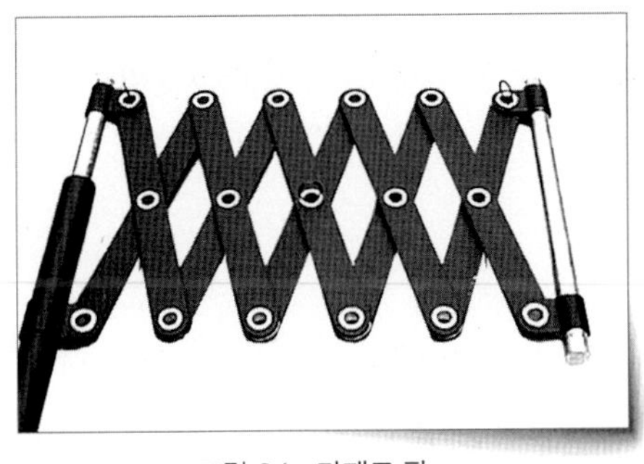

그림 84 _ 가제트 팔

Mechanical Stretch란?

단순히 경위사가 교차하는 직물은 니트와 달리 탄성 구조가 불가능하기 때문에 섬유나 원사 자체로 신축성을 가져야 한다. 미약하지만 직물도 사선 방향으로는 니트와 같은 원리로 어느 정도의 신축성이 나타난다. TV홈쇼핑의 호스트는 판매하는 바지의 탄성을 강조하기 위해 바지를 늘려 잡아당기는데, 언제나 사선으로 당긴다. 그래야 더 좋은 신축성이 있는 것으로 시청

자에게 보이기 때문이다. 이에 따라 신축성이 없는 섬유를 실로 만드는 과정에서 신축성을 부여한 것도 있다. 의류소재가 되는 모든 섬유는 비결정영역이 포함된 구조이므로 어느 정도의 신축성을 가지고 있기는 하지만 그에 대해서는 논외로 한다. 신축성이 전혀 없는 물질에 신축성을 부여하는 것을 Mechanical stretch라고 한다.

볼펜에 들어가는 강철 스프링이 좋은 예이다. 같은 원리로 원래 직모인 섬유에 Crimp를 부여하여 곱슬로 만들면 곱슬이 펴졌다 줄어드는 구간만큼 탄성이 나타나는 Mechanical stretch 구조가 만들어지며 Crimp 정도에 따라 성능이 결정된다. 합성섬유에만 이런 가공을 할 수 있다. Crimp를 만드는 방법은 전통적으로 여성의 퍼머머리를 만드는 열처리 방법이나 물에 의한 수축 차이를 이용하는 방법 등, 여러가지가 있다. 이렇게 가공을 가하여 Crimp를 부여한 실을 Textured yarn이라고 하며 모두 정도의 차이가 있지만 신축성이 생긴다. 같은 Textured yarn으로 제직된 원단이라도 폭을 줄여 제품을 출하하면 줄어든 만큼 신축성이 더 커진다.

고무와 우레탄

고무처럼 섬유 자체로 신축성을 가진 합섬 원사가 Spandex이다. 이 소재는 폴리우레탄Polyurethane이 원료로 원래 길이보다 무려 580% 신장된다. 따라서 어떤 소재이든 원사에 3-5% 정도로 아주 조금만 끼워 넣어도 충분한 Stretch 기능을 얻을 수 있다는 장점이 있다. 다만 폴리우레탄 스판덱스PU Spandex는 염색이 되지 않기 때문에 겉으로 드러나지 않도록 커버링Covering 방법으로 원사 내부에 끼워 넣는다. 방적사는 커버가 잘 되지만 filament는 보이지 않게 삽입하는 것이 어렵기는 하다.

경·위사 어느 쪽 Stretch가 더 좋을까?

Stretch는 경·위사 중, 한쪽 방향만 넣거나 양쪽 모두 적용한 직물이 있는데 이를 1way, 2way로 정했다. 그런데 일부 얄팍한 상인들이 마케팅(사실은 사기)으로 1way를 2way인 것처럼 포장하기 위해 각각 2way, 4way로 표시하여 소비자들의 혼동을 가져오게 되었다. 결국 지금은 2, 4 방식이 더 많이 사용되고 있다. 따라서 원단에 2way라고 표시되었다면 한쪽 Stretch인지 양방향인지 확인이 필요하다. 한쪽 방향만 Spandex가 들어가는 경우, 주로 위사 쪽으로 들어가는 것이 봉제하기 편하기 때문에 일반화되었다. 다만 대만은 아직도 경사 쪽으로 Spandex가 들어가는 Warp stretch를 많이 생산하는데 그 처절한 이유는 다음과 같다. 기존의 폭이 작은 소폭 직기로 weft stretch 원단을 제직 하면 위사 쪽으로 잡아당겨져 폭이 크게 줄어들어 57"가 나와야 할 원단이 49/50" 밖에 되지 않는다. 즉, 대폭이었던 원단이 소폭이나 중폭이 되므로 이런 원단을 봉제공장에서는 Cut loss가 많다는 이유로 선호하지 않는다.

그런데 원단은 정확하게 폭 비례하여 가격이 형성되지 않는다. 중폭이나 소폭이 상대적으로 불리하다. 유일한 해결책은 폭이 더 넓은 직기로 바꾸는 것이다. 기존의 소폭 직기를 광폭으로 교체하기 위한 대형투자가 버거웠던 대만의 제직업자들은 Warp stretch라는 무리수를 두게 된다. 직물은 제직부터 염색과 가공 등을 위해 경사 쪽으로 장력이 많이 들어가므로 가공하려는 원단이 경사 쪽으로 신축이 크면 생산자 입장에서는 아무래도 다루기 어렵다. 또 중량이 나가는 원단일수록 중력에 의해 아래로 쳐지게 되므로 더 많은 장력을 줘야 하며 이는 완성 후 별도의 부작용을 일으키기 때문에

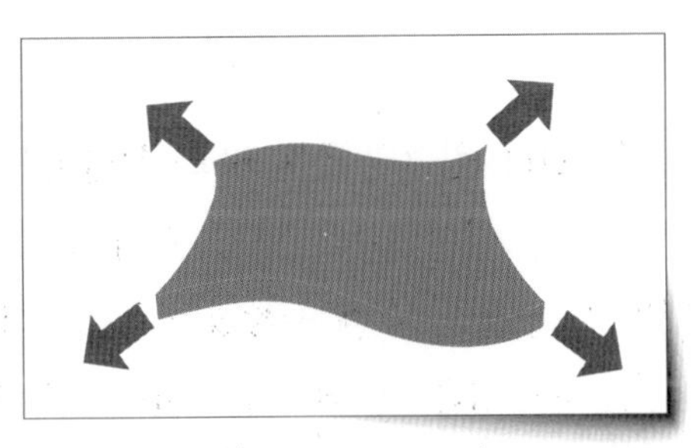

그림 85 _ 4 way stretch

적당한 수준을 찾아 제어해야 하므로 까다롭다. 봉제공장에서도 환영받지 못한다. Packing할 때 장력에 따라 원단 마수가 크게 달라지므로 원단공장의 출고량과 봉제공장의 입고량 차이가 많아 분규도 자주 발생한다. 봉제공장이 마수를 확인할 때는 커팅 테이블 위에서 원단을 쌓아 올리는 무장력 폴딩 방식이기 때문에 비단 Stretch원단이 아니어도 언제나 마수는 부족하게 나타난다. 이정도로 복잡한 문제라면 차라리 직기를 광폭으로 바꾸는 것이 더 나은 해결로 보인다. 그리고 가난한 중소기업이 대부분인 대만을 제외한 중국이나 다른 제조업체들은 광폭 직기로 교체하는 방법을 택했다.

Warp Stretch의 유일한 장점

경사방향 stretch의 유일한 장점은 신축성이 더 좋다는 것이다. mono filament인 Spandex는 원사 1올당 1개만 투입할 수 있으므로 Spandex가 삽입된 원사의 밀도가 많을수록 신축성이 더 좋아진다. 그런데 직물은 제직비용 때문에 경사가 언제나 위사밀도보다 두 배 정도 더 많으므로 Warp stretch 원단은 weft stretch보다 Spandex 함량이 많아질 수 밖에 없고 따라서 신축성이 훨씬 더 좋다. 균형을 맞추기 위해 Warp stretch에 원래의 40d Spandex 대신 20d Spandex를 사용할 수도 없다. 그런 굵기가 생산되지 않거나 있더라도 귀하기 때문이다.

Stretch 원단의 폭은 왜 더 작을까?

원단은 생지폭과 염색 후 그리고 가공 후에 형성되는 폭이 모두 다르고 Washing 가공 후에는 상당히 줄어든다. Mechanical stretch는 폭이 작을수록 신축성은 더 좋다. 염색이나 가공 후에 폭이 줄어들기 때문에 생지 폭이 가장 크게 설계된다. 이후 브랜드에서 원하는 3% 표준 수축율을 맞추기 위해 폭이 결정된다. 수축은 주로 장력이 많이 걸리는 경사 쪽으로 발생하지만 폭을 너무 크게 맞추면 위사 쪽으로도 수축이 발생하므로 폭에 욕심을 내면 안 된다. 원단의 폭이 설계보다 더 넓게 나온 것이 의미하는 것은 원단이 더 얇아졌고 위사 쪽으로 수축 문제가 생길 개연성이 있다는 것이다. 원단의 생지폭은 하나로 고정되지만 가공폭은 일정하지 않다. 따라서 최저폭과 최대폭을 표시하도록 허용치Tolerance가 있으며 최저폭을 *Cuttable Width로 정해 계약하는 것이 좋다.

위사 쪽으로 Spandex가 들어간 원단의 폭은 그렇지 않은 것에 비해 20% 이상 더 적게 나온다. 예컨대 58인치인 원단에 스판덱스가 포함되면 44 인치보다 조금 더 큰 정도이다. 즉, 기존의 58/60인치가 나오던 광폭 직기 들은 스판덱스가 들어간 원단이 되면서 모두 소폭 44"가 되었다. 스판덱스가 들어간 광폭을 짜려면 폭이 더 넓은 새로운 직기를 구입해야만 했다. 국산 스판덱스 원단은 아직도 44"인 경우가 대부분이며 후발주자인 중국산은 Spandex가 들어간 원단이라도 모두 대폭 58/60"이다.

Spandex의 골치거리

Spandex가 들어간 원단에서 주의할 점은 Spandex 함량이 높을수록 세탁견뢰도에서 문제가 된다는 사실이다.

폴리우레탄PU은 염색되지 않기 때문에 단지 표면에 염료가 묻어 있는 상태로 염색이 종결되므로 이후 최종 제품을 세탁하면 염료가 탈락하여 조금씩 빠져나오기 때문이다. 스판덱스 함량이 높은 검은색 원단일 경우, 염료가 빠져나오면서 PU가 황금색을 띠는 이른바 브론징Bronzing이라는 현상을 보이기도 한다.

Spandex는 열에 약하고 내구성이 떨어지기 때문에 오래 사용하면 스스로 분해되면서 신축 기능을 상실한다. 니트 같은 경우는 섬유가 절단되면서 원단 표면 위로 솟기도 한다. 또 자주 사용하는 관절 부분인 무릎이나 팔꿈치 같은 부위는 결국 원래보다 늘어나게 되어 가치를 상실하게 된다. 따라서 내구력이 필요하거나 사용 빈도가 높은 직물의 경우는 T400 같은 원단을 고려해 볼만 하다.

그림 86 _ T400

Spandex의 대체 섬유 PBT PTT T400

폴리에스터 종류 중, 분자구조 때문에 약간의 신축성을 띠는 것들이 있는데 Mechanical stretch 보다는 신축성이 좋고 Spandex보다 신축성이 떨어지지만 저렴한 가격과 세탁견뢰도 문제를 해결하기 위해 사용하기도 한다. 소재의 달인 Nike의 여름 Jogging short pants는 Polyester로 주로 Black color 인데 이런 이유로 Spandex가 들어가지 않은 Mechanical stretch를 사용한다.

한편, 듀폰에서는 PTT와 PET 둘을 조합 Conjugate 한 이종혼합사 Bicomponent yarn 를 개발하여 T400이라는 원사로 팔고 있다. 단점은 Spandex가 2-3%만 사용해도 충분한데 비해 T400은 위사 전체 또는 절반 정도로 원사를 대량 사용해야 하므로 가격이 오히려 더 비싸 진다는 것이다. T400은 Spandex와 달리 염색이 되므로 세탁견뢰도 문제를 피할 수 있다는 무시할 수 없는 장점이 있다. T400 보다는 PBT가 훨씬 더 저렴한 선택이다.

그런데 가격이 더 비싸다는 것 외에 Spandex의 단점을 모두 개선한 T400은 왜 인기를 얻지 못했을까? 스판덱스의 세탁견뢰도 문제는 치명적이기는 하지만 구매 후 꽤 시간이 흐른 다음에야 소비자가 알 수 있다는 것이다. 오래되어 삭는 Embrittled 문제도 마찬가지이다.

따라서 의류를 장기간 사용하지 않는 소비자의 경우 문제를 발견하지 못할 뿐만 아니라 오래 사용하는 소비자도 사용 기한의 경과 때문에 매몰비용이 감소해 심각한 문제라고 생각하지 않는다. 즉, 스판덱스의 문제점은 의류를 기획하는 디자이너에게는 치명적이지만 소비자에게는 잘 드러나지 않고 클레임의 빈도가 적어 즉각 와닿지 않아 대체 아이템 물색에 게으른 반면, 소재 단가가 높다는 문제는 당장 반영/해결해야 할 문제가 되므로 T400이 선택에서 외면 받았다고 할 수 있다.

Chapter 2

Yarn

실

실 Yarn I

집 담벼락을 만들기 위해 눈에 잘 보이지도 않는 작은 모래를 하나씩 쌓아 올리면 집 하나 짓는데 수십 년이 걸릴 것이다. 그러나 모래를 뭉쳐 손으로 다룰 수 있는 크기의 벽돌을 먼저 만든 다음, 이 벽돌들을 쌓아 올리면 벽 만들기 작업은 단 며칠이면 끝날 것이다. 다만 모래 입자들이 벽돌 모양을 유지할 수 있도록 서로 달라붙게 하는 접착제만 있으면 된다. 시멘트가 그 접착제이다. 모래는 섬유, 벽돌을 실에 비유하면 된다. 담벼락은 원단이 될 것이다.

-섬유지식-

아주 작은 조각의 얇은 원단이라도 그 안에 1억개 이상의 섬유를 포함하고 있다.

(Morton & Hearle 2001)

실이란 무엇인가?

사(絲)는 다음과 같이 여러 가지로 정의를 내릴 수 있다. 각자 마음에 드는 정의를 고르면 된다.

'작은 단면을 가진, 꼬임이 있거나 없이 단섬유나 필라멘트로 제조된 유효한 길이를 가진 제품'(Anonymous, 2002)

'연속된 다발을 형성하고 있는 섬유그룹'(Cohen, 1997)

'충분한 길이로 일정 굵기의 견고한 다발을 형성하여 적합한 강력을 유지하는 섬유 그룹 또는 단독의 필라멘트'(dj, 2009)

실은 다양하고 여러 분류가 있을 수 있으나 일차적으로 다음과 같이 나눠볼 수 있다.

그림 87 _ 면방적사 100/2's

- 모노 필라멘트사 Monofilament yarn
- 멀티 필라멘트사 Multifilament yarn
- 방적사 Staple or Spun yarn

방적사의 종류와 꼬임

필라멘트사는 꼬임이 있을 수도, 없을 수도 있지만 방적사는 일정 강력을 유지하기 위해 반드시 꼬임이 필요하다. 방적사는 성분이나 굵기, 길이, 꼬임, 합연사 여부에 따라 다음과 같이 다양한 종류로 나눌 수 있다. 사용빈도가 높은 3종을 굵게 표시하였다.

- **단사**(Single yarn) : 한 가닥의 방적사
- **합사** 또는 합연사(Ply yarn) : 두 가닥 이상의 단사를 합쳐서 만든 방적사
- **혼방사**(Blended/Compound yarn) : 다른 종류의 단섬유를 섞어서 만든 방적사

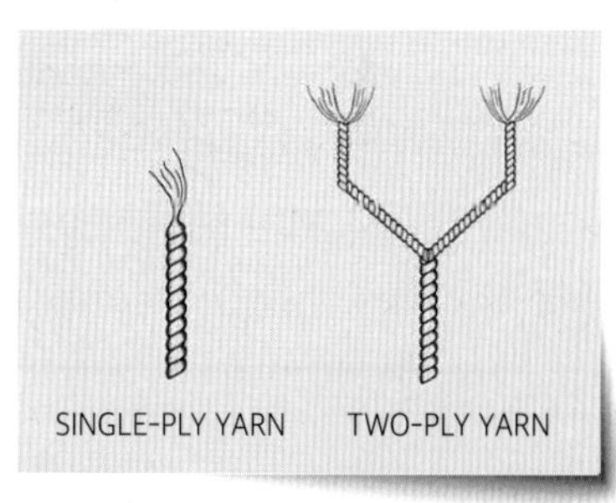

그림 88 _ 단사와 합사(합연사)

- 코드사(Corded, Cabled yarn) : 여러 가닥의 합사를 합쳐 만든 원사
- 코어사(Core spun yarn) : 가운데 필라멘트를 두고 외부를 단섬유로 감싸 만든 방적사

- 팬시얀(Fancy or effect yarn) : Boucle, Chenille, Slub 같은 특정 형태로 가공하여 만든 방적사

섬유와 실은 다르다

섬유와 실을 혼동하는 사람들이 많다. 자신이 어느 쪽에 속하는지 보라. 섬유와 실은 다르지만 Mono사처럼 같은 경우도 있기는 하다. 섬유는 실의 원료이다. 실은 원단을 만들기 위해 직기에 올릴 수 있도록 설계된 섬유의 다발로 된 재료이다. 섬유가 실을 거치지 않고 바로 원단이 되면 편할 것이다. 하지만 섬유 그 자체는 너무 작고 짧고 가늘어서 그 상태로 원단을 제조하려

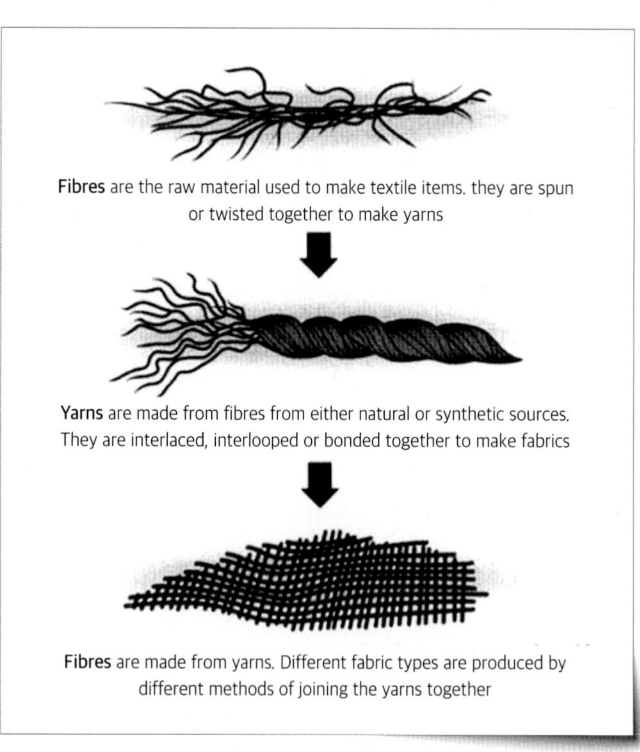

그림 89 _ 섬유 → 사 → 원단

면 막대한 비용이 요구된다. 직기 자체도 높은 정밀도로 제작되어 가격이 비싸진다. 따라서 섬유를 적당한 크기/굵기의 덩어리로 만들어 원단의 제조가 용이하도록 만든 것이 실이다. 원단은 의류의 목적과 종류에 따라 특정 두께와 중량으로 제작해야 하므로 그에 맞는 적당한 굵기의 실이 필요하다. 재료가 너무 가늘면 밀도를 필요 이상 많이 설계해야 하고 제조 비용이 상승하며 두께나 중량에도 한계가 있다. 반대로 너무 굵으면 밀도가 너무 성겨 품질이 낮아 보이고 거친tough한 원단이 된다. 따라서 제직이나 편직을 쉽게 할 수 있도록 용도에 맞는 적당한 굵기의 섬유 다발인 실이 준비되어야 한다.

실은 왜 여러 가닥의 섬유로 이루어져 있을까? 꼭 그래야 할까?

자연에서 구할 수 있는 섬유는 다양한 굵기로 존재하지 않는다. 그러므로 필요한 굵기로 만들기 위해서는 여러 가닥을 합쳐야 한다. 그것이 가장 큰 이유일 것이다. 그런데 합성섬유는 가소성 수지를 녹여 어떤 형태로든 만들 수 있으므로 굳이 섬유 → 실의 과정을 거치지 않아도 다양하게 제조할 수 있지만 대개는 천연섬유와 비슷한 굵기의 섬유를 거쳐 이를 실로 만드는 번거로운 방식을 택하고 있다. 이유는 중대한데, 같은 굵기라도 단 하나의 섬유로 된 실과 여러 가닥의 가는 섬유가 모여 하나의 실이 된 것과는 큰 차이가 있기 때문이다. 단독의 섬유가 실로 사용되는 대표적인 예가 낚싯줄이다. 그런 실은 잡아당겨 끊어지는 힘 즉, 인장 강도가 좋으나 쉽게 구부러지지 않으므로 유연성이 부족하여 딱딱하고 체표면적이 최소인 형태이다. 실과 원단에서 체표면적은 중요하다. 그에 따라 여러가지로 기능이 달라질 수 있기 때문이다. 겉으로 만져지는 촉감도 표면적에 따라 다르다. 여러 가닥의 섬유로 만든 같은 굵기의 실이라도 몇 가닥으로 구성되었는지에 따라 기능과 감성 측면에서도 크게 다르다. 물론 가닥 수가 더 많은 실일수록 섬유도 그만큼 더 가늘어져야 한다. 당연히 가격도 비싸다.

짧은 섬유로 긴 실을 만드는 방법

섬유를 실로 만드는 방법은 수천 년간 내려온 고대의 방법을 그대로 답습하고 있다. 단순히 섬유들을 합쳐 굵게 만드는 것 말고도 충분한 길이의 실로 만들어야 엮어서 원단을 만들 수 있다. 이를 가능하게 하려면 각 섬유들을 합치면서 꼬아야 한다. 이것이 방적이다. 완성된 실이 원래의 섬유들로 흩어지지 않으려면 접착제가 필요할 것이다. 그 접착제가 꼬임이다. 섬유들을 꼬면 꼬임수에 비례하는 마찰력이 생겨 다양한 인장 강도가 형성 된다.

꼬임수는 많을수록 좋을까?

꼬임수는 중요하다. 더 많은 꼬임은 실 내부로의 압력 증가로 이어지므로 더 높은 마찰력이 나타난다. 물론 그 결과로 실은 더 딱딱해지고 내부에 함유하는 공기도 줄어든다. 꼬임은 강도를 높이기 위해 필요한 물리적 공정이지만 부작용은 원사가 Hard해 진다는 것이다. 산업용이라면 상관없지만 패션의류 용도로는 치명적이므로 방적사는 가능한 최소한의 꼬임을 유지하는 것을 목표로 해야 한다. 즉, 감성과 물성/기능이 서로 충돌할 때, 패션의류

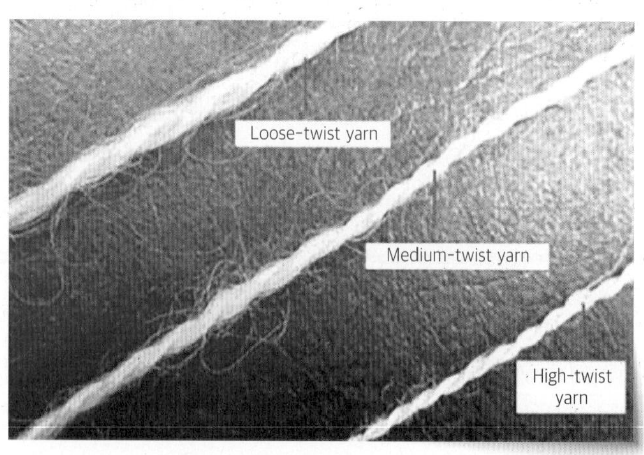

그림 90 _ 동일 굵기의 실이라도 꼬임 수에 따라 굵기가 달라진다

소재는 감성을 위해 물성/기능을 희생하는 경우가 대부분이다. 즉, 꼬임수는 필요한 강력을 유지하는 한, 적을수록 더 좋다. 꼬임수가 많으면 실은 더 딱딱해지고 단위밀도가 높아져 더 가늘어지며 함기율이 낮아지는 것은 물론, 심하면 원단을 만들었을 때 표면에 자글자글한 Crepe 현상도 나타나게 된다. 물론 이태리타올 같이 처음부터 그런 목적때문에 최대한의 꼬임수로 실을 만드는 경우도 있다. 이런 원사를 강연사High twist yarn라고 한다.

실도 혼방Blending 하면 좋아진다

섬유들을 합쳐 실을 만들 때, 특정 목적을 위해 두 가지 이상 다른 종류의 섬유를 섞을 수도 있다. 이것을 혼방(Blend)이라고 한다. 혼방은 방적사만이 가능하다. 따라서 Polyester같은 Filament를 다른 섬유와 혼방하려면 일단 면처럼 Staple(단섬유)로 만들어야 한다. 혼방을 하는 목적은 원가를 낮추기 위해, 약한 물성을 보완하기 위해, 또는 외관을 다르게 하거나 hand feel을 soft하게 만들어 감성을 증진하는 것들이 있다.

그림 91 _ 면의 빗질

방적은 빗질이 절반 - Carding & Combing

방적사는 인장강도가 충분하다는 전제로 soft하고 굵기가 일정Even해야 품질이 높은 실이다. 그런 목적을 달성하기 위한 방법은 섬유들이 되도록 한방향으로 나란히 고르게 배열orientation되어 꼬일 수 있도록 하는 것이다. 그래야 최소의 꼬임으로 각 섬유 간의 마찰력이 최대로 유지되며 굵기도 일정Even해진다. 그에 따라 방적기계가 하는 작업의 대부분은 빗질과 꼬임이다. 더 많은 빗질은 더 좋은 품질의 실을 의미한다.

Polo Oxford가 달라 보이는 이유

이미 제조된 실을 둘이나 셋 또는 그 이상 합쳐 더 굵은 실로 만들 수 있다. 이를 합사 또는 합연사라고 한다. 합사의 목적은 단순히 굵기를 증가시키기 위한 것 보다 실의 품질을 높여 고급 원단을 만들기 위한 경우가 더 많다. 예를 들어, 면 20수는 굵고 투박Rough하여 품질이 낮은 실이지만 고급 원단 제조를 위해 40수 두 가닥을 합사한 40/2(40수 2합이라고 읽는다)으로 사용하면 된다. 가격은 월등히 높아지지만 원단의 품위와 가치가 급상승하며 불량도 거의 없는 고급 원단이 된다. 유명한 Polo의 면 Oxford shirts는 겨울용은 40/2, 여름용은 80/2으로 사용한다. 물론 합사는 2합사 뿐만 아니라 3합사, 4합사 또는 그 이상도 존재한다. 3합사까지는 품질 향상에 목적을 두는 경우이지만 4합사 이상은 품질 향상 보다는 굵기 증가가 목적이다.

면 섬유의 길이는 왜 그토록 중요할까?

천연섬유의 방적사는 되도록 꼬임이 적어야 부드럽고 광택도 좋다. 방적사에서 최대한 꼬임을 적게 주면서 원하는 강도를 얻으려면 섬유장이 길어야 한다. 면 같은 천연 단섬유는 그래서 태생적으로 섬유의 길이가 가장 중요한 가치 기준이 된다. 마(麻)나 모(毛) 같은 천연섬유들은 단섬유라도 길이가 충분하고 일정하여 섬유장이 중요한 요소가 되지 않는다.

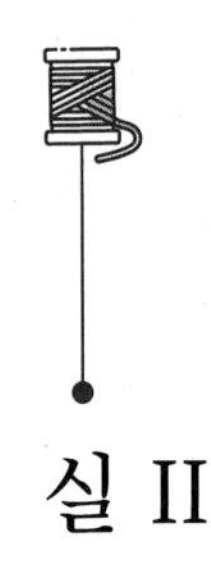

실 II

Yarn과 Thread는 둘 다 우리말로는 실이라는 뜻인데 어떻게 다른 것일까? Yarn은 직물이나 편물의 원료라는 의미의 반제품인 실을 뜻하며 원사(原絲)라고도 부른다. Thread는 그 자체로 완성품인 실을 의미한다. 따라서 어떤 직물이 "몇 가닥의 실로 구성 되어있느냐?" 라고 할 때는 how many yarn이 아닌 How many threads? 라고 해야 한다. 어떤 소재의 실이냐? 할 때는 what kind of yarn? 이다. 구분하기 복잡한가? 그냥 섞어서 대충 써도 된다. 엄밀하게 구분하여 사용하는 사람은 어차피 아무도 없다.

-섬유지식-

아날로그와 디지털 특성

섬유장이 충분한 필라멘트 섬유를 실로 만드는 방식은 방적사와 완전히 다르다. 단순히 여러 가닥을 합치기만 하면 꼬임이 전혀 없이도 필요한 인장 강도를 확보할 수 있으므로 필라멘트로된 실을 제작하는 과정은 물성보다 감성이나 기능면에 집중되어 있다. 천연섬유에 비해 합성섬유는 굵기 조절이 얼마든지 가능하므로 훨씬 다양한 원사를 만들 수 있다. 합섬에서 가장 중요한 감성 목표 중 하나는 외관을 천연섬유와 유사하게 만드는 것이다.

합섬은 가느다란 관을 빠져나오면서 섬유/실이 되기 때문에 일관되게 표면이 매끄럽고 광택이 있으며 굵기도 균일한 것이 특징이다. 하지만 천연섬유는 굵기가 불균일Uneven 하고 표면이 매끄럽지 않고 textured 하며 hairy 하여 광택없이 Matt함은 물론 약간의 탄성도 있고 곱슬Crimp 인 경우도 많다. 이런 천연섬유의 특징을 모방하기 위해 대부분의 합섬은 별도의 원사 가공을 거치게된다. 대표적인 것이 DTY 이다. 아래 그림의 천연과 합성섬유의 외관 비교를 보면 각각 Analogue와 Digital의 특성을 그대로 보여준다. 가르쳐주지 않아도 어느 쪽이 천연섬유인지 모르는 사람은 없을 것이다.

그림 92 _ Analogue와 Digital 특성을 보여주는 천연섬유와 합섬

합성섬유는 성형이 가능한 고분자를 녹여 물렁하게 한 다음, 가느다란 노즐을 통과시켜 섬유나 실을 만든다. 이 과정을 방사(紡絲)라고 하는데 영어로는 방적과 동일한 Spinning이다. 합성섬유는 방사 관의 굵기에 따라 섬유의 굵기가 달라지고 방사되는 속도에 따라 탄성이나 강도 같은 물성이 결정된다.

광택

합섬은 예외없이 광택이 난다. 표면이 매끄러워 정반사가 잘 일어나는 구조이기 때문이다. 광택은 Trend에 따라 호불호가 크게 갈리므로 때로는 광택을 죽여야 하는 경우가 있다. 방법은 화섬의 고분자 내에 빛을 흡수하는 무기물을 첨가하여 정반사를 줄이거나 난반사를 유도하는 것이다. 이런 기능을 하는 성분을 '소광제(消光劑)'라고 하는데 대부분 이산화 티탄 TiO_2을 사용한다. 소광제가 들어간 화섬 원사는 광택 있는 투명한 색에서 흰색으로 바뀌게 된다. 소광제를 얼마나 넣느냐 에 따라 Semi Dull, Full Dull로 나뉜다. 무기물의 첨가는 실의 강도를 저하시키거나 방사 관[Nozzle]의 마모를 불러오므로 최대 한계를 지켜야 한다.

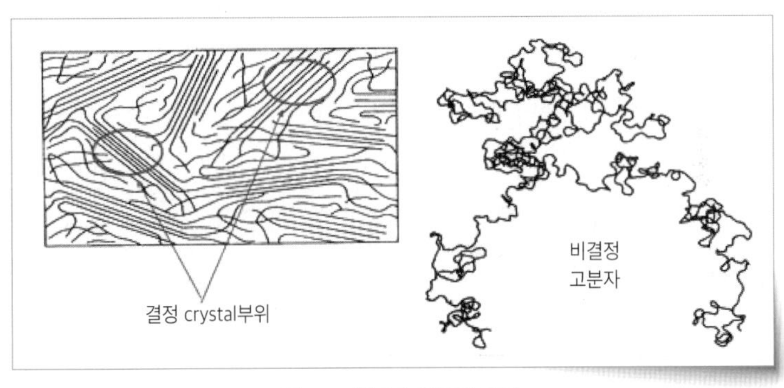

그림 93 _ 결정과 비결정 영역

결정과 비결정

결성(結晶, crystal)이란 원사의 배열이 공간적으로 반복된 패턴을 가지는 물질이다. 액체를 냉각시키면 분자들의 운동이 느려지다가, 마침내 어떤 온도 이하에서는 분자들이 일정한 배열을 이루게 되고 자유로이 돌아다닐 수 없게 된다. 이런 분자(또는 원자)들의 규칙적인 배열의 결과로 평면들로 둘러싸인 모양을 가지게 된 균일한 물질을 결정이라고 한다. -위키백과-

액체가 아니지만 원자나 분자가 규칙적인 결정격자를 만들지 않고 무질서하게 모여있는 것을 비결정이라 한다. 진흙이나 고무 또는 유리가 그런 고체이다. 모든 고체는 결정/비결정 둘 중 하나의 상태로 존재하거나 결정과 비결정 둘 다 있는 상태로 존재한다. 섬유는 결정과 비결정이 혼재하는 경우이다. 이런 고체는 결정영역과 비결정영역의 비율에 따라 물성이 다르게 나타난다. 결정이 많으면 딱딱하고 강하며 비결정이 많으면 무르고 약하며 탄성이 나타난다. 금속이 대부분 딱딱한 이유가 결정 영역 때문이다. 염색은 오로지 비결정영역에서만 가능하기 때문에 섬유에서는 중요한 부분이다. 그런데 비록 결정이 증가하지 않더라도 불규칙하게 흩어진 비결정을 규칙적으로 배열해 주는 것만으로도 강력이 어느 정도 증가한다. 천연섬유는 이런 조정이 불가능 하지만 합성섬유는 가능하다. 섬유를 관에서 뽑아내는 방사속도는 합성섬유 내 비결정영역의 배향도orientation를 결정한다. 배향도가 높으면 강력이 좋고 물성이 향상되지만 가공이나 성형할 때는 불리하다. 어느 정도 무른 섬유가 원사를 성형, 가공할 때 유리하기 때문이다. 금이 오래전부터 장신구로 사용되었던 중요한 이유 중 하나가 물러서 수공으로도 성형하기 쉬웠기 때문이다.

필라 수The number of filament

필라멘트로 형성된 화섬사는 다양한 굵기가 있지만 같은 번수(굵기)의 실이라도 구성하는 섬유의 굵기에 따라 전혀 다른 품질이 나타날 수 있다. 예를 들면 폴리에스터 75d인 두 종류 실이 있는데 한쪽은 36가닥의 필라멘트이고 다른 하나는 72가닥의 필라멘트로 되어있다면 이후 나타나는 원단의 품질과 감성은 확연히 달라지게 된다. 75d/36f, 75d/72f('75데니어 72필라'로 읽는다)로 표기하는 이런 섬유의 가닥 수를 업계에서는 필라Fila 수라고 하며 당연히 필라 수가 많을수록 더 비싼 원사이다. 이에 대해서는 Micro편에서 좀 더 자세하게 다루겠다. 화섬사의 필라 수는 많을수록 촉감이 더 좋아지고 표면적이 커져 다양한 물성과 감성의 변화가 나타나게 된다. 이를 이용하여 물을 흡수하는 기능을 추가할 수 있고 다양한 촉감과 Matt한 외관을 형성할 수 있다. 따라서 상대적으로 필라 수가 적은 원사로 만든 원단은 저렴하다고 생각하면 된다. 보통보다 필라 수가 많은 원사를 하이멀티High-Multi 라고 한다.

사 가공 - 실의 가공

인공고분자(Plastic)로 만든 섬유는 모두 국수처럼 관을 빠져나오기 때문에 표면이 매끄럽고 탄성이 없으며 사람의 직모처럼 곧은 섬유이다. 반면에 천연섬유는 신축성이 있고 대개는 곱슬이거나 표면이 매끄럽지 않아 광택이 없는 Matt한 성질을 나타낸다. 실크는 천연섬유라도 합섬처럼 관(누에의 입)을 통과하여 빠져나오므로 표면이 매끄럽고 광택이 난다. 최초의 화섬은 실크를 닮은 이 같은 수려한 광택으로 인하여 소비자들이 열광했지만 수십년이 지나면서 인조 광택에 대한 거부감과 혐오까지 생겨나게 되었다. 따라서 화섬 제조업자들은 천연섬유인 모나 면 심지어 마와 비슷한 외관과 촉감을 만들기 위해 다양한 사가공을 개발하기에 이르렀다.

사가공의 주류는 Crimp의 형성 즉, 곱슬을 만드는 것이다. 직모인 필라멘트를 곱슬로 만들면 동시에 5가지 이점이 생긴다. 여성들이 퍼머 머리를 하는 것과 유사하다. 첫 번째는 신축성과 탄력이 생긴다. 철사는 전혀 신축성이 없지만 그걸로 만든 스프링을 생각해보면 된다. 두 번째는 원단을 만들었을 때 약간 푹신한 촉감이 된다. 실제로 볼륨감이 만들어진다. 흑인들의 극단적인 곱슬이 만들어내는 어마어마한 볼륨을 상상해보라. 세 번째로 곱슬은 화섬 특유의 광택을 줄여준다. 곱슬을 형성할 때 섬유 자체에 약간 꼬임을 주기 때문인데 사람의 곱슬머리도 단면이 타원인 것 뿐만 아니라 약간 꼬임이 있다. 네 번째는 쿠션과 함께 hand feel이 soft 해진다. 마지막으로 함기율 즉, 실이 공기를 함유하는 비율이 높아진다. 이런 성질은 최종 제품이 되었을 때 보온기능의 향상으로 이어진다. 인간의 모발과 달리 천연섬유를 사가공 하는 경우는 없다.

무연과 강연

단섬유는 예외없이 실을 만들 때 꼬임이 필요하지만 화섬은 장섬유이므로 다르다. 용도에 따라 꼬임이 전혀 없는 원사나 꼬임이 적당하거나 극단적으로 많은 원사를 사용하여 원단을 제조할 수 있다. 예를 들어, 폴리에스터 Satin 원단은 꼬임이 없는 무연보다 꼬임이 약간 들어간 원사를 사용한 원단이 Drape성이 더 좋다. 원사의 함기율이 낮아져 '패킹팩터Packing factor'가 높아졌기 때문이다. 즉, 원사가 무거워졌다. 이런 Satin 원단은 란제리에 많이 적용하는데 샤무즈Charmeuse라고 한다.

반면, 무연 Satin은 Packing factor가 낮아 가볍고 날리며 푹신하다. 강연사를 사용한 원단은 표면에 이태리 타올같은 Crepe가 나타나며 여름용의 까실한 감촉을 위해 적용한다.

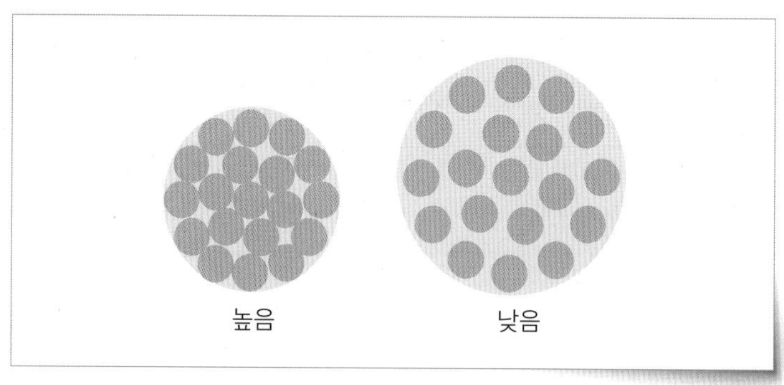

그림 94 _ 원사의 패킹 팩터(PF)

상용 번수(굵기)

합섬 실의 번수는 다양하게 제조할 수 있다. 이론적으로 무한대이다. 하지만 제조업체는 생산 번수를 극히 제한적이고 보수적으로 유지한다. 왜 그럴까? 이는 Woven 원단의 다양성이 떨어지기 때문이다. 니트는 화섬 보다는 천연섬유가 많으므로 굳이 화섬 니트를 위한 별도의 원사를 뽑는 경우는 드물다. 또, 폴리에스터와 나일론은 가능한 서로 같은 번수의 원사를 제조하지 않는다. 이를테면 폴리에스터의 주요 번수는 50/75/150 이다. 그에 비해 나일론은 20/40/70/160 등이다.

따라서 번수만 봐도 나일론인지 폴리에스터인지 금방 알 수 있다. 나일론에는 150d라는 실이 없고 폴리에스터에는 160d 라는 실이 없다. 둘은 서로 비중이 달라 같은 번수라도 비중이 낮은 나일론이 실제로는 더 굵다. 자세한 내용을 뒤에서 다시 한 번 언급할 예정이다.

배향Orientation POY, FOY

폴리에스터 원사는 방사 속도에 따라 물성이 달라진다. 배향이 달라지기 때문인데 POY는 Partially Oriented 즉 배향이 일부만 되었다는 뜻이고 FOY는 Fully Oriented를 의미한다. FOY 원사는 탄성이 거의 없다. POY의 목적은 이후의 사가공을 위해 추가로 성형할 수 있는 여지를 남겨 놓는 것이다. POY사는 DTY의 원료가 된다.

Conjugate

화섬은 필라멘트여서 한 가닥의 실에 다른 종류의 섬유를 섞는 혼방이 불가능하다. 그대신 섬유 한 가닥을 이종(異種)의 다중 소재로 만들 수 있다. 이런 섬유를 'Conjugate'라고 한다. 예를 들면, NP Micro는 섬유 한 가닥이 나일론과 폴리에스터 두 가지로 설계 되어있다.

실크도 세리신sericin과 피브로인fibroin이라는 이종(異種)의 단백질이 한 가닥으로 되어있다. 이 상태를 생사라고 하는데 이후 세리신을 제거하고 피브로인만 남겨서 실크 원사를 만든다.

Fancy yarn

기능보다는 감성을 위해 다양한 사가공을 통해 만든 실을 Fancy yarn 이라고 한다.<그림 95>

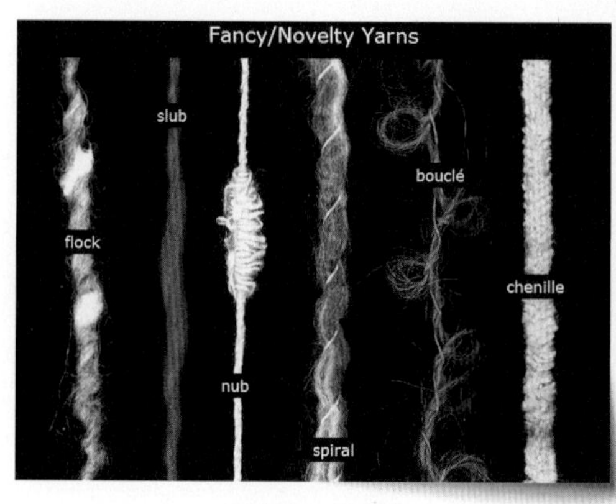

그림 95 _ 팬시 얀

대표적인 예가 부클레 Boucle와 셔닐 Chenille 이다.

Boucle는 표면에 작은 Loop가 도드라진 원사이며 셔닐은 송충이 같은 모양을 한 원사로 원단을 만들면 벨벳이나 코듀로이 처럼 파일 원단 같은 외관이 된다. 우븐 보다는 주로 니트 원단에 사용되는 원사이다.

Melange 와 Siro

일본어로 보카시 즉, Heather 효과를 위해 솜 상태로 염색된 *Sliver를 일부 섞어 만든 실을 멜란지 Melange 라고 한다. 면사에만 적용되는 기법이다. 최소의 염료를 사용하여 몇 %만 염색되므로 이후 염색 과정이 불필요하기때문에 Sustainable한 원사라고 할 수 있다. 싸이로 Siro 는 색이 다른 두 원사를 합사하여 만든다. 한쪽이 염색되지 않은 원사를 사용할 때가 많다.

실의 굵기

WPI는 1인치 안에 들어갈 수 있는 실의 가닥 수를 말한다. 제직에서는 밀도를 의미하지만 니트에서는 이것으로 실의 굵기를 가늠할 수 있다. 굵기가 서로 다른 실들이 있다면 이 방법으로 각 실들의 굵기에 대한 상대적 비교가 가능하다. WPI로 실의 굵기를 확인하는 방법을 소개한다. 먼저 큰 바늘이나 자에 실을 여러 가닥 감되, 실끼리 서로 겹치거나 혹은 사이에 틈이 생기지 않도록 촘촘하게 한 다음, 1인치 안에 들어가는 실의 가닥 수를 센다. 그것이 '1 WPI' 이다. 이 방법은 정확하지 않다. 실을 얼마나 팽팽하게 당기는지에 따라 변수가 크기 때문이다. 따라서 굵은 실보다는 잘 늘어나지 않는 가는 실이 더 정확한 결과가 나온다. Woven 에서는 결코 사용하지 않는 방법이다.

-섬유지식-

	#0 LACE		#1 FINGER		#2 SPORT			#3 CHUNKY		#4 BULKY	
	20	18	16	14	12	11	10	9	8	6	5
WPI WRAPS PER INCH											

그림 96 _ WPI와 실의 굵기

실의 굵기 단위와 철사의 굵기 단위가 다른 이유

철사의 굵기는 어떻게 나타낼까? <그림 97>은 철사의 굵기를 재는 Wire gauge 이다. 철사가 구멍을 통과하면 그에 대한 굵기를 알 수 있다. 그림에 나와 있는 각 굵기의 단위는 물론 mm이며 직경을 나타낸다. 이렇게 간단한 계측기가 가능한 이유는 철사의 단면이 거의 예외 없이 원형이고 외력에 의해 굵기가 변하지 않으며 굵기가 어느 부분에서나 일정하기 때문이다.

그림 97 _ Wire gauge

실의 굵기 단위는 왜 복잡하고 다양할까?

실도 철사처럼 직경(Diameter)으로 굵기를 표시하면 간단하고 쉬울 것이다. 그러나 실의 굵기는 단순하지 않다. 아니 사실 지독하게 복잡하다. 이유는 첫째, 실의 단면이 원형이 아니고 둘째, 굵기가 일정하지 않으며 셋째, 외부의 힘 특히, 장력(잡아당기는 힘)이나 꼬임에 의해 굵기가 달라지며 철사가 한 가닥인 것에 비해 실은 여러 가닥의 섬유로 되어있기 때문이다. 천연섬유는 단면이 원형이 아니기 때문에 직경을 잴 수 없고 굵기가 고르지 않으니 어떤 부분이 기준이 되어야 할지 알 수 없다. 따라서 직경을 기준으로 사용할 수 없다. 물론 합성섬유는 철사의 기준을 어느 정도 만족할 수 있지만 이미 굵기 단위가 정해진 이후에 발명되었기 때문에 직경으로 굵기 단위를 만들지 않았다. 또, 합섬이 처음에는 원형 단면으로 생산되었지만 이후 특정 목적을 위해 여러 종류의 단면으로 바뀌게 되었으므로 직경을 재는 방법은 더 이상 유효하지 않다. 다만 섬유의 굵기가 가치를 결정하는 중요한 근거가 되는 Wool은 원사가 아닌, 섬유인 경우(hair), 직경으로 굵기를 나타낸다.

그림 98 _ 각 부분의 굵기가 다른 면사의 균제도(Evenness)

위의 면사처럼 굵기가 일정하지 않고 원형 단면도 아닌 1차원 선상 물체의 굵기를 나타내는 가장 간편한 방법은 길이당 무게를 재는 것이다. 두 종류의 실이 있는데 동일한 무게인 100g에서 한쪽은 100m이고 다른 한쪽은 200m라면 길이가 100m인 실의 굵기가 두 배라는 사실을 알 수 있다. 이를 이용하여 기준과 단위를 만들면 된다. 예를 들어, 100g이 100m인 실의 굵기를 1K 라고 한다면 200m인 실은 2K가 되고 1,000m인 실은 10K가 될 것이다. 여기서는 중량을 기준으로 하고 길이가 변수가 되었으므로 숫자가 커질수록 더 가는 실이 된다. 기준을 바꾸면 반대의 경우도 만들 수 있다. 모든 실의 굵기는 이런 방법으로 만들어졌다. 문제는 단위와 기준이 통일되지 않고 수많은 표준들이 시대와 지역에 따라 각각 만들어져 통용되어 왔다는 것이다. 일단 대중에 유통되어 사용기간이 어느 정도 경과한 기준은 바꾸기 어렵다. 미국이 지독한 불편함을 감수하고 아직도 화씨와 파운드, 야드 단위를

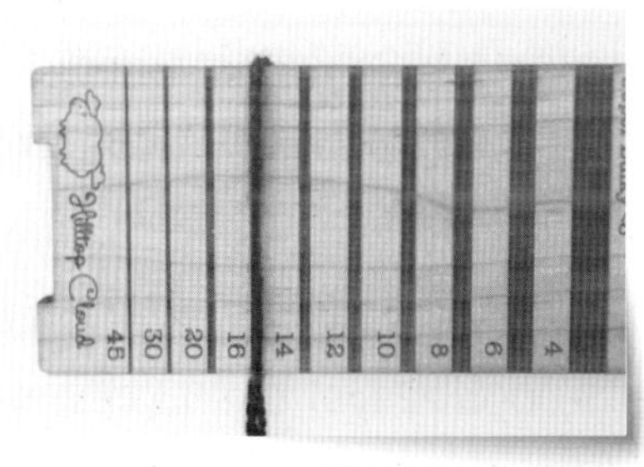

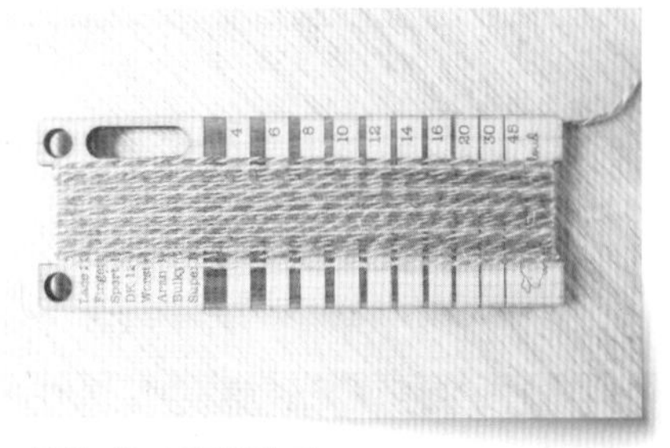

그림 99 _ WPI (Wraps Per Inch)를 재는 전통적인 자

쓰고 있는 것을 보면 알 수 있다. 실의 굵기를 나타내는 이른바 '번수'는 섬유를 중심으로 산업혁명이 발생된 영국에서 처음 만들어졌다.

실의 굵기를 나타내는 두가지 기준
Direct count와 Indirect Count System

- 영국식 면 번수 : 840y가 1파운드 일 때 1수 : 중량 기준(항중식)
- 데니어 : 1g이 9,000m 일 때 1데니어 : 길이 기준(항장식)

번수를 나타내기 위한 기준을 어떤 숫자로 하느냐는 당시의 문화나 지역, 통용되는 상업적인 편의성이 포함되어 있을 것이다. 예컨대 영국식 면 번수(English Cotton Count ECC)는 840y당 1파운드를 '1수'로 하였다. 왜 840y인지는 알 필요 없다. 그저 그렇게 정한 것일 뿐이다. 그런데 이 방식은 중량을 기준으로 하고 길이를 늘려 나가는 식으로 번수를 정했다. 따라서 2수는 1,680y가 1파운드인 실이다. 즉, 1수가 가장 굵은 실이다. 그보다 더 굵어지려면 소수점으로 가야 한다. 이 방식은 숫자가 커질수록 실이 가늘어졌기 때문에 우리의 직관과 반대이다. 따라서 이런 방식을 Indirect Count System 이라고 한다. 반대로 숫자가 커질수록 굵어지는 방식은 Direct Count System이 된다. 학교에서는 '항중식'이니 '항장식'이니 하고 가르치지만 이 경우 영어가 더 이해하기 쉽다. 산업혁명 이후, 프랑스에서 미터법이 제정 되고나서 실의 번수에도 적용되었다. 따라서 이후에 만들어진 모든 Direct 방식의 번수는 미터m법 기준의 단위로 되어있다. 대표적인 Direct System번수가 '데니어'이다. Denier는 화섬이 1935년에 처음 나왔으므로 당연히 미터법으로 만들어지게 되었다. 데니어는 '9,000m가 1g인 실이 1d'라고 정했다. 기준 길이를 그대로 두고 무게가 늘어남에 따라 번수가 변했으므로 2d

는 9,000m의 실이 2g인 경우가 된다. 실이 굵어질수록 비례하여 번수가 함께 커지는 Direct Count System이 더 직관적이다.

간편한 기준인 Tex와 NM 번수

다만, 10,000이나 1,000이 아닌 9,000이라는 기준이 거슬린다. 그때문에 1,000m를 기준으로 하는 Tex라는 간편한 번수가 이후에 나왔지만 한번 사용되고 통용된 단위는 고치기 어렵다. 따라서 지금도 특별한 경우 외는 거의 사용되지 않는다. 한편, Indirect 방식도 미터법이 나온 이후 1,000m가 1,000g인 보기 좋고 단순한 기준을 내세운 공통식 NM이라는 단위가 만들어졌지만 모방에서 모 번수를 나타낼 때만 사용한다. Wool과 같이 사용되는 합섬인 아크릴 번수도 NM을 쓴다. Tex 번수는 Direct, NM은 Indirect라는 사실만 기억하자.

같은 기준인 데도 전혀 다른 Tex와 NM

840y라는 기준 대신 560y를 사용한 모방이나 300y를 사용한 마 번수 등, 다른 기준을 적용한 번수 들이 있었지만 지금은 거의 사용되지 않는다. 재미있는 예는 Tex 때문에 생겼다. Tex는 10분의 1 굵기인 1dtex(데시 텍스), 반대로 1,000배 굵기인 1ktex(킬로 텍스)가 있는데 1ktex는 1km가 1kg인 경우이다. 이는 1,000m가 1,000g인 NM과 동일한 것같다. 그러나 둘은 사실 완전히 다르다. NM은 무게를 기준으로 하는 항중식(Indirect Count System)이며 ktex 는 길이를 기준으로 하는 항장식(Direct Count System)이기 때문이다. 따라서 NM 2수는 2,000m 가 1,000g이고 2ktex는 1,000m가 2,000g이다. 1ktex와 1NM은 같은 굵기이지만 1ktex는 텍스 번수 에서 1d 처럼 가장 가는 실이고 1NM은 영국식 면 번수 1수처럼 공통식에서 가장 굵은 실이 된다. 물론 소수점인 경우는 제외하고 그렇다.

표 4 _ 각 섬유의 비중과 수분율
SPECIFIC GRAVITY AND MOISTURE CONTENT OF COMMON NATURAL AND MANUFACTURED FIBERS
(70°F *, 65% Relative Humidity)

Fiber	Specific Gravity	Moisture Content
Acrylic†	1.15	1-2
Cellulose Acetate	1.32	6
Cellulose Triacetate†	1.25	2.5-4.5
Cotton	1.54	7(commercial=8.5)
Glass†	2.54	0
Polyamide† (nylon 6 and nylon 66)	1.14	4.1-4.5
Polyester†	1.38	0.4-0.5
Polyethylene†	0.92	0
Polypropylene†	0.90	0
Polyurethane†	1.21	1.0-1.5
Polyvinyl Chloride†	1.38	0-1
Polyvinylidene Chloride†	1.70	0
Protein†	1.25	10-18
SilK	1.37	9
Viscose Rayon	1.51	13
Wool	1.32	13-15

* 20°C
† Average of major commercial brands

폴리에스터 100d와 나일론 100d는 같은 굵기일까?

이처럼 무게당 길이 혹은 길이당 무게로 만든 번수법은 모든 소재의 비중이 같을 경우를 가정하였으므로 비중이 상당히 낮거나 높은 소재가 나타나면서 편차가 커지는 문제가 생겼다. 예를 들면, 폴리프로필렌은 비중이 0.9이고 폴리에스터는 1.4로 둘은 무려 50% 정도 차이 난다. 따라서 같은 100d 일 때 폴리프로필렌은 폴리에스터보다 실제로는 50%나 더 굵은 실이다. 나일론은 비중이 1.14이므로 폴리에스터보다 20% 정도 더 굵다.

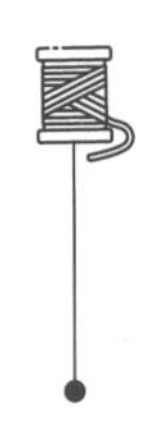

원사의 가공(사 가공) 원리

일반적으로 파마(Perm)라고 하는 반영구적인 곱슬 모발 성형은 직모이거나 그에 가까운 머리카락에 Wave 또는 Curl을 구성하는 헤어스타일이다. Curl은 겨우 몇 개월 동안만 지속될 수 있으므로 영구적Permanent이라는 말이 무색하기는 하다. 파마는 열적 또는 화학적 수단을 사용할 수 있다. 후자의 방법에서, 화학약품이 모발에 도포되고, 원하는 형태의 웨이브를 만든 다음, 감싸서 열을 가하면 웨이브와 Curl이 생성된다. 동일한 화학적 방법이 반대로 곱슬인 머리를 직모처럼 펴는 데 사용된다.

-Wikipedia 수정 첨삭-

곱슬머리와 직모의 과학

먼저 모발이 곱슬인 경우와 직모인 경우를 비교해 보자. 둘은 어떻게 다를까? 두 가지 형태 차이가 있다. 첫째는 단면 모양이다. 직모의 단면은 거의 원형에 가깝다. 따라서 어느 쪽으로도 굽히기 어려운 구조이다. 억지로 굽히면 한쪽은 팽창하고 다른 쪽은 주름이 져야 하기 때문이다. 한편, 곱슬은 약간 타원형이다. 따라서 폭이 넓은 쪽으로 저절로 말리는Curling 구조이다. 만약 섬유가 이렇게 되면 사용이 불가능하다. 그런데 여기에 꼬임이 추가되면 말리는 반대 방향으로 힘이 작용하여 돌돌 말리지 않고 선형을 어느 정도 유지하면서 말리게 된다. 즉, 코일 형태가 된다. 꼬임의 방향을 따라 나선형을 이루며 둘둘 말리지 않고 자연스러운 곱슬이 된다. <그림 100> 코일형 전화선 코드를 보면 된다. 폴리에스터는 어떻게 원형인 단면을 가공으로 타원형 단면이 되게 할 수 있을까? 답은 연신이다. 직모 형태인 섬유를 잡아당기면 약간 납작해 진다. 그리고 납작해진 섬유는 둘둘 말린다. 머리카락 한 올을 뽑아서 직접 해보면 알 수 있다. 당기면서 꼬임을 주면 둘둘 말리는 대신 전화선 코드처럼 코일 형태가 된다. 물론 용수철Spring이 최종 목적이 아니므로 약간의 Crimp가 생기도록 연신과 꼬임을 통해 강도를 조절할 수 있다.

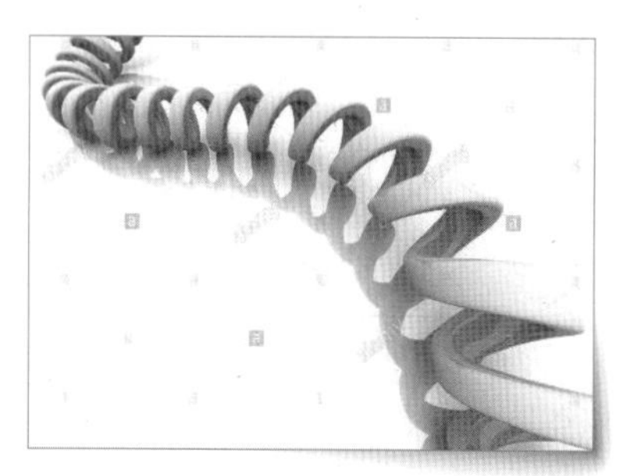

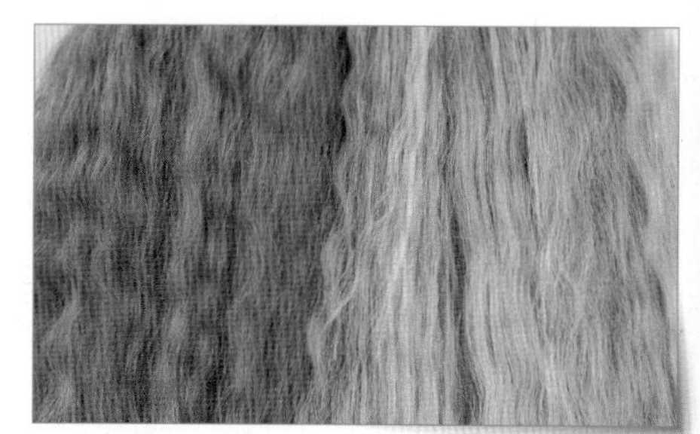

그림 100 _ 곱슬의 구조

곱슬실 TY Textured Yarn

표면이 매끄럽고 원형이어서 Crimp가 전혀 없는 화섬을 천연섬유처럼 보이게 하고 감촉을 달리 하거나 기능을 추가 하기 위하여 원사를 가공하는 것이 사가공의 목적이다. 대부분의 사가공은 직모인 합섬을 파마처럼 곱슬로 만들어 주는 것이 기본이다. Filament와 비교하여 곱슬로 가공된 원사를 Textured yarn이라고 한다. 가장 대표적이고 흔한 것이 Polyester의 DTY이다. 단순한 이 가공에서 얻을 수 있는 것은 볼륨감, 신축성, 광택 감소, 함기율, 천연섬유를 닮은 외관이다. 가장 많이 사용되는 대표적인 TY로 DTY, ATY, ITY를 소개한다.

가장 흔한 곱슬실 DTY Draw Textured Yarn

DTY는 필라멘트 섬유에 연신과 가짜 꼬임 그리고 열과 약간의 망치질을 통하여 곱슬을 부여하는 가장 기본적인 사가공이다. 결과는 <그림101>과 같은 볼륨감이다. 하지만 동시에 정반사가 감소하기 때문에 광택 또한 줄어든다. 섬유들이 제멋대로 퍼지면 너무 부피가 커져 다루기 힘드므로 흩어지지 않게 일정한 간격으로 매듭을 지어주면 간격에 따라 부피가 결정된다. 실제 공정에서는 망치 역할을 하는 압축공기를 사용하여 섬유들을 타격하여 붙들어 두는데 이를 교락Interlacing이라고 한다. 굳이 기억해둘 필요는 없는 용어이다. DTY는 파마에서 열을 사용하여 원래 모양으로 돌아가지 않도록 Setting하는 것과 마찬가지로 뜨거운 열을 가한다. 효과적이고 가성비가 높은 가공 방법이지만 Nylon에서는 드물게 사용된다.

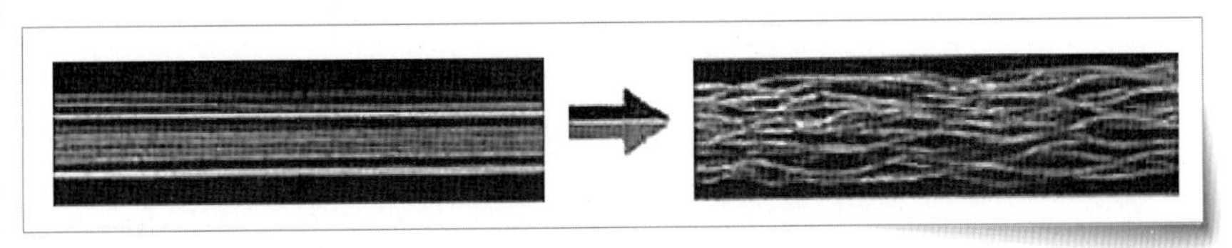

그림 101 _ DTY 효과

나일론의 곱슬실 ATY Air Textured Yarn

Nylon은 대개 ATY를 사용하는데 상당히 굵은 실에 적용하기 때문이다. ATY는 주로 160d이다. 원사를 부풀린 상태에서 세찬 공기를 지나가게 하여 섬유 다발을 엉클어지게 만들어 곱슬을 형성하는 방식이다. 자세히 보면 표면에 고리 같은 Loop가

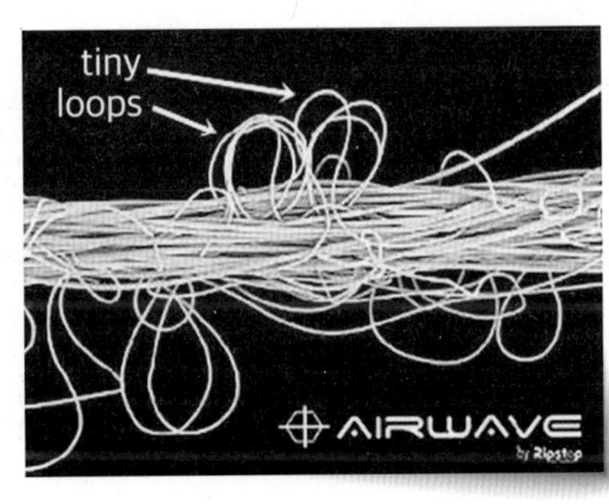

그림 102 _ ATY

보이는 것이 특징이다. 위사에 ATY를 사용한 원단을 타슬란Taslan이라고 한다. 목적은 천연섬유를 닮기 위한 것이지만 사실 전혀 면처럼 보이지는 않는다. 그렇다고 전형적인 나일론 원단으로 보이지도 않는다. 절반의 성공인 셈이다.

극단적인 곱슬실 ITY

아이들이 목욕탕이나 풀장 물에서 오래 놀다 보면 1시간쯤 뒤에는 손바닥이 쭈글쭈글해진다. 이는 피부의 표피와 진피의 수축률 차이 때문인데 표피는 그대로 있고 진피만 수축되기 때문이다. 만약 붙어있는 두 가죽 중 한쪽은 줄고 다른 쪽은 줄어들지 않은 채 그대로 있으면 어떻게 될까? 쭈글쭈글한 손바닥처럼 될 것이다.

ITY는 이와 같은 방법으로 곱슬을 극대화시킨 실이다. 수축률이 다른 두 가지 섬유를 한 가닥으로 합친 다음, 일정한 간격으로 압축 망치를 사용하여 묶어주면Interlacing 된다. 물속에 넣으면 수축이 안 되는 쪽은 늘어난 것처럼 되어 부풀게 된다.

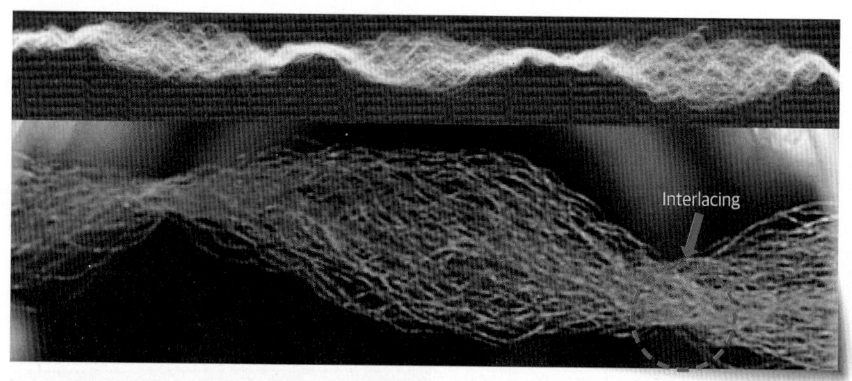

그림 103 _ ITY

Chapter 3

Fiber to Yarn

방적

방적 Spinning

수확한 벼를 탈곡하고 남은 줄기를 말리면 짚이 된다. 짚은 그 자체로는 약하고 굵기도 일정하지 않지만 여러 가닥을 합쳐서 꼬면 더 강해지고 더 굵어진다. 이렇게 만든 밧줄처럼 생긴 짚다발을 새끼라고 한다. 새끼들을 연결해서 평면상으로 직조하면 쌀을 담는 가마니가 된다. 쌀과 가마니는 둘 다 100% 벼로 만들어진다.

-섬유지식-

방적이란 무엇인가?

길이가 충분하게 긴 섬유는 단순히 섬유 가닥을 겹치기만 해도 실이 된다. 몇 가닥을 겹치느냐에 따라 굵기가 결정될 것이다. 하지만 길이가 짧은 단섬유가 자신보다 길이가 훨씬 더 긴 실이 되기 위해서는 다른 섬유들과 함께 꼬여서 마찰을 유지해야 가능하다. 대표적인 단섬유가 면이다. 면과 같은 단섬유를 모아 원하는 길이와 굵기를 만들기 위한 공정이 방적이고 그 결과물은 실이다. 최종적으로 원단을 만들기 위해 제작된 중간제품인 실은 '원료가 되는 실'이라는 의미로 원사(原絲)라고 한다. 여기서는 가장 보편적인 면의 방적을 알아 볼 것이다.

솜 → 담요 → 밧줄 → 우동 → 국수

방적은 소재와 상관없이 솜에서 출발한다. 폴리에스터를 방적해도 마찬가지이다. 단섬유의 최초 형태는 솜이기 때문이다. 방적 공정은 3차원 형태인 솜을 1차원인 실로 만드는 것이다. 물론 쉽게 끊어지지 않도록 원하는 강력을 갖춰야 한다. 실로 원단을 짜는 제직은 상당한 장력을 요구하기 때문이다. 그런 목적을 위해 방적은 두 가지 단순한 공정으로 이루어져 있다. 빗질과 꼬임이 그것이다. 빗질을 하는 이유는 헝클어진 단섬유들을 한 방향이 되도록 하기 위해서이다. 이를 배향Orientation 이라고 한다. 이 공정은 빗으로 개의 털을 빗질하는 것과 같다.

배향의 목적은 강력을 최대화하고 실의 굵기를 고르게Even 하기 위해서이다. 솜을 연속적으로 빗질하는 기계적인 공정은 솜 → 담요 → 밧줄 → 우동 → 국수의 순서로 형태가 변할 때까지 계속된다. 솜뭉치가 실처럼 1차원 형태인 밧줄 모양이 되면 비로소 꼬임을 시작할 수 있다.

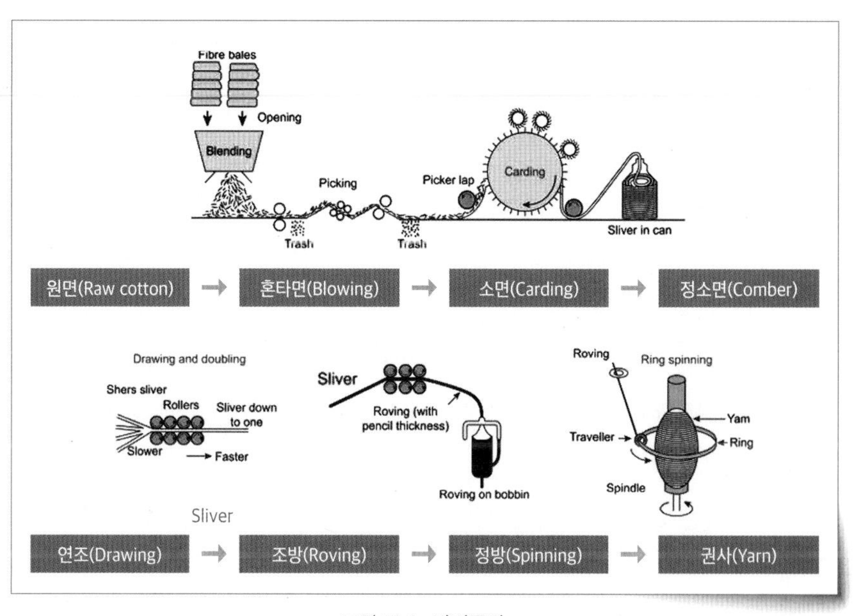

그림 104 _ 방적공정

<그림 104>에서 소면과 정소면 작업이 담요 모양에서 진행된다. 이 담요 형태의 솜을 Lap이라고 한다. 연조에서 최초로 실의 모양을 한 밧줄 형태의 솜이 되고 이를 슬라이버 Sliver라고 한다. Sliver는 조방에서 그보다 더 가늘어진 우동 모양의 로빙 Roving이되고 정방공정에서 최종적으로 실이 된다.

카드사 코마사 Carded cotton Combed cotton yarn

빗질은 계속하면 품질과 강력이 비례하여 높아지지만 생산속도를 감안하여 적당한 선에서 다음 공정으로 진행한다. 생산량 감소를 무릅쓰고 빗질 공정을 한 번 더 추가 하면 더 높은 품질의 면사가 얻어진다.

처음의 기본 빗질을 카딩 Carding, 두번째 추가되는 빗질을 코밍 Combing 이라고 한다. 기본 빗질만 마친 면사를 카드사 Caeded yarn 그리고 빗질 공정이 추가되어 품질이 높아진 면사를 코마사 Combed yarn라고 한다. 우리말로는 소면, 정소면이다.

코마사가 비싼 실이다

그런데 카드사와 코마사는 면사의 굵기와 직접적인 상관관계가 있다.

굵은 실을 '태번수'라고 하는데 태번수는 대부분 카드사이다. 태번수는 코마사로 뽑아봐야 품질에 큰 차이가 없고 비용만 늘어나기 때문이다. 굵은 실인데 품질을 높이고 싶다면 그보다 두 배 더 가는 코마사를 찾아 합사하는 게 더 낫다. 물론 비용은 훨씬 더 높다. 대략 20수를 기준으로 그보다 더 굵은 면사는 대부분 카드사라고 생각하면 된다.

그리고 가는 실을 의미하는 세번수는 대부분 코마사이다. 즉, 40수 이상은 대부분 코마사이다. 물론 예외적으로 16수 코마사도 있고 40수 카드사도 있다. 굵은 실로 만든 원단은 대개 저렴한 옷을 만들게 되므로 품질이 낮

그림 105 _ 카드사 코마사

고, 가는 실로 만든 원단 일수록 더 밀도가 높고 고가 의류에 사용되므로 더욱 높은 품질이 요구된다.

제대로 만든 면사와 공정을 생략하고 만든 면사

품질이 약간 떨어지더라도 더 빠른 생산을 위해 아예 일부 방적공정을 생략하는 경우도 있다. 물론 태번수인 경우이다. OE Open End 사는 조방과 정방을 거치지 않고 Sliver가 바로 실이 된다. 'Rotor yarn'이라고도 한다. OE사와 반대되는 개념으로 모든 단계의 공정을 거친 면사를 'Ring Spun'사라고 부른다. 20수보다 더 굵은 면사는 대부분 OE사라고 생각하면 된다. 결론적으

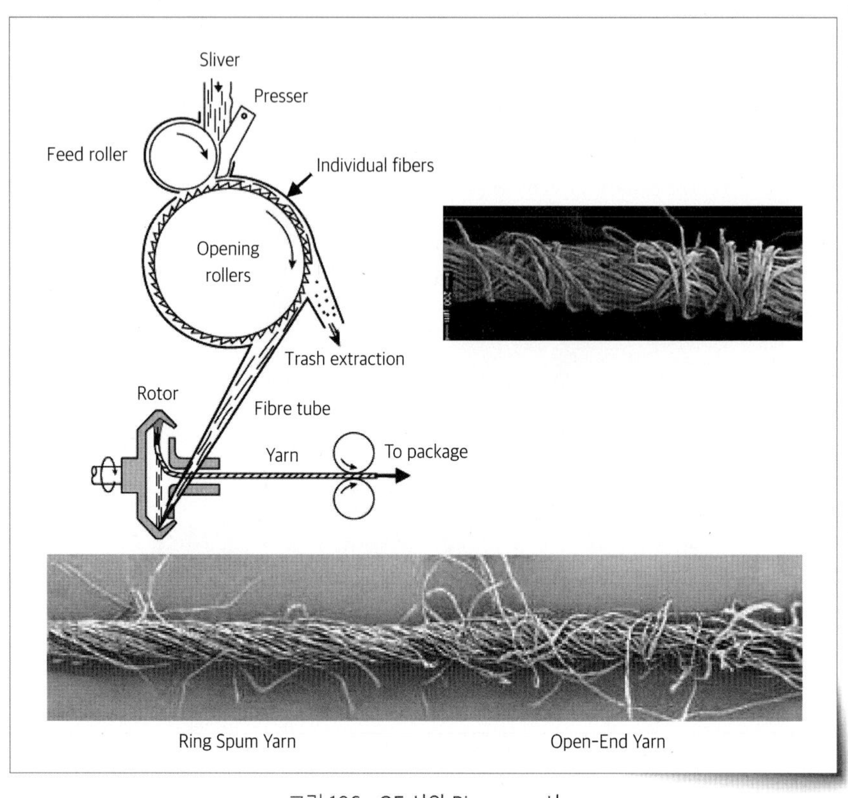

그림 106 _ OE 사와 Ring spun 사

로 OE사는 카드사이다. 청바지를 만드는 데님Denim은 모두 10수나 7수인 OE 사로 만든 원단이다. 한가지 유의할 것은 Premium jean이라고 해서 더 좋은 품질의 면사로 만든 Denim을 사용했다는 의미가 아니라는 사실이다. 만약 Denim을 그렇게 만들면 Denim 고유의 정체성을 상실한다.

일본에서 개발한 MVS사

OE사가 좀 더 발전된 방식이 일본에서 개발한 'Murata Vortex Spinning' MVS사이다. MVS사는 OE사보다 생산 속도가 더 빠를 뿐만 아니라 품질이

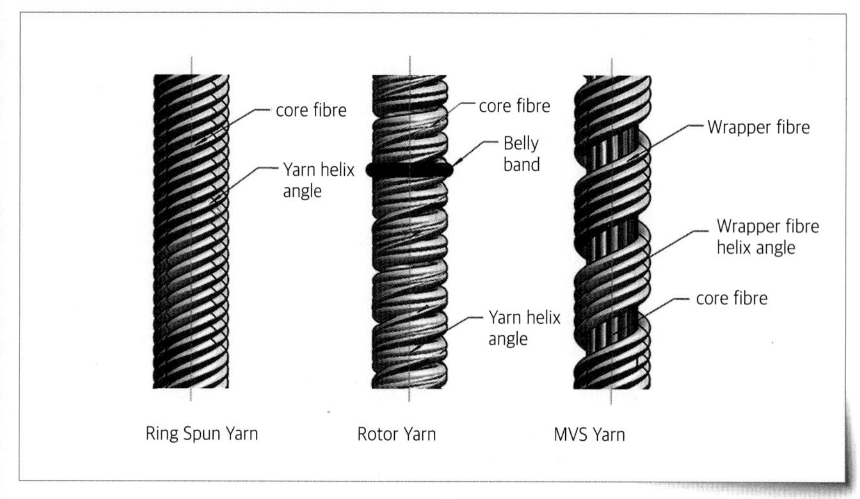

그림 107 _ OE 사와 Ring spun 사

더 좋다고 평가 받는다. 막대한 설비투자가 필요하므로 면방적보다는 부가 가치가 높은 레이온 모달Rayon Modal사를 방적할 때 주로 사용한다. 우리나라에는 '삼일방적'이 MVS 설비를 보유하고 있다.

화섬도 방적사가 있다 왜?

섬유의 길이를 얼마든지 조절할 수 있는 화섬은 방적이 필요 없지만 장섬유인 필라멘트를 일부러 짧은 섬유로 잘라서 솜을 만든 상태로 방적을 하기도 한다. 이유는 천연섬유처럼 보이는 원단을 제조하기 위해서이며 실제로 가장 극명한 결과로 나타난다.

3대 화섬 중 하나인 아크릴은 탄생 자체가 Wool을 닮은 화섬사이므로 필라멘트사를 제조하지 않고 대부분 방적사로 만들어 Wool과 혼방하거나 그 자체로 방적하여 스웨터나 니트로 사용된다.

폴리에스터로 만든 방적사는 면처럼 보이는 Cotton Like 원단을 만들기 위해 제작된다. 결과물은 극상품 면직물 처럼 보이고 Drape성까지 있어 사용 초기에는 대단히 만족스럽지만 기간이 경과함에 따라 생활마찰에 의한 Pilling이 쉽게 발생하여 결국은 빠르게 제품가치를 상실하게 된다. 그런 이유로 지금은 찾아보기 힘든 원단이 되었지만 한때 대유행 하기도 했다. 나일론 방적사는 아주 없지는 않지만 수요가 없어서 희귀하다.

블렌딩Blending의 축복 - 혼방

면사는 주로 Polyester와 혼방하는데 Sliver 상태일 때 Polyester 솜과 혼용률에 맞춰 섞는다. 대개는 Polyester/cotton의 비율이 65/35% 이고 50/50 또는 면이 더 많은 40/60도 있다. 이런 실을 CVCChief Value Cotton 라고 한다. 물론 65/35는 CVS(Chief Value Synthetic) 라고 할 수 있지만 이런 용어는 거의 사용되지 않는다. 면을 혼방하는 이유는 강력을 보강하거나 가격을 낮추기 위해서이다.

군복이나 유니폼처럼 사용빈도가 높아 내구력을 요구하는 의류 소재는 반드시 Polyester가 섞인 면소재를 사용해야 한다. 100% 합섬 소재는 T/C보다 더 강하지만 흡습이 나빠 강도높은 훈련을 받는 땀을 자주 흘리는 군인들에게는 적합하지 않다.

Linen은 너무 비싼 가격 때문에 면과 혼방하고 Ramie는 hand feel을 개선하기 위해 면과 혼방한다. 3가지 소재를 혼방하는 경우도 있는데 APW 즉, Acrylic/Polyester/Wool이 그런 경우이다.

콘Cone과 치즈Cheese - 완성

면사는 원통형의 지관에 사다리꼴 모양으로 감는데 이를 모양 그대로 콘Cone이라고 한다. 단, 끝이 뾰족하지 않은 콘이다. 이 상태로 제직이나 편직 공정에 투입된다.

다만 실 상태에서 염색하는 사염용 실은 염액이 잘 통과할 수 있도록 철사로 만든 튜브에 느슨하게 다시 감는다.Rewinding 이를 Soft Winding 이라고 하고 이런 사염을 치즈처럼 생겼다고 하여 Cheese dyeing 이라고 한다. 또 나온다.

그림 108 _ 면사의 콘(cone)

Chapter 4

Yarn to Fabric

원단

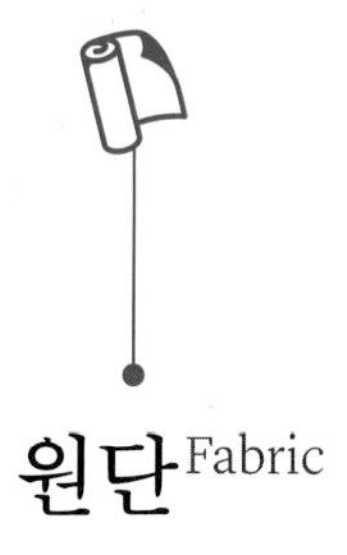

원단Fabric

미래의 원단은 우븐도 니트도 아닌 부직포가 될 것이다. 소재가 섬유로 또 섬유가 실이 되고 실을 조립하여 원단을 만드는 복잡한 과정에 비해 섬유도 아닌 소재(고분자)가 바로 원단으로 만들어지기 때문이다. 자연이 바로 그런 방식으로 원단을 만들고 있다. 동물의 피부인 가죽도 부직포이다.

-섬유지식-

그림 109 _ 부직포 원단 Tyvek

원단이란 무엇인가?

원단의 정의는 '유효한 기계적 강력을 위해 상대적으로 충분한 두께와 결합력으로 제조된 상당한 표면적을 형성하고 있는 섬유나 실의 조립

체'(Anonymous, 2002)라고 할 수 있다. 조립 방법에 따라 원단은 다음과 같이 일차적으로 분류할 수 있다.

- 직물(Woven) : 제직(Weaving)
- 편물(Knit) : 편직(Knitting)
- 부직포(Nonwoven) : Melt Blowing

원단은 조립 방법이나 구조에 의해서 질감, 모양, 드레이프성, 촉감, 함기율 또는 강력이나 내구성을 포함하는 기능성에 관련된 다양한 성질을 갖게 할 수 있다. 뿐만 아니라 다양한 원사의 조합만으로도 광범위한 종류의 원단을 제조할 수 있다. 물론 후가공을 추가하면 기능은 물론 다양한 감성 원단을 제조할 수 있다. 직물과 편물은 "수천가지 다양한 피스로 만든 2차원 레고 조립품"이라고 할 수 있으며 부직포는 "단 한 종류의 피스만으로 만든 2차원 평면의 레고 조립품이다" 라고 할 수 있다. Fabric을 만들기 위해 사용되는 원료가 실이다. 이처럼 원단을 만들기 위한 재료가 되는 실을 원사라고 한다. 마찬가지로 의류를 만들기 위해 사용하는 재료가 원단이다. 이것을 봉제공장인 벤더에서는 원자재라고 한다. 직물과 원단을 혼동하여 사용하는 경우가 많다. 원단은 직물과 편물, 부직포를 포함하는 광의개념이며 직물은 제직을 통하여 제조된 우븐 원단만을 의미한다.

1차원 선형을 2차원 평면으로

1차원 형태인 실이 완성되었으면 이를 이용해 2차원 평면인 원단을 만들어야 한다. 실로 원단을 만드는 방법은 2가지이지만 섬유에서 실을 거치지 않고 바로 원단이 되는 부직포까지 포함하면 원단의 형태는 모두 3가지라고 할 수 있다. 그중 제직이 가장 먼저 출현한 단순한 방식의 원단 제조법이다. 이후 기술이 발달하여 매듭과 고리를 이용한 복잡한 형태의 신축성 있는 원단을 만들 수 있게 되었다. 이를 편직이라고 한다. 원단은 제직이나 편직 후, 착색을 위해 별도의 염색 공정이 필요하다. 추가로 가공이 필요하다면 염색 이후 또는 염색 중간에 공정을 추가한다. 염색 전에 하는 가공은 전처리라고 하며 이는 대개 염색물의 품질을 높이거나 염색이 잘 진행되도록 하기 위한 사전작업이다. 염색 전의 원단을 일본어에서 유래한 '생지(生地)'라고 한다.

그림 110 _ Melt Blown 방식의 Non-woven 제조와 솜사탕

세상에서 가장 간단한 원단 제조

대량의 단섬유들이 무질서하게 엉키면 3차원 형태가 되는데 이를 솜이라고 한다. 솜을 평면상으로 펴서 종이처럼 납작하게 만들면 부직포가 된다. 솜사탕은 설탕으로 만든 섬유인데 만약 솜사탕을 종이처럼 납작하게 누르면 설탕 부직포가 되는 것이다. 가장 단순한 알고리즘 통해 만든 원단이므로 부직포는 자연에서 많이 발견되는데 대표적인 것이 가죽이다. 물론 인간의 피부도 콜라겐이라는 단백질 섬유들이 엉켜 만들어진 일종의 부직포이다. 눈에도 보이지 않을 정도로 가는 섬유상이지만 이것들이 대량으로 겹쳐져 일정 두께를 형성하면 방수가 될 정도로 치밀해진다. 이 같은 구조의 원단은 방수는 되면서 통풍이 가능한 투습방수 기능을 가질 수 있게 된다. 섬유들이 적층하여 방수가 될 수 있는 구조는 섬유의 굵기와 관계 있다. 섬유들이 가늘수록 더 치밀해져 더욱 얇은 방수 원단이 될 수 있다. 머리카락보다 수천

배나 더 가는 섬유로 된 나노멤브레인Nano Membrane은 얇은 필름 형태로 방수가 되지만 만약 사람 머리카락 정도의 굵기로 방수 원단을 만들려면 원단 두께가 30cm는 되어야 한다. 부직포는 섬유에서 원사로 다시 원사를 원단으로 만드는 과정이 모두 생략되므로 가장 단순하고 효율적인 원단 제조이다. 하지만 원하는 두께나 기능을 얻기 위한 부직포는 상당한 기술을 필요로 한다. 따라서 현재의 부직포는 심지Interlining같은 부자재로만 사용되고 있다. 부직포를 패션 의류의 Outshell로 사용한 최초의 원단은 DuPont의 Tyvek이다. 고밀도 폴리에틸렌(HDPE)으로 만든 타이벡은 투습방수가 되는 제법 질긴 원단이나 염색이 되지 않아 모두 흰색이며 현재는 건축의 포장재로 주로 사용되고 있다. 최근, 라미네이팅 기술이 발달하여 원하는 색을 입힐 수 있게 되면서 미래 원단으로 주목받고 있다.

최초의 원단제조 알고리즘

제직은 가장 원시적인 알고리즘이 적용된 원단으로 기계를 이용하여 원단을 만든 최초 형태이다. 바구니 짜는 것을 상상해보면 된다. 최소한 경사와 위사, 두 종류의 실이 필요하다. 경사와 위사는 지구의 좌표를 말할 때 나오는 경도, 위도와 마찬가지이다. 여기서 최소한이란 경사나 위사가 각각 두 가지일 경우도 있다는 말이다. 기본 단위인 실(원사)의 굵기와 그것들이 사용된 개수에 따라 두께나 무게가 결정된다. 같은 중량의 원단인데 가는 원사를 사용한 것은 굵은 원사를 사용한 것보다 더 많은 수의 원사가 투입되어야 한다. 따라서 가는 원사를 사용한 원단의 단가가 더 높다. 원단은 중량에 따라 대개 가격이 비례하지만 사용된 원사의 굵기에 따라 더 가벼운 원단이 비쌀 때도 있다. 왜냐하면 가는 원사를 만들려면 더 좋은 원료를 사용해야 하고 방적 단가도 비싸기 때문이다. 실제로 굵은 원사보다 가는 실의 무게당 가격이 훨씬 높다. 면의 경우 50수 이상 가는 실은 상급품 원료를 투입해야 하기 때문에 원가가 급격히 상승한다. 제직 방법은 다양하지만 3가지 기본 형태가 있다. 경사와 위사가 한 개씩 교차하는 가장 단순한 평직과 위사가 경사 2개나 3개를 교차하는 능직 그리고 위사가 4개의 경사를 교차하는 Satin이 그것이다. 주자직이라는 멋진 이름이 있지만 대개는 Satin이라는 이름으로만 통용된다. 이들을 삼원직이라고 한다. 그 외에도 무늬나 패턴을 형성할 수 있는 복잡한 제직도 있는데 도비Dobby나 자카드Jacquard라고 한다.

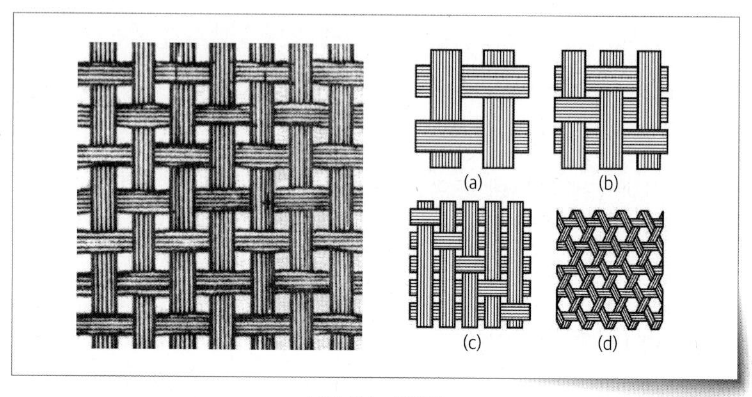

그림 111 _ 삼원직

제직의 3대 조직

평직은 가장 단순한 구조이며 가장 튼튼한 조직이다. 다른 조직에 비해 최대 한계밀도가 낮다. 밀폐감이 좋아 Down proof나 면직물 방수 원단은 반드시 평직을 사용한다. 하지만 최대 밀도의 한계 때문에 굵은 실을 사용하지 않고 밀도만을 추가하여 두꺼운Heavy 원단을 제조하기 어렵다는 문제가 있다. 그리고 평직은 경사와 위사가 만나는 교차점이 가장 많아 미끄러지지 않고 마찰에 강해 내구성이 높다.

능직은 표면에 능선의 골이 나타나는 특징이 있으며 최대 한계밀도가 높아 좀 더 중량감이 있는 원단을 만들 수 있고 앞뒷면이 다르다는 특징이 있다. 사선의 능이 보이는 표면에 주로 경사가 나타나고 뒷면은 위사가 주로 나타나므로 선염이나 교직으로 앞뒤 컬러가 다른 직물을 제조할 수도 있다. 평직에 비해 마찰에 약하다. Denim은 대표적인 능직물Twill 직물인데 경사만 염색하고 위사는 염색하지 않은 로우 화이트Raw White 원사를 사용하여 표면은 푸른색이지만 뒷면은 연한 푸른색으로 나타난다.

주자직은 주로 새틴Satin이라고 부르며 광택이 있다는 것이 특징이다. 어떤 소재이든 Satin으로 제직하면 광택이 두드러진다. 또 Satin은 앞 뒷면이 극단적으로 다르게 보인다. 표면은 거의 경사만, 뒷면은 거의 위사만 보이기 때문이다. 3원직 중 가장 두꺼운 원단을 짤 수 있으나 4개의 경사와 한 개의 위사가 교차하기 때문에 즉, 교차점이 적어 마찰에 취약하여 조직 자체의 내구성은 약하다. 이런 물성을 반대로 이용하여 적극적으로 털을 일으키는 기모 가공을 적용하기에는 유리한 점이 있다. 표면에 털이 있는 직물인 몰스킨Moleskin이나 스웨이드Suede는 모두 Satin을 베이스로 한다.

신축성 있는 원단 제조법을 위한 고도의 알고리즘

바늘로 매듭과 고리를 이어 원단을 엮어 나가는 방식을 편직Knitting이라고 한다. 복잡한 알고리즘이 필요하지만 제직처럼 경사와 위사가 나누어져 있지 않고 기계없이 소규모로도 생산이 가능한 것은 물론, 양말이나 스웨터처럼 원사가 바로 제품이 되어 나오는 경우도 있다. 직물과 비교하여 편물이라고 한다. 직물과 달리 신축성이 있고 부드러우며 느슨하고 공기를 많이 포함하여 푹신하다. 반면 형태 안정성이 떨어지고 늘어남, 마찰 등 내구성이 좋지 않고 방수도 불가능하여 Outerwear로 사용하기 어렵다. 종류에는 경편과 위편이 있다. 환편기(다이마루)는 위편을 위한 편직기계이며 경편은 기계가 커서 규모있는 시설과 공장이 필요하다.

편직 Knitting

우븐Woven 원단은 각각 경사나 위사 방향으로 나열된 직선의 실로 구성되어 있다. 반면, 니트 원단은 어느 방향으로도 직선으로 뻗어 나간 실이 없고 모든 실이 곡선을 이루어 구성되어 있으므로 당기면 어떤 방향으로도 늘어날 수 있다.

-섬유지식-

메리야스라는 말의 어원은 에스파냐어 메디아스medias 또는 포르투갈어인 메이아스meias에서 유래되었는데, 이는 영어에서 양말이라는 뜻의 호스hose 또는 호저리hosiery에 해당된다. 니트knit는 고대영어 니탄cnyttan에서 비롯되었다고 한다. 이 용어는 1492년, 영국 역사가에 의해서 처음 'bones knitting together' 또는 'the close family circle'이란 뜻으로 기록되었다. 메리야스의 발생기원은 확실하지 않다.

3세기의 것으로 추정되는 유프라테스 강변에서 발견된 황갈색 모편물(毛編物) 조각, 4세기의 것으로 추정되는 역시 아라비아에서 발견된 적색 수편 샌들 양말(런던 빅토리아 앨버트 미술관 소장)이 가장 오래 된 유품이다. 이로 미루어 보아 수편의 역사가 적어도 BC 1000년경으로 거슬러 올라간다고 보아도 무방할 것이다. 이집트의 안티노(Anti-Noe)에서 발견된 2개의 어린이용 양말(레스터시 박물관 소장)은 5세

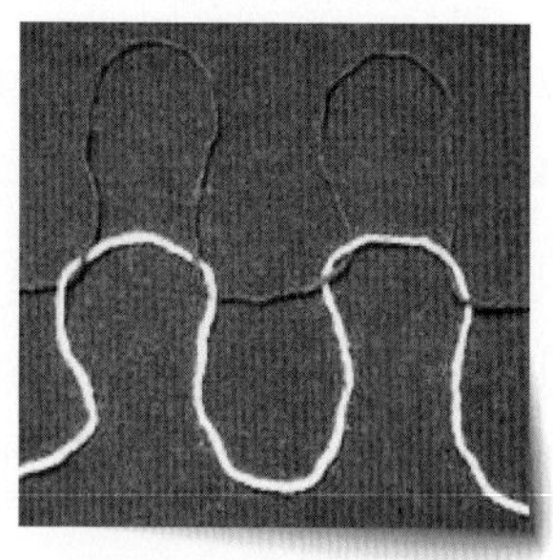

그림 112 _ 니트 알고리즘

기경의 것이며, 아라비아 지방의 푸스타트(Fustat)에서는 700~900년경 견(絹) 편물을 떴는데 당시 사용된 바늘 끝은 훅 모양으로 생겼다고 한다.

[네이버 지식백과] 메리야스 [knit] (두산백과)

고도의 원단 제조 기술 - 편직

편직은 제직에 비해 훨씬 더 다양한 방법으로 원단을 만드는 기술이다. 니트 조직은 톱니바퀴처럼 딱 들어맞는 고리들로 형성된다. 곡선의 탄력있는 고리들끼리 연결되어 있으므로 신축성이 있다. 고리를 만드는 방법은 매듭과 더불어 수많은 종류가 있지만 그 중 패션 의류에 사용되는 것들은 바늘을 이용한 위편이 많다. 지금은 경편과 위편 두 가지가 사용된다.

실 한 가닥으로 어떻게 원단을 만들 수 있을까?

니트는 경사와 위사가 없다. 단 한가지 실로 원단을 만든다. 따라서 경사와 위사 대신 조직 방향에 따라 경사방향(Vertical)으로 놓인 원사를 Wale, 그리고 위사 방향(Horizontal)은 Course로 부른다. 게이지[Gauge]는 우븐의 밀도 대신 사용하는 개념으로 편직기 인치 당 바늘이 꽂혀 있는 수이다. 따라서 높은 게이지는 고밀도 우븐과 비슷하다. High Gauge가 의미하는 것은 세번

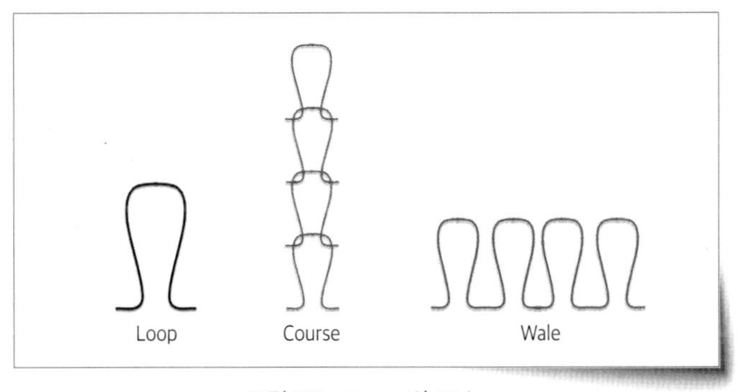

그림 113 _ Course와 Wale

수 원사이므로 Light한 원단이 만들어진다. 18, 14 Gauge가 대표적이다. 7-8 Gauge는 중간 정도이고 2-3 Gauge는 Heavy한 원단을 의미한다.

고리와 매듭의 연장과 확장

니트는 실로 만든 고리인 루프Loop를 연속적으로 연결하여 1차원인 실을 2차원 평면으로 만드는 기술이다. 우븐이 단순히 경사와 위사 두 실을 교차하여 2차원 평면을 만드는 것에 비해 더 수준 높은 기술이다.

실로 만든 고리인 루프는 그 자체로 신축성이 있는 곡선 구조인 데다 니트를 구성하는 모든 루프는 단절없이 서로 연결되어 있으므로 니트 원단을 잡아당기면 신축성이 나타난다. 니트는 단 한가지 실로 형성되므로 우븐처럼 위사, 경사가 없지만 방향에 따라 경사 쪽을 'Wale' 위사 쪽을 'Course'라고 부른다. 각각 우리말로는 '코'와 '단'이다.

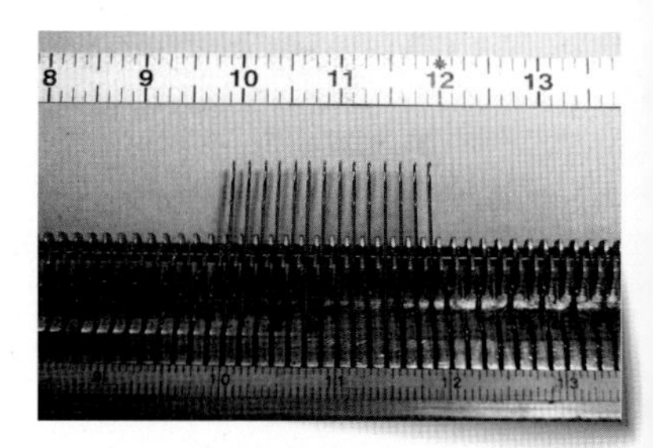

그림 114 _ 게이지

바늘의 과학

Knitting은 바늘 자체가 고도의 첨단 기구이다. 루프를 만드는 도구이며 각각의 루프는 그에 대응하는 각각의 바늘로 만들어진다. 단 한 올의 실이 수많은 바늘에 공급되는데 하나의 바늘이 하나의 루프를 형성하는 구조이다. 1인치 안에 들어가는 바늘의 숫자를 게이지Gauge라고 하는데 우븐 원단의 밀도와 대응한다. 1인치 안에 들어가는 루프 숫자는 WPI, CPI로 표시하는데 각각 방향에 따라 Wale과 Course의 숫자를 말한다. 방향에 따라 루프를 세로방향으로 형성하는 것을 경편 그리고 가로 방향으로 형성하는 것을 위편이라고 한다.

위편 Weft Knit

가장 광범위하게 사용되는 니팅이다. 한개의 연속되는 실을 공급하는 방식으로 고리를 연결하여 왼쪽 가장자리Selvedge에서 시작하여 오른쪽 셀비지Selvedge를 향하여 짜들어 간다. 위편물은 신축성Flexible이 좋고 양방향으로 Stretch성이 있다. 탄성회복Recovery은 아주 우수하다. 성형성Formability이 가장 좋고 Drape성이 생기며 함기율이 높아 보온성이 좋은 동시에 주름도 잘 생기지 않는다. 하지만 형태안정성이 나쁘고 Pilling이 생기기 쉬우며 올 풀림Ladder이 잘 발생된다. 대개 니트의 단점이라고 하는 것들이 위편직의 단점이다. 위편물은 가장 흔한 조직의 니트이며 환편기나 위편기에 의해 편직 된다. 앞 뒷면이 다르게 보이는 것이 특징이다. 메리야스, 양말, 스웨터 등 용도에 적합하며 Jersey, Interlock, Pile/Terry, Rib 등의 조직이 있다. 하나의 원사가 아닌 여러 개의 원사로 인접한 수직 기둥들과 고리를 맞물리는 방식으로 만들어지는 경편과 비교된다.

경편 Warp Knit

직물처럼 준비된 경사를 바늘로 동시에 지그재그 형태로 고리를 만들면서 짜는 방법이다. 따라서 올 풀림이 잘 발생하지 않는 구조가 된다. 수많은 실을 일시에 바늘에 공급해야 하므로 직물과 같이 경사를 준비하는 *정경과정이 있다. 따라서 경편은 공장 규모가 큰 대기업 형 제조가 된다. 씨실 고리의 형성이 세로 방향으로 연속된다는 점이 위편과 다르다. 이 조직은 올이 잘 풀리지 않고 신축성이 한쪽으로만 나타난다. 경편은 형태 안정성이 뛰어난

대신 Drape성이 없다. 레이스나 그물 또는 메시mesh 등을 만들 때 사용된다. 트리코Tricot가 가장 흔하고 랏셀Rachel과 밀라네즈Milanese가 있다.

그림 115 _ 경편 warp knit

트리코 Tricot

가장 많이 사용되는 경편이며 표면에 수직 방향 줄이 나타나고 이면에는 수평 방향 줄이 나타난다. 고리가 지그재그로 꼬이면서 편성되므로 잘 풀어지지 않고 섬세하고 치밀한 짜임의 편물이 된다. 구김이 적고 부드러운 느낌을 주기 때문에 란제리나 블라우스에 사용된다.

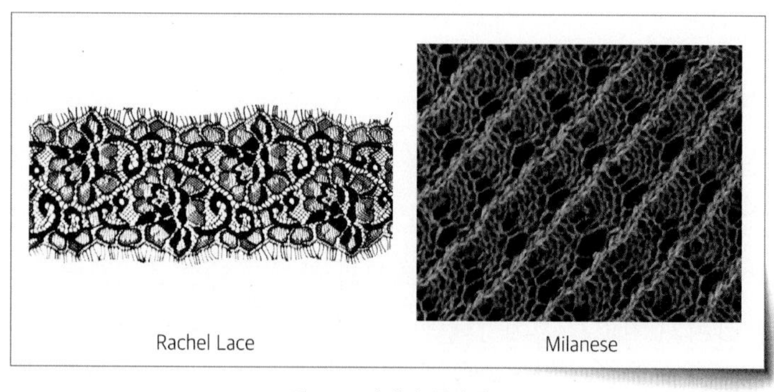

그림 116 _ 랏셀과 밀라네즈

랏셀 Rachel

주로 레이스나 망, 커튼지에서 무거운 카페트까지도 만들 수 있다. 직물과 비슷한 문양과 안정성을 갖는 랏셀지를 편성할 수도 있다. 파운데이션이나 수영복 용의 파워네트 머리망이나 어망지 등 다양한 두께의 레이스 등도 포함된다.

밀라네즈 Milanese

두 경사가 나누어져 대각선으로 움직이며 편직 된다. 표면에 가는 골이 나타나고 이면에는 사선 모양의 무늬가 나타나는 것이 특징이다. 밀라네즈는 가볍고 신축성이 좋으며 표면이 아름다워 고급 드레스 원단에 많이 사용된다.

제직 weaving

연싸움에 사용하는 실은 대단히 위험하다. 일반 실에도 맨 살이 쓸리면 손이 베일 때가 있다. 연싸움용 실은 명주나 나일론실에 풀을 먹여 사용한다. 이때 돌가루나 사금파리를 풀에 섞으면 무시무시한 위력을 가진 실이 된다. 돌가루가 섞인 풀 먹인 실은 믿을 수 없을 정도로 단단하고 강해져, 팽팽히 당긴 상태에서는 칼이나 톱과 다름없다. 연싸움용 실에 쓸리면 대못도 토막 낼 정도이며, 지나가는 자동차의 안테나를 자를 정도로 위력적이다. 약한 면사라도 풀을 먹이면 몇배나 더 질겨진다.

-카이트 아카데미-

단순하고 원시적인 알고리즘 - 제직

제직은 경사와 위사, 두 종류의 실을 직각으로 교차하여 원단을 만드는 단순하고 쉬운 작업이다. 실은 가늘고 긴 1차원 형태지만 가로방향과 세로방향으로 각각을 교차하고 연속해서 나란히 배치하면 2차원 평면을 만들 수 있다. 굵은 실보다 가는 실이 같은 넓이의 원단을 만들 때 더 많은 수의 실이 필요할 것이다. 이것을 원단의 밀도라고 하고 1인치 안에 들어가는 실의 개수로 표시한다. 따라서 직물은 각각 경사밀도와 위사밀도가 있다. 제직을 완성하는 알고리즘은 터무니없이 간단하다. 곤충도 할 수 있을 정도이다. 실을 가로세로로 교차하여 엮어나가는 단순한 과정이며 니트처럼 실들이 각각 연결되어 매듭짓지 않고 교차하여 지나갈 뿐이다. 매듭이나 고리가 전혀 없지만 직물의 조직이 무너지지 않도록 하는 접착제는 원사끼리 서로 누르는 압력이다. 아치구조를 지탱하는 다빈치 다리Davinci Bridge와 마찬가지이다. 거미의 거미줄Web은 그런 조직이 아니므로 접착제가 필요하다. 경사는 한 올의 길이가 수백 야드로 이어지지만 위사는 원단의 폭인 63인치 안에서 왕복운동 한다. 단지 가로와 세로로 교차하는 방법에 따라 여러 조직이 나올 수 있지만 대부분의 직물은 3가지 중 하나에 속한다.

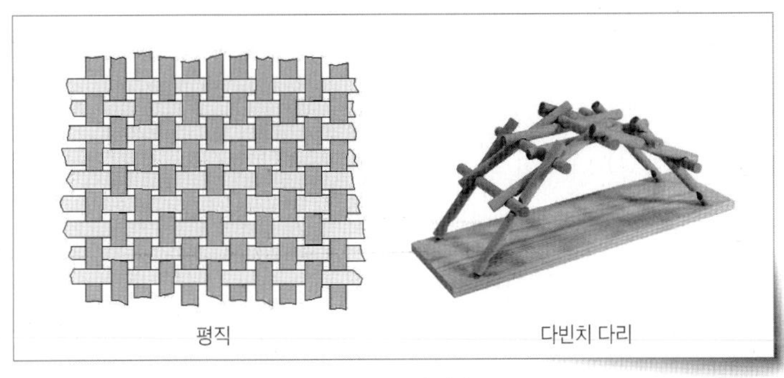

그림 117 _ 직물을 지탱하는 구조

제직 시설은 대규모이다

제직은 편직에 비해 훨씬 더 단순한 메커니즘이지만 시설은 대규모가 필요하다. 편직은 원사를 콘째로 기계에 투입하면 바로 원단이 나오거나 양말처럼 아예 제품이 나오는 경우도 있다. 하지만 제직은 직기에 원사를 올려놓기 전에 복잡한 준비가 필요하다. 이 준비는 전자동이 아니고 비연속적이기 때문에 큰 규모의 시설이 필요하고 그에 따른 인력도 보강되어야 한다. 제직 준비는 모두 경사를 준비하는 과정이다. 경사 한 올마다 배구공 크기의 콘이 한 개씩 필요하다. 경사밀도가 100이면 100개의 콘이 필요하다는 뜻이다. 그런데 직물의 밀도는 1인치당 이므로 만약 60인치 원단이라면 6,000개의 경사를 의미한다. 밀도가 200을 넘는 원단도 적지 않으니 12,000개일 때도 있다. 즉, 12,000올의 경사가 하나의 빔에 감겨있어야 직기에 올라갈 수 있다. 반면에 위사는 단 한 개의 콘만 있으면 되고 계속 교체하면 된다.

제직 생산량을 결정하는 위사밀도

경사가 빔에 모두 감기면 직기에 올려놓고 제직이 시작된다. 실제로 제직이 완성되는 기계 동작은 위사가 이미 준비된 경사 사이로 지나고 교차하면서 왕복하는 실로 단순한 모션이다. 따라서 위사가 왕복 운동하는 속도가 생산량을 결정한다. 경사를 준비하는 과정은 큰 공사이지만 비용이나 시간은 경사 밀도와 큰 상관이 없다. 식사할 때 숟가락을 하나 더 얹는 정도이다. 따라서 제직 생산량은 위사의 왕복운동 속도와 제직하려는 원단의 위사밀도에 의해 결정된다. 직물 원단의 대부분이 경사보다 위사밀도가 더 작은 직접적인 이유이다. 즉, 직물 원단은 최소의 위사밀도로 감당할 수 있는 강도의 원단으로 설계된다.

경사 준비 : 정경 → 호부 → 통경

경사 빔에 실이 모두 감기려면 제직 하려는 원단 폭에 필요한 총경사수에 해당하는 실이 필요할 것이다. 폭이 60인치인 원단의 경사밀도가 100이라면 필요한 총 경사 수는 100x60=6,000개이다. 따라서 6,000개의 콘이 필요하지만 공장의 허용 공간과 효율을 위해 몇 개의 작은 빔에 나누어서 작업할 수 있다. 예를 들면, 10개의 작은 빔으로 나누면 600개면 되고 나중에 다시 한 개의 빔에 합치면 된다.

그림 118 _ 정경 Warping

경사가 끊어지면 재앙이다 - 호부 Sizing

빔이 작아야 이후 공정인 호부에서도 편하다. 호부는 경사에 풀을 먹이는 공정이다. 연을 날릴 때 연줄이 잘 끊어지지 않도록 풀을 먹이는 이유와 동일하다. 위사에 비해 경사는 큰 장력이 걸린다. 콘에서 나온 실이 빔에 감길 때도 그렇지만 직기 위에서도 경사는 늘어지지 않고 팽팽하게 당겨져 형태를 유지해야 한다. 그래야 경사가 빔에 일정하게 배열됨은 물론, 위사가 경사 사이를 통과할 때 걸리지 않고 무사히 왕복운동 할 수 있다. 만약 경사가

그림 119 _ 호부 Sizing

제직 중에 끊어지면 재앙이다. 위사는 끊어지면 다시 연결하면 되고 위사의 굵기만큼의 작은 문제지만 경사는 길이만큼의 문제가 된다.

경사준비의 Bottle neck - 통경

호부가 끝난 경사는 다시 하나의 커다란 빔으로 합쳐진 다음, 마지막으로 '통경'이라는 공정이 기다리고 있다.

제직에서 위사가 경사 사이를 안전하게 왕복운동 하려면 경사가 늘어지지 않고 형태를 유지해야 함은 물론, 수천 가닥에 달하는 각 경사 사이도 일정하게 유지되어야 한다. 이를 위해 모든 경사는 하나하나 빗살처럼 생긴 '바디Reed'라는 기구를 통과한다.

이때 '종광'이라는 바늘귀처럼 생긴 기구를 동시에 통과해야 하는데 종광은 각각의 경사를 들어올려 그 사이로 위사가 통과할 수 있도록 하여 직물의 조직을 형성할 수 있는 장치이다.

물론 경사 한 올마다 종광 한 개가 필요하다. 만개의 경사는 만개의 종광을 의미한다. 이 공정은 자동화가 어렵고 한 올이라도 실수하면 재앙이므로 지금도 수작업으로 진행하는 곳이 많다. 제직에서 시간과 인력이 가장 많이 필요한 부분이다. 경사 빔에 종광과 바디가 끼워지면 이제 직기에 올려도 된다.

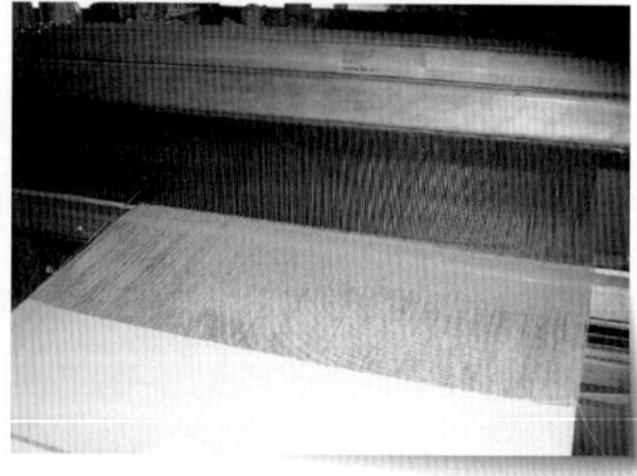

그림 120 _ 종광 Heald(좌)과 바디에 경사가 통과한 모습(우)

직기 Loom

경사가 직기에 올라오면 이제 준비가 끝난 것이다. 이후는 모두 자동 연속운동에 의해 제직이 완성된다. 경사 대 위사의 대응은 총경사수 대 1이다. 즉, 10,000개가 넘는 경사와 위사 1개가 교차하는 과정이다. 경사들은 가능한 일정한 간격으로 늘어서 있어야 한다. 만약 각 경사간 간격이 다르면 '경사줄'이라는 비 오는 현상이 나타나는 불량 원단이 된다. 이를 위해 바디Reed라는 빗살처럼 생긴 장치에 경사가 각 한 올씩 관통하여 늘어서 있다.

제직이 시작되면 경사들은 위사가 사이로 지나갈 수 있도록 길을 터줘야 하는데 이를 위해 경사를 위로 들어올려주는 도구를 종광이라고 한다. 종광이 몇 개의 경사를 들어주느냐에 따라 조직이 달라진다. 하나 걸러서 들어주면 1×1 평직이 된다. 2×1 부터 3×1, 4×1은 Twill이나 Satin이 된다. 마침내 위사의 왕복운동이 시작되고 위사가 직기의 양 끝을 왕복할 때마다 매번 위사 굵기만큼의 원단이 완성된다.

세상에서 가장 혹독한 노동에 시달리는 기계 부품 - 셔틀

위사의 왕복운동은 극단적으로 가혹한 동작이다. 60인치 정도되는 간격을 최고속도로 달려 완전히 정지한 다음, 다시 반대방향으로 최고속도로 달려야 하기 때문이다. 최고속도로 달려야 하는 이유는 위사의 속도가 직물의

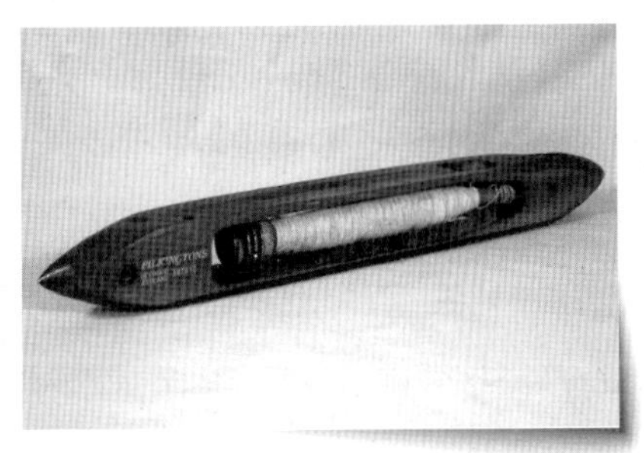

그림 121 _ Shuttle(좌)와 Rapier(우)

생산량과 직결하기 때문이다. 위사를 운반하는 장치로 처음에는 셔틀이라는 길고 끝이 뾰족한 나무로 만든 유선형 도구에 위사 실패를 담아 사용했다. 셔틀은 양쪽에 황동으로 된 뾰족한 충돌 부위를 갖고 있어서 직기 양쪽을 빠른 속도로 부딪히고 다시 돌아오는 동작을 반복하였다. 어떤 기계 부품이라도 셔틀만큼 혹독한 물리적 충격을 받는 것은 없을 것이다. 셔틀은 부서져 쓸 수 없을 때까지 매일 최고속도로 직기와 부딪히는 것이 임무이다.

생산량을 3배로 - 셔틀의 진화

수 백대의 직기가 있는 공장에서는 셔틀이 부딪히는 요란한 소리 때문에 비행기가 이륙하는 것과 같은 120데시벨 이상의 어마어마한 소음이 났다. 그러나 이런 형태는 곧 물리적인 한계에 도달한다. 셔틀은 아무리 빨라도 분당회전속도RPM가 200을 넘을 수 없기 때문이다. 이보다 더 빠르면 직기나 셔틀, 둘 중 하나가 부서질 것이다. 세상에서 가장 무식한 도구이다. 사실 위사는 양쪽 폭에 해당하는 길이의 실만 움직이면 된다. 굳이 위사 전체와 그것을 운반하는 운송수단Vehicle 까지 왕복할 필요는 없는 것이다. 결국 나무로 된 크고 무거운 셔틀은 전설 속으로 사라지고 칼처럼 생긴 날렵한 철제의 위사 왕복운동 기구가 발명되었는데 이를 래피어Rapier라고 한다. 래피어는 펜싱용 찌르기 칼의 한 종류이다. 래피어는 위사를 필요한 최소범위만 물고 왕복하기 때문에 훨씬 더 가볍고 민첩하고 소리도 작다. 배Vessel처럼 생긴 셔틀이 사라진 최초의 셔틀리스Shuttless 직기이다. 이후, 위사의 왕복운동은 래피어 마저 사라지고 총으로 위사를 반대편으로 쏴주는 원격 송출 방식으로 발전하였다. 위사를 싣는데 고압의 물을 사용하는 워터 제트Water jet를 거쳐 지금은 압축 공기를 사용하는 에어 제트Air jet로 발전하게 되었다. 오늘날 토요타 에어 제트Toyota Air jet의 RPM은 셔틀 직기의 3배가 넘는 600이나 된다. 단지 셔틀 하나의 현대화로 직물 생산량이 3배나 증가한 것이다.

직물의 조직은 경사가 만든다

제직의 다양성은 경사의 움직임으로 결정된다. 위사는 오로지 직선 왕복 운동만 반복하며 속도에만 관심있다. 직물의 조직을 형성하는데 관련된 실은 경사이다. 경사를 어떤 방식으로 들어올려 위사를 통과하게 하느냐에 따라 조직이 결정된다. 제직 생산량은 조직과 상관없이 단지 위사밀도에 의해 결정된다. 용도에 맞게 필요한 원단을 만들려면 적절한 조직이 필요하다. 치밀하고 얇은 고밀도 원단을 짜려면 평직이 좋고 두꺼운 원단을 짜려면 Twill이나 Satin으로 제직하는 것이 좋다. 따라서 셔츠는 주로 평직이고 바지는 주로 Twill로 결정된다. Satin은 단순히 두꺼운 원단을 만드는 용도와는 별개로 마찰에 약하고 광택이 크게 나타나므로 신중한 사전 판단이 필요하다. 경사와 위사가 만나는 접점이 많을수록 원단은 뻣뻣하지만 마찰에 강하므로 좋은 내구성을 지닌다. 필요한 조직을 만들기 위해 하나하나의 경사를 들어 올리는 도구는 종광[Heald]이다.

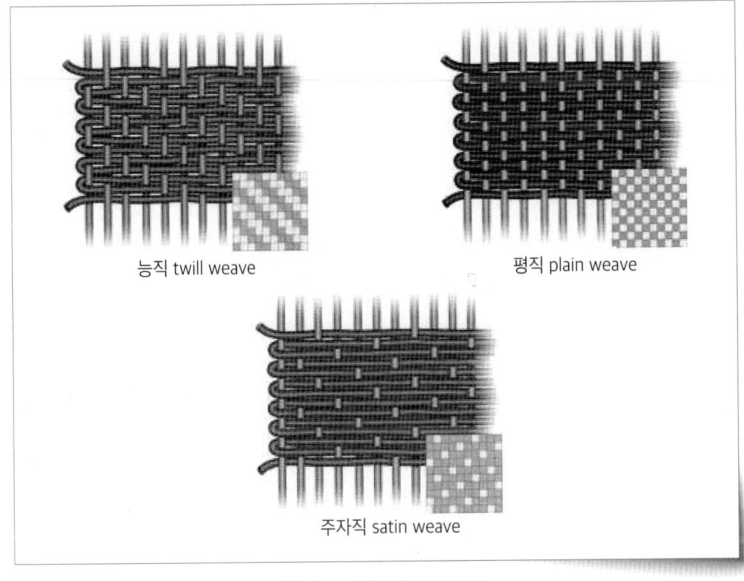

그림 122 _ 직물의 3원 조직

직물의 Specification 표기

우븐 원단의 제원을 나타내는 방법은 사용된 원사의 굵기 즉, 경/위사 번수와 경/위사 각각의 밀도 그리고 폭을 나타내면 끝이다.

$$\frac{\text{경사 번수} \times \text{위사 번수}}{\text{경사밀도} \times \text{위사밀도}} \quad \text{폭}$$

Twill 조직인 유명한 Polo의 면 치노[Chino]팬츠 원단의 제원은

$$\frac{20 \times 16}{128 \times 60} \quad 60'' \text{ 이다.}$$

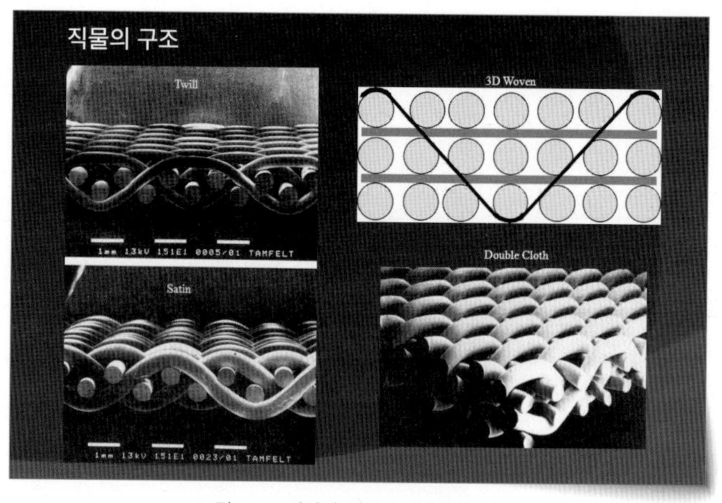

그림 123 _ 경사와 위사가 교차하는 단면

Oxford는 어떤 원단일까? - 다양한 평직

가장 단순한 조직이 평직이다. 경사 1올에 위사 1올이 교차하여 연속되는 조직이다. 교차점이 가장 많은 조직이므로 가장 안정한 형태를 유지한다. 즉, 가장 튼튼한 조직이다. 하지만 경위사가 1대1로 교차하기 때문에 한계밀

도는 가장 낮다. 따라서 평직은 대개는 얇은 원단이고 두꺼운 의류 소재는 Twill이나 Satin 조직이 된다. 하지만 높은 내구성이 필요한 질긴 원단을 만들어야 한다면 굵은 실을 사용하여 평직으로 짜는 것이 좋다. 평직의 한계밀도보다 더 많은 밀도가 필요한 아주 두꺼운 원단이 필요하다면 경사 2올을 한 올처럼 평행하게(Parallel) 나란히 붙여 제직 할 수 있는데 이런 직물을 '덕 Duck 혹은 더크' 라고 한다. Duck는 범선의 돛이나 컨버터블 자동차의 소프트탑 Soft top 소재로 사용하는 두꺼운 원단이다. 만약 경/위사 모두 평행 Parallel 사로 제직하면 Oxford라고 한다. 옥스포드는 주로 두꺼운 셔츠용일 때가 많다. 둘은 비슷한 조직이지만 전혀 다른 용도의 원단이다. 면 10수 같은 굵은 원사를 사용하여 두꺼운 평직 원단을 만들 때가 있는데 이를 캔버스 Canvas 라고 한다. 유화를 그릴 때 사용하는 그 캔버스이다. 제원은 10×10, 65×42이다. 평직인 직물을 나타내는 이름은 다양한데 단순히 조직을 나타내는 것 외에도 사용하는 직물의 특성을 감안하여, 두꺼운 면직물인 경우는 캘리코 Calico, 촘촘한 밀도인 중간 두께의 포플린 Poplin, 얇은 여름용 면 셔츠 원단으로 론 Lawn, 보일 Voile, 비스코스 레이온인 경우 샬리 Challie 같은 이름이 있다. 화섬인 경우는 다후다 Taffeta, 퐁지 Pongee, 듀스포 Dewspo, 쉬폰 Chiffon 같은 다양한 이름이 있다. Silk에서는 하부타이 Habotai 가 평직이다. 소모방에서는 평직을 트로피컬 Tropical 이라고 한다. 위사를 아주 굵은 원사로 사용하여 위사 방향으로 두둑하게 나오도록 제직한 직물을 '오토만 Ottoman' 또는 '벵갈린 Bengaline' 이라고 한다.

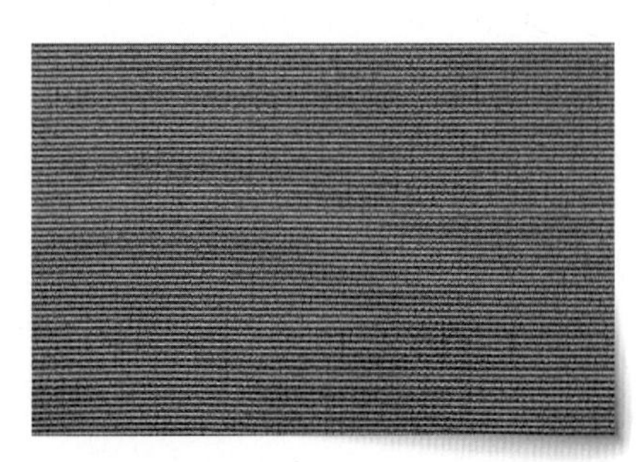

그림 124 _ Cotton Duck(좌)와 Bengaline(우)

앞 뒤가 다른 두꺼운 조직 - 능직Twill

위사 1올이 경사 2올을 넘어가 교차하면 사선 패턴이 나타나는 데 이 조직이 능직이다. 경사 3올을 넘어가는 경우도 있다. 그런데 4올을 넘어가면 주자직이라는 상당히 특별한 원단이 된다. 능직이 되면 한계 밀도를 높일 수 있어서 평직보다 두꺼운 원단을 만들 수 있다. 위사가 경사를 몇 올 지나가 교차할지 결정하는 것은 종광Heald이다. 종광의 움직임을 어떻게 설계하느냐 에 따라 경사가 각각 들어올려지고 위사는 무심하게 그 사이를 통과할 뿐이다. 능이 왼쪽으로(좌능) 또는 오른쪽으로(우능) 향하게 짤 수도 있다. 2올을 뛰어넘으면 2 up 1 down, 3올은 3 up 1 down 능직이라고 부른다. 평직은 앞과 뒤가 똑 같은 조직인데 반해 능직은 앞 뒤가 다르다는 특성이 있다. 앞면은 주로 경사가 보이고 뒷면은 위사가 주로 보이게 되므로 만약 경사와 위사를 다른 컬러로 염색하면 앞 뒷면의 색이 다른 원단이 만들어진다. 2/1능직보다 3/1은 앞뒤가 더 많이 다르고 주자직이 되면 앞 뒤가 전혀 다른 색의 원단을 만들 수 있다. 그런데 능직이라도 2 up 2 down으로 설계하면 능직이면서도 앞뒤가 같은 조직이 된다. 이런 조직을 개버딘Gabardine 이라고 한다. 버버리Burberry가 Trench coat 소재에 전통적으로 사용하는 조직이다.

광택이 눈부신 조직 - 주자직Satin or Sateen

<그림 125>의 조직도처럼 경사 4올을 위사가 타고 넘어가는 조직이다. 경/위사 밸런스가 맞지 않아 두껍지만 튼튼하기 어려운 조직이며 경/위사 교차점이 가장 적어 마찰에 취약하다. 이를 역이용하여 Brush 가공하면 효과가 탁월하게 나타나나는 조직이므로 스웨이드Suede나 몰스킨Moleskin 원단을 만들려면 Satin이나 3/1 능직 원단을 베이스로 Brush 가공해야 한다. Satin의 가장 큰 특징은 광택이다. 소재를 불문하고 주자직으로 짜면 광택이 나타난다. 우븐 원단을 Satin으로 제조하는 가장 큰 이유이다. 광택을 극대화

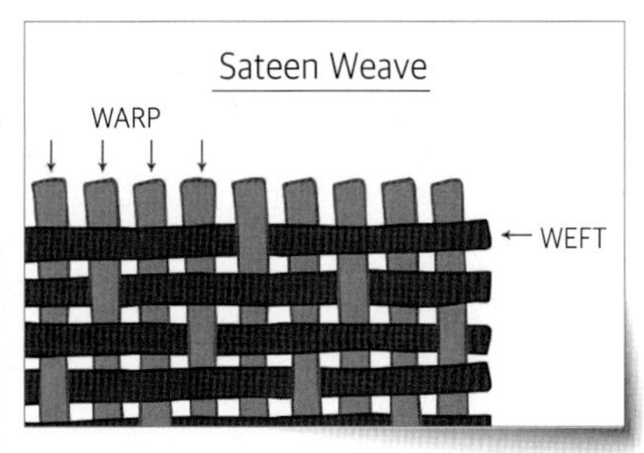

그림 125 _ Sateen Weave(좌)와 Charmeuses(우)

하기 위해 폴리에스터 스파크Polyester Spark사로 주자직을 짠 직물이 여성용 란제리나 잠옷으로 사용되는데 이런 원단이 샤무즈Charmeuse이다. 원단의 앞 뒷면이 극명하게 다른 점도 Satin의 특징이다. 만약 경사를 면으로 하고 위사를 폴리에스터로 설계한 교직이라면 각각을 다른 컬러로 염색하여 앞 뒷면의 컬러가 전혀 다른 리버서블Reversible원단을 만들 수 있다. 표면이 매끄러워 hand feel도 다른 조직보다 더 soft하다.

도비Dobby와 자카드Jacquard

제직으로 원단에 무늬를 형성할 수 있다. 8개의 경사로 만들 수 있는 작은 무늬를 도비Dobby라고 하고 그 이상 커지면 자카드Jacquard가 된다. 자카드는 별도의 자카드 직기가 필요하다.

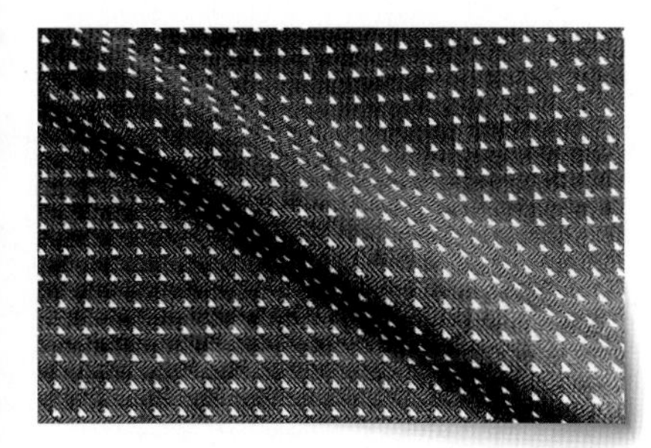

그림 126 _ Dobby(좌)와 Jacquard(우)

완성과 포장

제직이 끝난 원단을 생지(生地)라고 한다. 일본말을 우리식으로 읽은 것이다. 생지는 롤 상태로 완성되지만 포장은 폴딩Folding으로 한다. 염색공장이 Folding 상태로 염색을 진행하기 때문이다. 호주처럼 드물게 커다란 Roll 형태로 염색을 진행하는 경우도 있기는 하다.

제직료의 원가 계산

제직비 계산은 단순하다. 직기 한 대가 하루에 생산하는 양을 그대로 반영하면 된다. 직기의 생산능력은 곧 위사의 RPM이다. 물론 생산하려는 원단의 위사밀도에 따라 생산량이 달라지므로 이것을 위사밀도로 나누면 생산량이 된다. 즉, 생산량은 RPM에 비례하고 위사밀도에 반비례한다. 따라서 제직 원가는 정확하게 생산량에 비례하여 산출된다. 하루에 100y 생산 가능한 원단의 제직비는 200y 생산 가능한 원단 제직비의 두 배이다. 제직공장에서는 직기의 생산능력을 위사 개수인 't당 얼마' 로 계산하여 얘기한다. 예컨대 600RPM이 나오는 토요타 에어 제트Toyota Air jet 직기의 t당 원가는 20원이다. 제직 하려는 원단의 위사밀도가 150이라면 20x150=3,000원 즉, 25센트 정도가 된다. 따라서 조금이라도 제직 원가를 낮추고 싶다면 원단을 설계할 때 위사밀도를 최소로 하고 대신 경사밀도를 올리는 것이 좋다. 그것이 대부분 직물의 위사밀도가 경사보다 낮은 이유이다. Polo의 치노팬츠 원단 위사밀도가 경사의 절반도 되지 않는 실제 사례를 확인해보자. 하지만 원단의 밀폐성을 요구하는 Down proof 원단을 설계하려면 반드시 평직이어야 하고 원사 사이에 틈이 생기지 않도록 경/위사 밀도가 비슷해야 하므로 불가피하게 제직 원가가 높을 수 밖에 없다. 면직물을 Down proof가 되도록 설계하려면 40수인 경우, 120×110 이어야 한다.

직물Woven과 편물Knit이 다른 점

신축성

니트는 신축성이 가장 큰 장점이다. 경편은 한쪽으로만 신축성이 있지만 위편은 모든 방향으로 어느 정도의 신축성을 보유한다. 니트는 곡선의 Loop가 연결된 구조이며 Loop 자체로 신축성이 있기 때문이다. Activewear나 요가복 같은, 기능을 목적으로 하는 니트는 신축성과 회복력을 더 해주기 위해 Spandex를 추가 하는데 훨씬 더 두툼하고 밀도 높은 원단이 되며 나중에 늘어나지도 않는다. 우븐Woven도 마찬가지지만 기능 뿐 아니라 외관이 전혀 다른 원단처럼 보이게 된다.

방추성

니트는 구김이 잘 생기지 않는다. 생겼다 해도 금방 사라지는 구조이다. 직물과 달리 옷걸이에 걸어 놓기만 해도 중력에 의해 장력을 끊임없이 받아 구김이 펴질 수 있다. 3차원 구조를 유지하고 있기 때문이다.

또 니트는 원사 자체가 느슨하여 꼬임이 적고 공기가 많이 포함되어 있다. 따라서 아무리 구겨진 원단이라도 약간의 수증기를 가해주면 금방 회복된다.

Drape성

니트 원사는 직물에 비해 함기율이 높아서 가볍지만 원단은 무거운 느낌이 든다. 그 이유는 Drape성 때문인데 원사들끼리 교차점이 적어 자유도가 높기 때문이다. 조직에 따라 형태를 그대로 유지하는 것 조차 힘들어 낮은 게이지인 경우는 원사에 따라 마치 액체같은 느낌이 들 정도로 흐늘거릴 수도 있다. 그런 이유로 경량의 니트 원단에 프린트나 후가공을 하는 것은 어렵다.

부드러움 Softness

니트 원사는 부드럽다. 애초에 꼬임이 적게 들어가도록 설계되었기 때문이다. 직물은 제직이나 염색 가공 중 끊임없이 발생하는 장력 때문에 일정 강도를 유지해야 하며 따라서 원사의 꼬임이 장력이 불필요한 니트보다 더 많이 들어가 있다. 때문에 딱딱한 hand feel이라는 특징을 가진다. 또 니트는 피부와 밀착하는 의류가 대부분이다. 따라서 Softness는 중요하다.

함기율

니트 원사는 꼬임이 적어 내부에 공기가 많다. 원사 내부의 함기율은 물론 원단 내부의 함기율도 느슨한 구조 때문에 높다. 체표면적이 상대적으로 커서 공기를 많이 포함하고 있으므로 부드럽고 보온성이 높은 특징이 나타난다. 직물보다 몇배나 부피가 커서 Bulky하기 때문에 Box packing이 어렵고 운송료가 더 많이 들어간다.

기모 Brush

원단의 표면을 긁어 털을 일으키려면 함기율이 높은 원사가 유리하다. 또 직물인 경우 Satin처럼 원사끼리 교차점이 적은 조직이 좋다. 그 결과가 큰 체표면적이며 이런 모든 조건을 갖춘 니트는 기모 하기에 최적인 구조라고 할 수 있다. 플리스Fleece는 바닥 조직이 보이지 않을 정도로 기모 된 원단이다. 물론 니트는 Pilling에 몹시 취약하다. 화섬인 경우는 치명적이다.

인열 강도 Tearing Strength

직물은 제직 효율 때문에 언제나 경사보다 위사밀도가 더 적은 구조이다. 직물을 설계할 때 위사의 수는 넉넉하게 들어가지 않고 최소 밀도로 필요한 인열 강도를 유지할 수 있도록 계산하여 스펙을 결정한다. 따라서 위사가 약한 구조가 되어 경사 방향으로 인열 강도가 문제되는 경우가 흔하다. 또, 직물은 가공 후 hand feel이 딱딱해지는 코팅 같은 가공이 들어가면 인열 강도가 형편없이 떨어진다. 니트는 가공도 없을 뿐만 아니라 원사끼리 접점이 적어 원단이 찢어지는 일이 거의 없으며 인열 강도가 무한대로 측정되는 일이 흔하다. 무한대의 인열 강도 란 원단이 찢어지지 않고 조직이 무너져버리는 한계상황에 달하는 것을 말한다. 니트는 인열 강도Tearing Strength 대신 '파열 강도Bursting Strength' 즉, 고무판이 부푸는 압력에 의해 니트가 터지는 강도를 시험한다.

형태 안정성

니트는 형태 안정성이 없는 마치 액체 같은 성질을 갖고 있다. 따라서 어느 정도 두껍지 않다면 사용하면서 전체적으로 늘어나거나 특정 부위가 도드라지기 쉽다. 특히 세탁 후에는 원상태로 돌아가기 어렵다. 이는 곧 내구성과 직결하여 니트 의류를 저가 상품으로 제조하는 가장 큰 원인이 된다. 니트에 가공을 적용하고 싶어도 기계 위에서 평평하게 고정하기 어렵기 때문에 균일한 가공이 어렵고 심지어 프린트 조차도 Flat screen 같은 경우는 *스퀴지Squeegee로 미는 것이 부담되어 쉽지 않다.<프린트편 참고>

피부와 밀착관계

셔츠와 바지를 제외하면 직물은 피부에 밀착하는 경우가 드물다. 하지만 대부분의 니트의류는 피부와 밀착하는 복종이므로 피부에서 내뿜는 땀이나 수증기를 고려하여 의류를 설계해야 한다. 따라서 수증기를 밀어내는 발수 같은 소수성 가공을 하면 안 된다. 주로 친수성 섬유를 소재로 사용해야 하며 소수성 섬유는 땀복이나 Activewear(운동복)가 아닌 한, 부담 된다.

마찰 내구성과 Pilling

꼬임이 적고 함기율이 크기 때문에 니트에 기모하는 것은 쉽지만 반대로 마찰에 대한 저항이 낮아 의류의 내구연한이 급격히 떨어진다. 생활 마찰이 빈번하게 일어나는 부분은 Pilling에 훨씬 더 취약하다. 보풀과 필링은 다르다. 보풀은 섬유가 부풀어 일어나 있는 상태이고 필링은 그것들이 뭉쳐 공을 만든 경우이다.

필링 테스트는 공의 개수를 세어 판정한다. 보풀이 아무리 많아도 구형으로 뭉쳐있지 않으면 필링이 아니다. 만약 화섬이고 단섬유 원사로 만들어진 니트라면 Pilling 문제에 대한 대책을 반드시 강구해야 한다. 그렇지 않으면 그 의류의 내구성은 겨우 한 시즌 정도 유효하다. 만약 기모가 되었거나 원사가 초극세사Micro fiber 종류라면 단 한 시즌조차 보장하기 어렵다.

수축

니트 원단은 수축이 잘 된다. 직물의 수축률 허용은 3% 까지 이다. Spandex가 들어간 경우는 조금 더 봐주는 경우가 있고 아무리 많이 봐줘도 Rayon의 5%가 한계이다. 하지만 니트는 최소 8% 까지 수축률을 계산해야 한다.

가공

니트 원단은 후가공을 적용하기 어렵다. 문지르거나 마찰이 필요하거나 장력이 들어가는 코팅 같은 가공은 아예 불가능하다. 최근은 필름을 니트 원단 위에 붙이는 라미네이팅 기술이 발달하여 니트에 Down proof나 방수 기능을 적용할 수 있게 되었다. 라미네이팅Laminating같은 간단해 보이는 작업도 Bubble발생 때문에 상당한 기술이 필요하다. 따라서 니트는 원사에 적용하는 가공만 유효한 경우가 대부분이다.

다양한 조직

직물은 경사 준비가 어렵고 새로운 원단을 개발 할 때 막대한 시간과 비용이 발생하므로 조직을 다양하게 설계하는 것이 큰 부담이 된다. 따라서 한번 설계한 조직이 수십년 동안 바뀌지 않고 사용되는 경우가 많다. 제직에 사용하는 사종도 수십년간 변함이 없다.

Dobby나 Jacquard 패턴도 리바이벌되는 경우가 대부분이다. 하지만 니트는 다양한 조직 변화에 들어가는 비용이나 시간, 노동력 부담이 제직에 비해 가볍다. 따라서 다양한 원사를 사용하여 다양한 조직을 개발하는 것이 용이하다.

제품화 Easy & Fast

직물은 경사 준비에 대부분의 시간과 인프라가 들어가므로 Running하는 (미리 준비된) 경사 빔이 없는 새로운 조직을 짜는 것이 부담되어 개발이 더디다. 봉제도 더 까다롭고 부자재도 많이 들어간다. 반면에 니트는 경사준비(정경)가 필요 없는 위편인 경우, 원사만 준비되면 까다로운 절차 없이 즉시 원단이 만들어져 손쉽게 옷을 만들어 볼 수 있다. 빠르면 봉제 sample이 단 3일만에 이루어진다. 직물에서는 최소 두 달 정도 걸리는 일이다.

공장 규모

직물은 직기 규모와 상관없이 경사 준비에 들어가는 과정 때문에 어마어마하게 큰 공간과 시설과 노동력이 필요하다. 하지만 니트는 원사만 확보되면 단 한 대의 환편기만으로도 즉시 원단을 생산할 수 있다. 공장의 크기는 단지 환편기를 설치할 수 있고 원사를 보관하는 작은 창고 정도면 족하다. 물론 경편은 제직공장만큼 큰 시설이 필요하다.

3차원 성형

직물을 원사에서 바로 의류가 되도록 설계하는 기술은 아직 존재하지 않지만 니트는 가능하다. 양말 같은 제품은 오래되었지만 제법 복잡한 의류도 3차원 성형이 가능하도록 알고리즘을 만들 수 있다. 즉 무봉제Seamless 의류를 만들 수 있다. 직물은 불가능하다.

Mill & Vendor - 원단공장과 봉제공장

직물은 원단 공장과 봉제 공장의 경계선이 뚜렷하다. 양쪽을 겸하는 공장은 거대기업 말고는 없다. 반면에 니트는 Vendor가 자체적으로 원단을 생산하는 경우가 더 많다. 따라서 Knit 원단을 생산하는 Knit Mill은 흔하지 않다.

매매 수량 단위

니트는 신축성이 크기 때문에 직물처럼 길이Yardage를 단위로 매매하는 것이 불가능하다. 따라서 중량 단위로 상거래 해야 한다. 프린트 같은 경우는 길이 단위로 거래할 수 밖에 없으므로 미묘한 분규가 생길 수 있다. 예컨대 프린트 요금charge을 야드당 가격으로 정했는데 프린트를 찍은 후 최종 포장할 때 원단을 당겨 늘리면 프린트 비용이 과다 청구될 것이다. 이런 일을 방지하기 위해 프린트 전에 야드당 중량을 미리 정해 놓으면 좀 낫지만 완전한 해결책은 못된다.

Chapter 5

Dyeing

염색

염색 Textile Dyeing

손톱에 봉숭아물 들이는 것을 한자어로는 '지염(指染)'이라고 한다. 음력 4월이 되어 꽃이 피면 원하는 빛깔의 봉선화와 함께 잎사귀를 조금 따서 돌이나 그릇에 놓고 백반을 배합하여 찧어 손톱에 붙인 뒤 헝겊으로 싸고 실로 총총 감아 두었다가 하룻밤 자고 다음날 헝겊을 떼어보면 봉선화 꽃 빛깔이 손톱에 물들어 아름답게 된다. 백반은 착색을 잘 시키며, 조금 섞는 잎사귀는 빛깔을 더 곱게 해준다. 화장품이 적었던 옛날에는 봉선화 물들이기가 소녀나 여인들의 소박한 미용법이었다. 매니큐어를 손톱에 바를 경우 산소가 손톱을 통과하지 못하여 손톱이 하얗게 되거나 갈라지는 현상이 일어날 수 있지만, 봉선화물은 손톱이 숨을 쉴 수 있어 건강에도 좋다.

[네이버 지식백과] 봉선화물들이기 [鳳仙花—] (한국민족문화대백과, 한국학중앙연구원)

착색되지 않는 소재는 패션의류로 사용될 수 없다

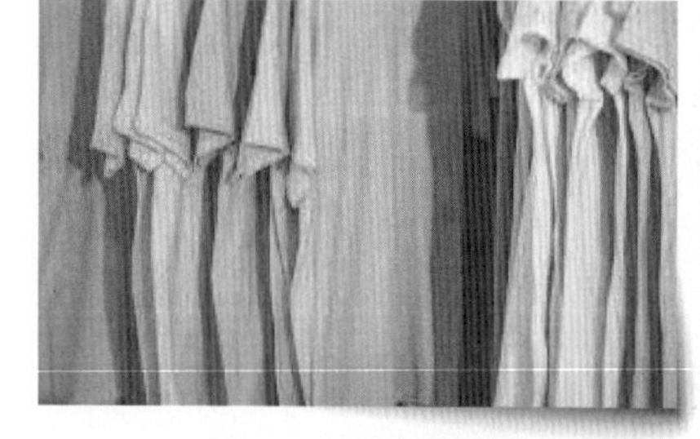

그림 127 _ 천연염색된 의류

패션의류에 사용되는 원단은 겉감이든 안감이든 모두 원하는 컬러로 착색 되어야 하는 것을 원칙으로 한다. 아무리 좋은 소재의 원단이라도 착색이 어렵거나 불가능하면 패션소재로 사용되기는 어렵다. 안감조차도 허용되지 않는다. 내의 정도가 최선일 것이다.

봉숭아 물과 매니큐어가 다른 점 - 염료와 안료

그림 128 _ Pigment로 착색된 의류

착색 방법은 크게 두가지 이다. 영구적이거나 또는 일시적인 착색이다. 원단에 영구적으로 색을 부여하는 공정은 반드시 화학반응을 동반해야 하므로 복잡한 고도의 과학과 기술이 필요하다. 만약 단순히 벽을 칠하는 페인팅이나 손톱에 매니큐어를 칠하는 방식으로 원단에 착색할 수 있다면 훨씬 더 쉽겠지만 그렇게 착색된 원단은 세탁할 때의 마찰이나 생활마찰로 인해 단기간에 탈색이나 퇴색이 나타나므로 지속적이지 않다. 화학적이 아닌 물리적인 과정으로 착색했기 때문이다. 의류가 아니라면 문제되지 않는다.

산업자재 용도는 세탁이라는 시련을 동반하지 않기 때문이다. 의류 입장에서는 지속적이고 가혹한 테러인 세탁 후에도 탈색이나 변색이 일어나지 않도록 하려면 원단과 착색제가 화학반응을 일으켜야 한다. 어떤 물질들이 화학반응을 일으키려면 서로 화학적 궁합이 맞아야 한다. 특정 자물쇠에는 그에 맞는 열쇠가 있다. 따라서 까다로운 조건과 기술이 필요하다. 단순해 보이는 '손톱에 봉숭아 물 들이는 과정'도 봉숭아 꽃잎과 잎사귀를 함께 짓찌어 백반과 함께 손톱에 묶어서 하루 밤을 기다려야 한다. 화학반응을 일으키려면 온도, 촉매, pH 같은 복잡한 조건들이 시간에 맞춰 일어나야 하기 때문이다. 만약 봉숭아물처럼 대략 예쁜 붉은 색이 아니라 디자이너가 원하는 특정 색을 특정 소재 위에 정확히 실현하려면 모래알 개수를 일일이 셀 만큼 정밀한 기술이 필요하다. 섬유를 화학적으로 착색하려면 반드시 염료Dyestuff

가 필요하고 물리적인 단순한 착색은 안료Pigment가 필요하다. 착색하려는 목적은 같지만 둘은 단어 글자처럼 전혀 다르다. 안료를 사용하여 착색하는 것은 엄밀하게 염색이 아니다. 벽에 칠하는 페인트와 똑같다.

물은 염료를 운반하는 수단Vehicle이다

모든 염색에는 물이 필요하다. 염색은 대량의 물을 소비하는 작업이다. 피염물(염색하려고 하는 대상)의 100배 이상이나 물이 필요하기 때문이다. 수많은 화학약품이 들어가는 염색공정에 투여된 물이나 이후 수세작업에 사용된 물은 심각하게 오염되므로 정화조가 설치된 공장이 아니라면 방출된 오염수가 강물에 유입되어 더 많은 물이 오염된다. 우리 삶의 터전인 생태계를 파괴하는 이런 공해산업이 더 이상 허용되지 않는 날이 반드시 올 것이다. 그것이 염색산업의 미래이다. 염색에 필요한 물은 혈액과 같다. 혈액이 인체 각 기관의 미세한 부분까지 구석구석 고르게 산소를 운반하려면 반드시 액체 상태여야 한다.

마찬가지로 물이 염료를 원단 내부 미세한 섬유들로 운반할 수 있기 때문이다. 착색을 위한 염료는 일단 섬유 내부로 골고루 침투 되어야 한다. 염료가 충분히 균일하게 확산되어야 얼룩이 생기지 않는 고운 염색이 될 것이다. 물이 염료를 운반할 수 있는 이유는 헤모글로빈 단백질이 산소와 잘 결합할 수 있도록 철 원자를 탑재한 것과 마찬가지로 염료가 물에 잘 녹아들기 때문이다. 물에 녹지 않는 염료는 강제로라도 녹여야 한다. 그러나 고도로 정교한 인체에 비해 인간의 기술은 참혹할 정도로 형편없다. 인체가 사용하고 버리는 오 폐수는 오줌으로 방출되는데 그 양이 하루 1-2리터에 불과하다. 혈액의 25% 정도인 것이다. 염색공정의 효율은 인체보다 400배나 낮다. 자연에 그토록 비효율적인 것은 없다. 그런 형편없는 시스템은 결국 도태된다. 인간이 스스로 하지 않으면 자연이 개입할 것이다. 염색산업이 수자원을 낭비하고 오염 시키는 것을 그나마 라도 덜기 위해 물을 사용하지 않는 'Dry dye' 같은 염색법이 네덜란드에서 개발되었지만 사실 그 정도는 짠물을 만들기 위해 풀장물에 타는 소금 한 스푼과 마찬가지이다. 염색산업이 Sustainability를 만족시키기 위해 중간에 여러 단계로 혁신적인 염색 방법을 거치겠지만 결국 염색의 종착역은 물도 염료도 필요 없는, 아예 화학적인 방법으로 착색을 하지 않는 광학적인 어떤 것이 될 것이다. 방법은 많다. 유감스럽게 우리는 미래인이 아니므로 지금은 염색공부를 열심히 해야 한다.

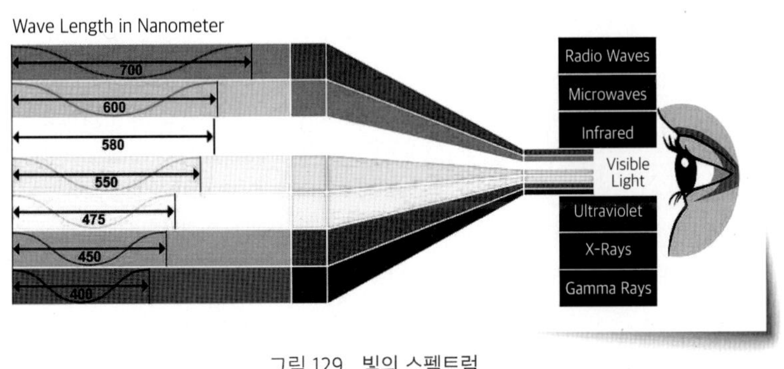

그림 129 _ 빛의 스펙트럼

염료는 특정 색의 파장을 흡수하는 분자이다

섬유와 원단에 화학적으로 영구 착색을 일으키는 것을 염색이라고 한다. 매니큐어처럼 단순히 안료에 접착제를 섞어 표면에 바르는 것은 염색이 아니다. 이처럼 특정 컬러를 영구 착색할 수 있는 재료를 염료Dyestuff라고 한다. 염료는 빛에 포함된 전자기파 중, 인간이 볼 수 있는 특정영역 파장의 일부를 흡수하는 분자이다. 이런 분자를 '발색단' 이라고 한다. '조색단'도 있는데 우리는 초보이니 그건 무시하자.

우리가 보는 색은 염료에 흡수되지 못하고 반사되는 나머지 파장의 전자기파이다. 즉, "파란 염료는 붉은 색 계통의 빛을 흡수하는 발색단이다."라

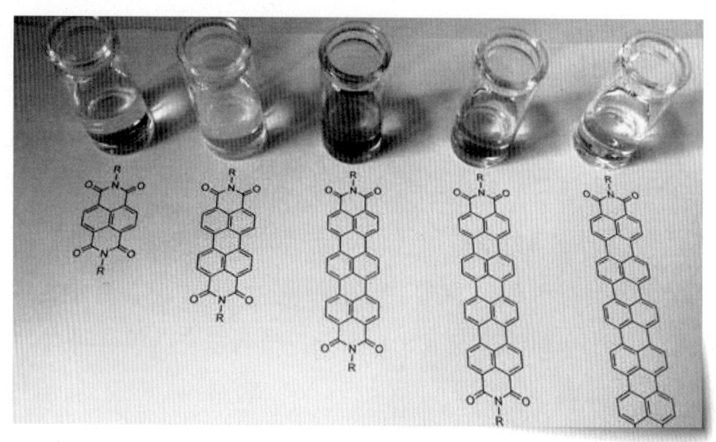

그림 130 _ 발색단

고 단순하게 말할 수 있다. 따라서 만약 염료가 고유기능을 잃으면 특정 파장의 전자기파를 더 이상 흡수할 수 없다는 뜻이다. 즉, 모든 빛을 반사해 버리는 것. 그 결과가 흰색이다. 탈색은 염료가 어떤 이유로 인하여 고유기능을 완전히 상실 하는 현상이다. 염료는 작고 분자단위로 존재하기 때문에 일시적으로 탈색이 일어나지 않고 색이 점점 연해지는 퇴색, 변색을 거쳐 결국 언젠가는 흰색으로 변하게 된다.

봉숭아 물을 들인 손톱은 매니큐어와 달리 손톱이 숨을 쉴 수 있고 두꺼워지지도 않는다. 염색의 최대 장점은 피염물(대상물)을 딱딱하게 만들지 않는다는 점이다. 원단에 착색을 했는데 원단이 두꺼워지거나 공기가 통하지 않거나 딱딱 해지면 패션의류 로서의 상업적 가치가 떨어진다. 맨투맨 티의 가슴 부분에 프린트된 커다란 그래픽이 바로 전형적인 예이다.

담그거나 밀거나 찍거나 - Dipping/Padding/Printing

단색Solid 원단인 경우, 피염물을 염료액이 들어있는 탕 속에 푹 담그는 방식으로 염색한다. 이를 'Dipping' 이라고 한다. 체크 무늬나 스트라이프 같은 특정 패턴이 필요한 경우는 섬유 즉, 솜 상태에서 염색하거나 또는 원사를 염색해야 한다. 만약 패턴이 체크나 스트라이프 같은 직선이 아닌 경우는 프린트가 필요하다. 푹 담그지 않고 롤러를 이용해 코팅하듯 한쪽 면만 발라서 염색하는 경우도 있다. 이를 '패딩Padding'이라고 한다. 합성섬유는 섬유 이전인 고분자 플라스틱 반죽 상태에서도 착색이 가능하다. 이때는 염료가 아닌 안료Pigment를 극소량 투여하여 착색하게 된다. 극소량이어야 하는 이유는 무기물인 안료가 섬유나 실의 강도를 떨어뜨리기 때문이다.

화학적 궁합 - 자물쇠와 키

염료의 종류는 다양하지만 서로 화학적 궁합이 맞는 관계는 소재가 식물성인지 동물성인지에 따라 대개 결정된다. 마(麻)나 면같은 식물성 섬유는 셀룰로오스 성분이므로 '반응성 염료'로 염색된다. Wool 같은 동물성 섬유는 '염기성 염료'를 사용한다.

합성섬유도 폴리에스터와 나일론은 각각 '분산염료' '산성염료'로 다른 염료가 사용된다. 레이온은 나무가 원료이고 원래의 소재인 셀룰로오스 분자로 되어 있으므로 식물성 섬유와 똑같이 염색된다

만능키는 없다

모든 소재를 한꺼번에 염색할 수 있는 만능 염료는 없다. 따라서 두가지 소재를 사용한 혼방이나 두가지 이상의 원사가 사용된 교직 원단인 경우는 각각의 염료로 2단계에 걸쳐 염색해야 한다. 그러나 소재가 3가지 이상 된다고 해서 3단계로까지 염색하지는 않는다. 그럴 때는 대개 가장 적은 성분의 소재를 염색하지 않고 내버려둔다. 염색하지 않은 성분이 결국 어느 정도 비슷한 컬러로 이염(移染) 되기 때문에 3단계 염색과 별 차이는 없다. 그렇다고

해서 한 종류의 염료는 오로지 한가지 소재만을 염색할 수 있다는 것은 아니다. 교집합은 존재한다. 대개 한 염료가 몇 종류 소재를 염색할 수 있기 때문에 나중에 '세탁 후 이염'이라는 골치거리가 나타난다.

예를 들면 나일론이나 면은 대부분의 염료에 반응한다. 따라서 세탁으로 빠져나온 다른 염료에 의해 일부 착색된다. 즉 둘은 이염(염료의 이동)되기 쉬운 소재이다. 각 소재 별 대표염료는 사용 가능한 여러 염료 중 최선의 염료를 선택한 것이다. 면은 주로 반응성 염료로 염색하지만 브랜드의 요구에 따라 비싸더라도 세탁에 강한 Vat 염료가 사용되기도 한다. 염색은 소재 → 섬유 → 실 → 원단 → 의류 각 단계마다 별도의 염색이 가능하다. 즉 플라스틱 상태 또는 섬유나 실, 원단은 말할 것도 없고 의류 자체로도 염색이 가능하다.

염료	소재
반응성 염료 Reactive dyestuff	면, 마, 레이온, 기타 셀룰로오스 섬유
분산 염료 Disperse dyestuff	폴리에스터
산성 염료 Acid dyestuff	나일론

초보는 3가지만 기억하면 된다. 면을 비롯한 모든 식물성섬유는 반응성Reactive, 폴리에스터는 분산Disperse, 그리고 나일론은 산성Acid 염료. 동시에 영어로도 기억할 것이다.

변색과 이염 Self-Change, Migration, Staining

이미 염색된 원단에서 세탁으로 인하여 염료가 빠져나오면 두가지 문제가 생긴다. 첫째는 빠져나온 염료로 인한 변색Self-Change이다. 하지만 최근의 기술로 자체의 색상이 달라질 정도로 변색이 일어나는 염색이나 염료는 없다고 봐도 된다. 만약 있다면 불량품이다. 둘째는 빠져나온 염료가 다른 원단에 염착 되는 것이다. 이것을 이염Migration 또는 오염Staining 이라고 한다. 우리가 부딪히는 모든 세탁으로 인한 염색견뢰도 문제는 Migration이다.

이염Migration은 원인이고 결과가 오염Staining이다.

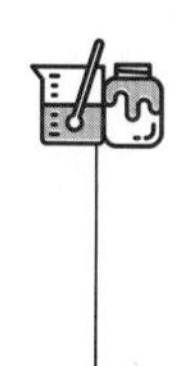

원단 염색 공정Piece Dyeing

Self 염색 10단계

1. 염색하기 24~48시간 전에 머리를 감는다. 2. 원하는 색보다 한 두 단계 밝은 염색약을 선택한다. 3. 머리에 염색약을 바르기 전 빗으로 빗어준다. 4. 피부에 바셀린을 바르면 염색약이 물드는 것을 방지할 수 있다. 5. 앞과 옆부분은 마지막에 염색한다. 6. 타이머를 이용해 정해진 염색 시간을 준수한다. 7. 열기를 더한다. 8. 염색약을 바른 머리는 감아 올리지 않는다. 9. 시간이 다 되면 미지근한 물로 머리를 헹군다. 10. 최소 1시간 이후에 샴푸를 사용한다.

-Wikitree-

염색은 화학이다

단순히 머리염색 하는 과정도 이토록 복잡하다. 화학반응이 필요한 영구염색이기 때문이다. 원단의 염색 공정은 크게 두 부분으로 나뉜다. 전처리와 염색/염착 하는 공정이다. 전처리는 염색할 때 생기는

그림 131 _ 염색

문제나 염색 후 나타나는 불 균일로 인한 불량을 방지하기 위한 작업이다. 염착은 섬유 내부에 침투된 염료가 균일하게 확산되어 자리를 잡은 상태에서 섬유와 염료가 화학적으로 결합되어 영구적으로 화학변환 되는 과정이다. 영구불변 염색이라고도 한다.

'영구'라는 말이 들어갔다고 해서 퇴색이나 탈색이 전혀 일어나지 않는다는 말은 아니다. 각종 원인에 의해 염료가 기능을 상실하면서 장기간에 걸쳐 퇴색은 일어나며 염색 이후 다른 컬러로 바꾸기 위한 일시적인 탈색도 화학적으로 가능하다.

염색을 하기 전에

염색 공정에 들어가기 전에 컬러가 어떻게 나올지 미리 실험실에서 결과를 확인해보고 이를 디자이너에게 보내서 승인 받는 과정이 중요하다. 이를 Lab dip 또는 Beaker Test(B/T) 라고 한다. 예전에는 디자이너가 오리지널 컬러를 보내고 이를 가장 비슷하게 조색하여 Matching 하는 방식이었는데 지금은 컴퓨터 컬러 매칭(CCM)이 대세가 되고 있다.

디자이너는 단지 컬러 정보가 담긴 QTX File을 보내면 이를 실험실에서 그대로 재현하는 방식이다. 예전에 손으로 매칭하는 것보다 정교할 것 같지만 아직은 초기 단계여서 사람 손이 더 나은 것 같다.

전처리 Pretreatment

가스불로 털 태우기 - 모소 Singeing

천연섬유인 면의 전처리가 가장 복잡하다. 제직이 끝난 직후의 면직물은 면 딱지나 플라이 등, 여타의 불순물을 많이 포함하고 있고 제직 시의 마찰

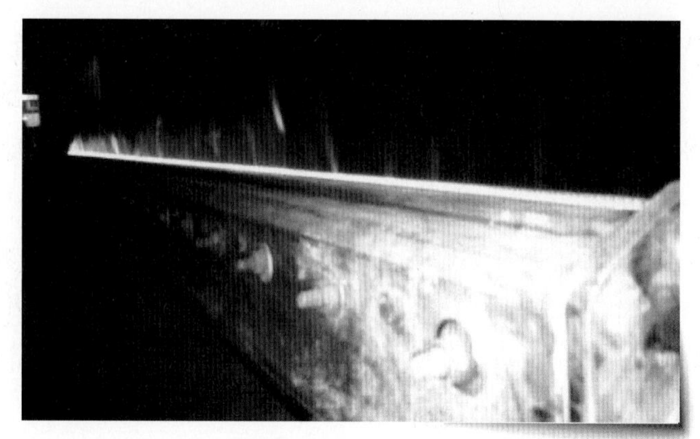

그림 132 _ 모소(Gas singeing)

에 의해 모우(잔털)가 많이 일어나 있는 상태이다. 이 잔털들은 염료가 섬유 내부로 고르게 침투, 확산하는 것을 방해한다.

따라서 최초의 작업은 잔털들을 태워 없애는 공정이다. <그림 132>처럼 원단을 전폭으로 넓게 편 상태에서 가스 불을 이용하여 털을 그을리는 연속 작업이다. 원단이 롤러를 통해 지나가는 속도에 따라 강도를 조절할 수 있다. 이것을 모소 라고 한다.

모소 작업이 끝난 생지는 제법 광택이 난다. 같은 방법으로 면사에 광택을 내는 경우도 있다. 이를 실켓Silket이라고 한다.

풀 빼기 - 호발 Desizing

'발호' 라고도 한다. 직기에서 방금 떨어진 생지는 제직의 가호 과정에 의해 경사에 풀이 먹여 있다. 이 풀을 제거하지 않으면 불균일한 염색의 원인이 된다. 풀이 염색과 염착을 방해하기 때문이다. 불충분한 호발 작업은 염색 불량의 직접원인이 된다.

순결한 흰색으로 시작한다 - 정련 표백 Scouring & Bleaching

정련은 불순물이 섞여 있는 생지의 검은 딱지나 누런 불순물들을 화학적으로 제거하는 과정이다. 정련을 마친 면직물은 티 하나 없는 깨끗하고 매끄러운 원단이 된다. 그러나 아직 색깔은 누렇다. 따라서 표백제를 사용하여 백색으로 만들어야 한다. 염색을 통해 원하는 컬러를 정확하게 구현하기 위해서는 잡색(雜色)이 섞이지 않은 순백색으로 시작해야 한다. 순백색이 의미하는 것은 빛의 어떤 파장도 흡수하지 않고 모두 반사된다는 것이다. 이 상태를 B/W 'Bleached White'라고 한다. 이후 투입되는 염료가 빛의 특정 파장을 흡수하는 기능을 통해 원단에 컬러가 입혀지는 것이다.

염색 전 가공

염색된 컬러에 영향이 있을 수 있으므로 염색 전에 처리해야 하는 가공도 있다. 면 원단은 Mercerizing 같은 가공이고 폴리에스터는 감량이나 열수축 같은 것이 해당된다. Permanent Press는 염색 직후에 하는 가공이다.

Mercerizing은 알칼리로 만드는 광택가공, PP는 약간의 수지로 처리하는 면직물의 구김 방지를 위한 일종의 Wrinkle Free 가공이다. 폴리에스터의 전처리용 감량은 약하게 처리한다. 열수축은 말 그대로 고온에 의한 수축을 미리 일으키는 방축 가공이다.

White color의 염색은 어떻게 할까?

표백을 마친 원단을 B/W라고 한다. 만약 원단의 최종 컬러가 흰색이라면 별도의 염색 과정없이 '형광증백제'로 처리하여 염색을 끝낸다. 이를 Snow white 또는 Optical white라고 부른다. 형광증백제는 흰색을 더욱 하얗게 만들어주는 형광물질이다. 이에 대해서는 별도로 다룰 것이다. 원래 흰색의 정도를 나타내는 백도Whiteness는 100이 최대이지만 형광증백제에 의해 100이상 되는 백도를 가질 수 있다. 따라서 B/W와 Optical white는 백도가 다르다. 형광증백제로 처리된 원단은 자외선 램프Black light를 조사하면 푸르게 빛남으로써 확인할 수 있다. 자외선 램프가 없으면 클럽에 가면 된다.

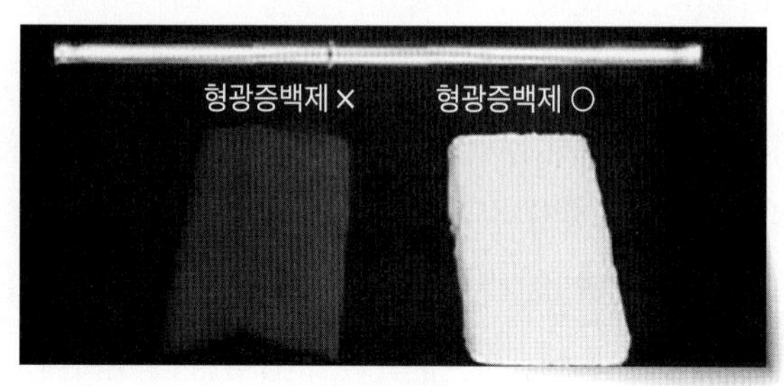

그림 133 _ 자외선 램프

염색 Dyeing process

염색이론

염색은 물에 용해된 염료가 염욕 내로 확산되어 섬유에 흡착된 다음 고착 과정을 거치는 것이다.

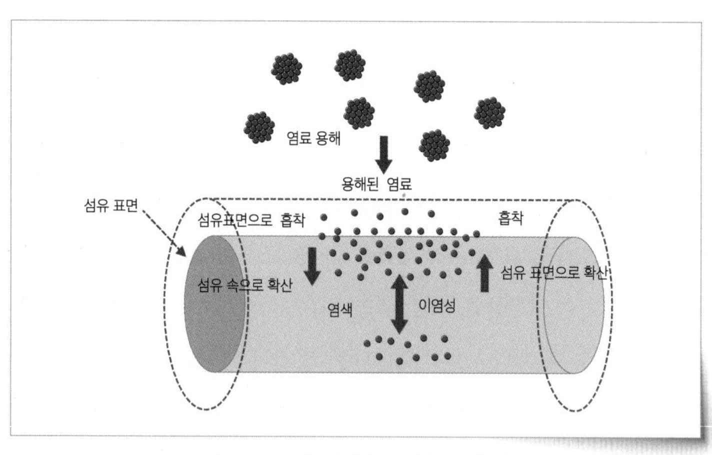

그림 134 _ 염색이론(박정영 칼럼 참고)

원단의 한쪽 면만 염색할 수 있다면 - Dyeing

원단의 염색은 침지(浸漬) 방식이다. 즉 원단을 염료가 담긴 통에 풍덩 담그는 Dipping이다. 따라서 앞뒤가 동일하게 염색된다. 원단의 양쪽면을 동시에 사용하는 의류는 거의 없으므로 사실 원단의 양쪽 모두를 염색하는 것은 낭비이다. 만약 한쪽 면만 염색하는 기술이 있다면 염료나 물, 에너지를 훨씬 더 많이 절약할 수 있을 것이다. 그러나 한 면만 염색하는 공정은 고도의 기술을 필요로 한다. 담그는 방식에 비해 상대적으로 균일한 염색이 어렵기 때문이다. 염료는 물과 잘 섞여 고루 확산되어 섬유 내부로 침투 되어야 한다. 섬유 내부의 비어 있는 자리(염착 좌석)에 골고루 잘 안착 되어야 균일한 염색이 가능하다. 섬유 같은 유연성 있는 고체는 결정영역과 비결정영역으로 되어있다. 염료는 오직 비결정영역으로만 침투하여 결합할 수 있다.

염료가 소재에 영구 안착한다 - 염착

섬유에 염료가 골고루 침투 되었다고 해도 아직은 묻어 있는 정도이다. 이후 수세하면 그대로 씻겨 나간다. 따라서 침투되어 안착한 염료를 섬유에 영구적으로 고착Fixing 시키는 화학반응이 필요하다. 이 과정에 pH, 적정 온도와 몇 가지 케미컬이 투입되며 대표적인 것이 매염제이다. 면의 염색법은 여러가지인데 천천히, 낮은 온도인 상온에서 24시간 이상 숙성하여 염착을 진행하는 CPBCold Pad Batch 같은 방식과 고온에서 수초 내로 구워Heat Setting 순식간에 염착을 진행하는 연속염색이 있다. 합섬의 염색은 이와 전혀 다르다. 물론 CPB가 환경에 더 좋지만 생산량 문제 때문에 대부분의 면직물 염색은 연속으로 진행한다. CPB는 Spandex처럼 열에 약한 원단을 염색할 때 저온에서 염색이 일어나도록 과거에 사용하던 방식이다. 하지만 지금은 연속염색으로도 Spandex 원단을 염색할 수 있는 방법이 개발되어 있다. CPB는 이제 오로지 Sustainability 라는 강점으로 부활하여 살아남을 수 있을지도 모

그림 135 _ Garment dyeing

른다. 이와는 반대로 고온 환경이어야 염색이 되는 경우가 있다. 폴리에스터는 100도가 훨씬 넘는 고온에서 염색이 되므로 염색기를 밀폐하여 고압으로 유지해야 한다. 이런 염색기를 Rapid 염색기라고 한다. 염색기가 잠수함 창문 같은 밀폐된 해치가 있다면 래피드 염색기 이다.

혼방 직물의 염색은 두 번 해야 할까? - 2step dyeing

두 종류 소재가 결합된 혼방이나 교직 원단인 경우는 각 소재가 받아들이는 염료의 종류가 다르기 때문에 두가지 다른 염료를 사용하여 각각 별도의 염색이 필요하다. 이를 2 step염색이라고 한다.

물론 저렴한 원단인 경우는 두 염료를 섞어서 한꺼번에 1 step으로 진행하기도 한다. 품질은 물론 조악할 것이다. 프린트는 2 Step이 불가능하기 때문에 혼방 원단의 Print는 어렵다.

따라서 안료를 페인트 칠하듯 바르는 방법이 대개 동원된다. 이를 Pigment print 라고 한다. 물론 이는 염색이 아니다.

그림 136 _ Rapid 염색기

후처리 Finishing

후처리 가공

염색이 끝난 원단의 마무리 공정을 후처리Finishing 라고 한다. 코팅 같은 별도로 진행되는 후가공과는 구분해야 한다. 면직물에는 PP 가공이 필요하다. 구김을 줄이는 일종의 수지Resin 가공이다. Permanent Press 라는 의미이지만 효과대비 용어가 과장된 느낌이 있다. 폭이 줄어드는 것을 방지하기 위한 방축가공도 필요하다. 폴리에스터는 섬유에 고착되지 못하고 남아있는 잉여 염료를 털어내야 한다. 이후에 염색견뢰도를 나쁘게 만들기 때문이다. 이를 환원세정R/C 이라고 하는데 폴리에스터의 염색에는 반드시 필요한 가공이다. 원단이 Outerwear용인 경우 발수W/R 처리를 하기도 한다. 블라우스나 드레스 같은 여성용 원단은 유연제Softener 로 처리할 때도 있다.

핀자국이 두개인 원단은? - 폭출 Tentering

염색이 끝난 원단의 양쪽 셀비지Selvedge를 핀으로 고정하여 당겨 원하는 폭을 만들어 주는 과정이다. 원단의 양쪽 변을 단단하게 고정하여 고온의 터널을 지나가면서 폭이 고정 되며 세탁 후 원단의 수축률이 3% 이내에 들도록 폭을 조정해야 한다. 만약 텐터를 잘못하면 나중에 원단이 휘어지는 Skewing이나 Bowing이 발생하므로 균일하게 작업해야 한다. 종종 원단의 핀 자국으로 재염색이나 재가공한 원단의 유무를 알아낼 수도 있다. 그런 원단은 핀자국이 두개 이상이 되기 때문이다.

그림 137 _ Tentering

원단의 검사, 포장 Packing과 마수 수량 빠지는 문제

모든 후처리가 끝난 원단은 검단기 위에 올려져 외관검사Inspection를 하면서 동시에 포장이 시작된다. 생지는 Folding된 상태로 포장된다 이를 Bale 이라고 한다. 구김이 생길 수 있지만 부피가 작아서 많이 적재할 수 있다. 그에 반해 염색된 원단은 대부분 종이로 된 튜브인 지관에 원단을 말아서 포장하는 Rolling이다. Folding과 달리 원단을 지관에 감을 때 저절로 장력Tension이 들어가 당겨지므로 원단이 길이 방향으로 늘어나는 결과가 된다. 이렇게 포장된 원단은 배를 타고 가는 동안 항해일수에 따라 다시 원래 상태로 줄어들게 된다. 따라서 되도록 장력을 덜 주고 감아야 봉제 공장에 도착했을 때 마수가 부족한 사태가 발생하지 않는다. 하지만 무장력 Rolling은 불가능하다.

해결책은 약간의 텐션이 가해진 상태에서 원단을 롤링한 다음, 한달 정도 뒤에 다시 마수를 측정하여 얼마나 줄어들었는지 확인하고 패킹리스트에 줄어든 마수만큼 빼서 기재하는 것이다. 모든 원단은 봉제공장에 도착하면 가장 먼저 마수부터 확인하기 때문에 이 부분에서 마수를 속이려고 시도하는 바보는 없을 것이다. 분규가 생기는 것은 텐션으로 줄어든 마수를 잘못 계산한 것일 뿐이다. 이런 일이 발생하면 실제 줄어든 마수보다 더 크게 보상하는 경우가 많고 봉제공장에서 확인 차 현지 방문을 요청하기 때문에 염색공장이나 가공공장은 신중하게 마수를 기재하는 것이 좋다.

그렇게 해도 문제가 생길 때가 있는데 이는 봉제공장에서 마수를 확인하는 방법이 원단 공장의 그것과 다르기 때문이다. 봉제 공장은 원단을 커팅 테이블에 펼쳐쌓는 작업을 가장 먼저 하는데 이를 '나라시'라고 한다. 이때 마수를 확인하면 원단에 전혀 장력이 가해지지 않은 상태가 되므로 언제나 패킹리스트보다 더 작은 숫자가 나온다.

그러나 롤링된 원단의 정확한 마수는 검단기라는 기계 위에서 측정한다. 검단기는 원단 공장의 롤링 기계와 동일한 구조이므로 역시 약간의 장력이 들어가고 이렇게 측정된 원단의 마수가 표준이며 정확한 숫자가 된다. 즉, 봉제공장에서 무장력으로 나라시한 원단의 마수는 부정확하다는 뜻이다. 봉제공장과 원단 공급처와는 이런 분쟁Argue이 자주 발생하는 데 어느 쪽이 옳은지 판별하는 유일한 방법은 공인된 검사기관에 원단을 보내서 마수를 확인하는 것이다. 이때 검사기관은 검단기를 사용하여 마수를 측정하기 때문에 원단공장이 정직하다면 매번 승리하게 되어있다.

그림 138 _ 검단기와 yardage counter

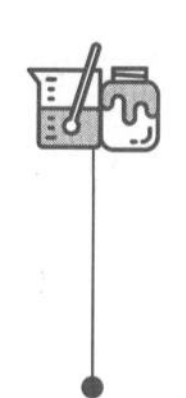

염색으로 인한 문제

호전실업의 K 차장은 G사의 Down jacket 오더를 수주하였는데 봉제가 이미 끝난 Neon Pink color에서 문제가 발생하였다. 이 자켓에 빗물이 묻었는데 놀랍게도 그 부분이 푸르스름하게 변한 것이다. 이런 문제는 봉제를 하는 입장에서는 당혹을 넘어 재앙이나 마찬가지이다.

-섬유지식-

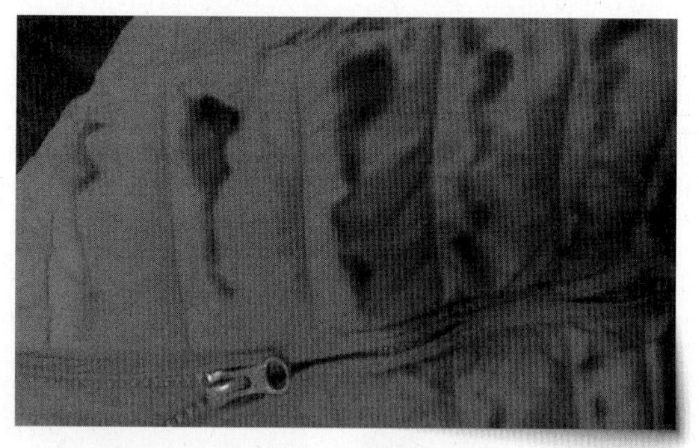

그림 139 _ 파랗게 변한 자켓

균일한 염색은 불가능하다

염색은 복잡한 화학공정이다. 염료와 물 그리고 섬유와의 반응이 분자 단위로 움직이기 때문에 아무리 정교하게 작업해도 균일하게 되는 것은 불가능하다. 단지 차이를 얼마나 줄일 수 있느냐가 품질을 결정한다.

염색은 예민하다 - Listing, Ending

단지 건조되는 수 초간 시간 차이로도 색이 진하거나 연해질 수 있을 정도로 예민하다.

리스팅은 원단의 폭방향으로 색차shading가 발생하는 현상인데 원단의 좌우 폭을 비교해 보면 컬러가 다르게 나타난다. 심하면 중간과도 차이 날 수 있다. 극히 점진적으로 달라지기 때문에 잘 보이지 않지만 원단 한 폭을 여러 조각으로 잘라 다른 순서로 맞춰 비교해 보면 정확한 차이를 알 수 있다. Listing은 주로 건조될 때 어느 한쪽이 더 먼저 건조되어 생긴다. Listing이 있으면 봉제 작업할 때 패널끼리 색이 달라 완성품의 가치가 떨어진다. 엔딩은 Tailing 이라고도 하며 원단 롤의 처음 부분과 마지막 부분의 컬러가 다르게 나오는 현상이다.

Lot 차 - 동일한 처방으로도 컬러가 매번 다르게 나오는 이유

염색물은 염색 기계의 크기에 따라 크고 작은 Lot가 있다. 즉, 매 탕마다 컬러가 약간씩 다르게 나온다. 따라서 규모가 큰 설비 일수록 Lot 수량이 커서 유리하다.

같은 조색 처방Color Recipe으로 같은 염료를 투입했는데도 매번 컬러가 다르게 나오는 이유는 염색이 매우 복잡한 공정이고 물이나 pH, 온도 등 수많은 요인들이 있으며 이들 요인을 매 공정마다 똑 같은 조건으로 제어하는 것이 사실상 불가능하기 때문이다. 어머니의 손맛은 언제나 같지만 동일한 Recipe라도 수백명 분의 상을 차리면 맛이 각각 다른 Lot 차이가 발생한다.

그림 140 _ 변색이 일어난 나일론 자켓

불변 영구염색도 퇴색이 일어난다 - 염색견뢰도Colorfastness

불변 염색이라고 하더라도 변색이 일어나지 않는다는 뜻은 아니다. 물리적 화학적 작용으로 이미 고착된 염료가 빠져나오거나 그대로 있더라도 원래의 기능을 상실하게 되면 여러가지로 문제를 일으키게 된다. 의류는 산업용과 달리 이동하는 장소에 따라 급하게 변화하는 환경에 처함은 물론 각종 화학물질에 노출되기도 하고 착의자의 지속적인 활동에 의해 인장(잡아당김), 인열(찢어짐), 마찰 같은 물리적인 힘도 받는다. 그 중에도 물세탁은 원단에게는 지속적이고도 혹독한 시련이다.

견뢰도는 자체로 색이 변하는 변퇴Self-Change나 다른 소재를 오염시키는 Staining 두가지를 확인한다. 대개는 Staining이 문제가 되고 변퇴색이 문제 되는 일은 거의 없다. 견뢰도의 등급은 미국 AATCC 표준인 Grey Scale이라는 레플리카를 사용하는데 1급부터 5급까지 10단계가 있으며 5급은 변색이나 이염이 전혀 없는 완벽한 수준을 의미한다. Lab(시험기관)에서는 5급으로 report를 주는 경우가 없다.

따라서 4.5급이 실제로 가능한 가장 높은 수준의 견뢰도이다. 염색견뢰도는 요인에 따라 여러가지로 나뉘는데 가장 많이 확인하는 견뢰도는 세탁견뢰도와 일광견뢰도 그리고 마찰견뢰도 이다. 그 외에도 물견뢰도 땀견뢰도, 염소견뢰도, 승화견뢰도 등이 있다.

세탁은 원단에 대한 지속적인 테러 - 세탁견뢰도 Colorfastness to Washing

염색에서 가장 잦은 문제는 세탁으로 인한 것이다. 이는 세탁견뢰도로 품질을 평가한다. 세탁견뢰도는 두가지를 확인하는데 자체 변퇴색Self-Change과 다른 원단의 오염Staining 이다.

원단이 일부 탈색으로 원래의 색상이 변하는 변색이나 퇴색 문제는 없거나 있어도 드물다. 그보다는 세탁할 때 원단에서 빠져나온 염료가 같은 세탁통 안에서 다른 피염물을 오염시키는 Staining이 관건이 된다. 이 말은 원단에서 염료가 아무리 많이 빠져나와도 다른 원단을 오염staining시키지 않으면 사실 문제가 되지 않는다는 뜻이다.

또 폴리에스터를 염색하는 분산염료로도 동시에 염색 되는 Nylon 이나

그림 141 _ 다섬교직포(AATCC법)과 Grey Scale

Acetate 같은 소재는 폴리에스터의 세탁견뢰도를 측정하면 항상 나쁜 결과가 나올 수 밖에 없다<그림 141 참고>. 즉, 여러가지 염료로 염색이 쉽게 되는 소재들은 문제를 일으킬 확률이 많다. 세탁견뢰도는 다섬교직포와 함께 세탁한 후, 각 소재에 이염된 결과를 확인하고 Grey Scale과 비교한 후 평가 내린다.

자외선은 염료를 죽인다 - 일광견뢰도Colorfastness to Light

일광견뢰도는 세탁견뢰도와 전혀 다르다. 세탁견뢰도가 자체 변색이 아닌 다른 옷으로의 오염Staining을 확인하는 것과 달리, 일광견뢰도는 자체 변 퇴색만 본다. 자외선에 의한 염료의 기능 상실로 발생하는 컬러의 변화를 확인하는 것이다. 다시 말해 세탁견뢰도는 염료가 탈락되는 양을, 일광견뢰도는 염료의 성능 상실을 확인하는 차이이다.

염료는 특정 색의 파장을 흡수하는 기능을 가지므로 더 이상 해당 주파수의 빛을 흡수하지 못하면 그 색에 해당하는 빛들은 반사되므로 점점 색이 연해지는 것이다. 어떤 염색된 원단도 햇빛에 오래 두면 단지 시간 차이일 뿐, 예외없이 탈색이 진행되며 최종적으로 흰색이 된다. 자외선에 의한 염료의 기능 상실은 염료의 성능보다 컬러에 따라 다르게 나타나는데 그 이유는 각 염료의 자외선 민감도(붉은색 같은)보다 컬러에 따라 사용되는 염료의 양이 다르기 때문이다.

연한 pastel 계통의 색상과 진한 Burgundy나 Black을 염색하는 데 투입되는 염료의 양은 2-3배에서 10배까지도 차이가 난다. 결론적으로 일광견뢰도는 염료의 양과 깊은 상관관계가 있다. 더 많은 양의 염료가 투입된 컬러는 적은 염료가 투입된 컬러에 비해 일광견뢰도가 좋게 나타난다. 이는 형광염료도 마찬가지이다.

일광견뢰도는 퇴색된 정도를 나타내는 Blue scale을 사용하는데 이 방식

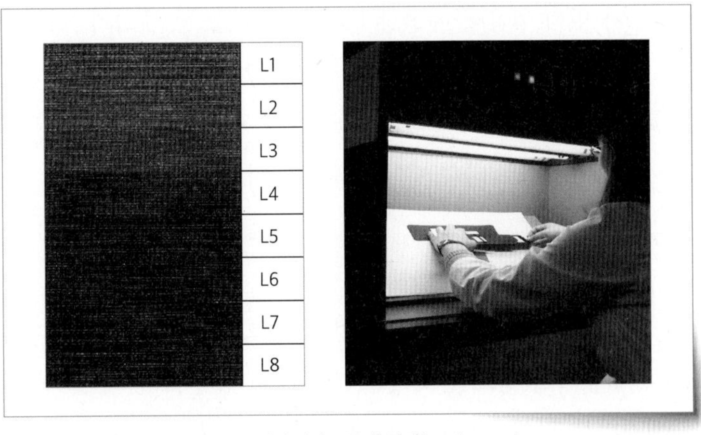

그림 142 _ 일광견뢰도를 측정하는 Blue scale

은 시간이 많이 걸려 실제로는 Grey scale을 사용하여 20시간에서 변색된 정도를 확인하는 간이 방법으로 테스트 하는 경우가 많다.

흰색 가죽시트의 재앙 - 마찰견뢰도 Colorfastness to Crocking, Rubbing

의류는 사람이 입고 활동하는 장비이므로 지속적인 마찰에 노출된다. 그런데 입고 있는 옷의 염료가 마찰에 의해 다른 물건이나 옷을 오염시키면 문제가 될 것이다. 타인의 옷은 물론, 만약 에르메스 핸드백 또는 벤틀리 자동차의 가죽시트 같은 고가의 물건에 변색을 일으키면 재앙이 된다. 이를 막기 위해 흰 면포원단으로 염색된 원단을 문질러 오염이 얼마나 나타나는시 확인하는 절차가 반드시 필요하다. 젖은 면포와 마른 면포 두가지를 사용하는데 Wet 상태일 때가 대부분 나쁘게 나온다. 마찰계수가 높아져서 이다. 즉, 같은 원단이라도 마찰계수를 작게 하면 마찰견뢰도 결과가 좋게 나온다는 뜻이다. 원단의 표면적이 클수록 마찰계수는 높게 나온다. 예를 들면 Brush 한 원단은 표면적이 매우 커져서 마찰계수가 높다. 다른 견뢰도와 달리 마찰견뢰도는 백색 면포에 나타나는 결과이므로 염색견뢰도에서 비교적 양호한 결과인 4급 이라고 하더라도 만약 빨간색이라면 크게 눈에 띈다는 사실을 주지할 필요가 있다. 4급이 규정상 Pass 이고 테스트 결과가 '합격Pass'으로 나왔다고 해서 문질렀을 때 아무 것도 묻어나오지 않는 다는 의미가 아니라는 사실이다. 최소의 오염도 싫다면 4-5급이나 5급을 Pass로 정하면 되지만 거의 모든 원단이 Fail로 나와 당사자를 괴롭히게 될 것이다.

게으른 주부의 대가 - 물견뢰도 Colorfastness to Water

초보자들에게 가장 생소한 것이 물견뢰도 이다. 물로 인해 옷색깔이 변하는 일이 생긴다는 말인가? 답은 '바로 그렇다' 이다. 세탁하는 동안은 문제가 없었는데 세탁이 끝나고 옷을 즉시 건조하지 않고 젖은 상태로 다른 세탁물과 함께 장시간 방치하는 경우 이염이 일어날 때가 있다. 이런 일을 방지하기 위해 미리 물견뢰도 테스트를 진행한다. 만약 문제가 되면 '동종 계열 색상의 옷과 함께 세탁/건조해야 한다' 'Wash & Dry with Like colors'는 문구를 케어 라벨에 추가해야 한다.

적도를 지나가는 옷 - 승화견뢰도 Colorfastness to sublimation

고체가 액체를 거치지 않고 바로 기체가 되는 현상이 승화이다. 드라이아이스가 대표적인 승화물질이다. 폴리에스터 분산염료는 상온에서도 승화가 일어나는 특성을 가졌기 때문에 내부 온도가 70도 가까이 되는 적도를 지나가는 컨테이너에 실린 PET 의류가 포장재인 폴리백을 오염시킬 때도 있다. 특히 전사 프린트된 폴리에스터는 입자가 작은 E type염료를 쓰는 데 상대적으로 입자가 큰 S type보다 승화가 일어나기 쉽다. 전사 프린트는 승화현상을 이용한 프린트이므로 이후에 높은 온도에 노출되면 같은 이유로 문제가 일어날 개연성이 항상 있다. 특성상, 주로 폴리백을 오염시키는 지에 대한 확인이다. 이 문제를 피하기 위해 포장할 때 종이Tissue를 집어넣기도 한다.

어떤 때는 Tissue 여러 장을 뚫고 오염되는 경우도 있다. 단지 적도지방에서 봉제하여 선적하는 경우만 문제된다. 도착하여 매장에 깔린 옷이 승화견뢰도 문제가 되는 일은 없다.

기타 견뢰도

그 외에 땀에 의한 변색인 땀견뢰도, 유아복에서 측정하는 침견뢰도, 수영복을 위한 해수견뢰도나 염소견뢰도 등이 있다.

염료가 이사를 다니면 재앙이다 - 이염 Migration

이미 염색이 끝난 원단의 염료가 탈락되어 다른 소재를 오염시키는 것이 이염이다. 분산염료를 사용하는 폴리에스터에서 자주 일어난다. 분산염료는 적당한 습도의 상온에서도 일어나는데 고온이나 휘발성 용제에 노출되면 급속하게 진행된다. 따라서 고온을 요하는 코팅 같은 가공을 PET에 가하면 이염이 일어날 확률이 높다. 코팅은 고온 뿐만 아니라 코팅제에 함유된 휘발성 용제 때문에 이염 발생을 가속/촉진 시킨다. 물론 진한 색과 연한 색을 코디하여 만드는 자켓은 두 컬러가 만나는 부분에 이염이 발생할 확률이 높으므로 주의해서 설계해야 한다. 100% 나일론으로 이런 자켓을 만들어도 문제는 된다. 나일론도 이염 되기 쉽고 세탁할 때 진한 쪽에서 탈색이 일어나면 연한 쪽으로 이염 되기 때문이다. 가격이 문제 되지 않는다면 가장 좋은 방법은 진한 색 부분을 PET가 아닌 Nylon으로 설계하고 연한 색 부분을 PET를 쓰면 된다. 폴리에스터는 나일론의 산성염료에 이염 되기 힘들기 때문인데 이를 반대로 설계하면 나일론이 폴리에스터 분산염료에 쉽게 염색되므로 재앙을 자초한 것이 된다. 디자이너가 무식하면 사고를 만드는 법이다. PET는 뒷면에 Film을 Laminating 했을 경우, 필름에 이염이 일어나는 경우도 잦으니 흰색 필름을 사용하거나 안감이 없는 자켓일 경우는 주의해야 한다. 뒤에 필름이 붙은 원단은 반드시 안감을 적용하되 안감이 없는 경우는 필름을 검은색이나 회색 같은 유색으로 적용해야 한다. PET의류는 동종 소재로 된 라벨에 이염이 진행되는 경우가 잦으니 진한 색 의류라면 흰색이 아닌 유색 라벨을 사용하는 것이 안전하다. 디자이너가 특별한 이유없이 굳이 흰색 라벨을 고집하면 봉제공장이 매우 성가신 문제에 봉착할 수도 있다.

황변 Yellowing

White color인 경우는 황변이 가장 큰 문제이다. 황변은 염색이 끝난 후 pH를 약산성으로 유지하는 것이 가장 중요하다. 대략 pH 5-6사이를 유지하되 그 이상 넘어가면 안 된다. 다른 연한 컬러들도 황변의 영향을 받을 수 있으므로 pH를 약산성으로 유지하는 것이 안전하다. 진한 컬러에서는 pH가 8 정도 알칼리로 나와도 문제없다. 먹는 물도 pH가 8 이상인 경우가 흔하다

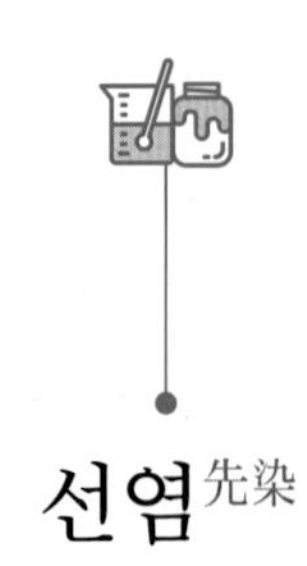

선염先染

깅엄Gingham은 주로 셔츠용으로 사용되는 면이나 면 혼방소재의 얇은 원단으로 흰색과 다른 컬러 2도의 조합으로 크고 작은 사이즈의 바둑판 무늬 체크를 형성한 선염의 평직물이다. 80년대, 우리나라에서는 '깅감'으로 불렸다. -섬유지식-

선염과 후염

선염(先染)과 사염(絲染)은 다르다. 선염은 후염(後染)의 반대 개념이다. 후염은 원단을 염색하는 것을 말한다. 여기서의 전후는 원단이 기준이다. 따라서

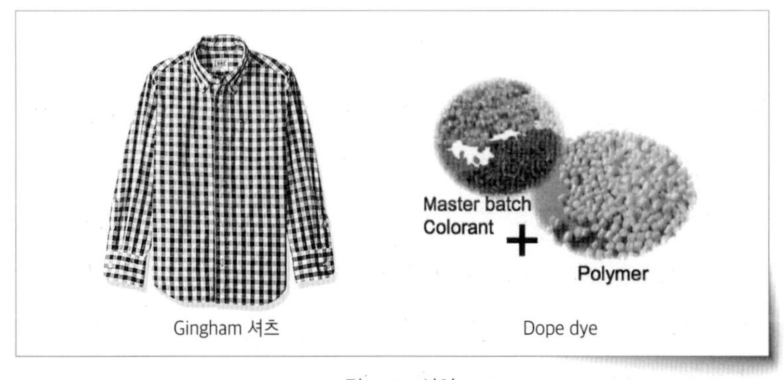

그림 143 _ 선염

선염은 원단이 되기 전 중간 제품으로 염색을 진행하는 것을 말한다. 하지만 원단을 염색한다는 동일한 의미인 포염은 니트에서만 사용하는 용어이다. 직물[Woven]에서는 PD[Piece dye] 라고 한다. 즉, 말 그대로 원단을 염색한다는 뜻이다. 선염에 비해 후염이라는 용어는 잘 사용하지 않는다. 후염은 선염과 비교될 때만 사용하는 특별한 용어이다. 여기서 염색이라 함은 불변 염색인 본염과 안료를 사용한 착색을 모두 포함하는 의미이다.

문신하는 섬유 - Dope dyeing

염색은 소재가 어떤 상태로 있든 가능하다. 물론 용도에 따라 가장 적절한 형태일 때 염색한다. 합성섬유는 심지어 섬유가 되기 전인 상태부터 염색이 가능하다. 예를 들면 합섬은 플라스틱 Chip 상태에서 출발하여 녹아 섬유가 되고 실을 거쳐 원단이 된다. 쌀알 같은 상태인 칩은 녹아 유체 상태가 되어야 가느다란 노즐을 통과할 수 있다. 죽이나 반죽 같은 점성 있는 상태를 Dope이라고 하며 이 상태에서도 염색이 가능하다. 정확하게는 염색이 아닌 안료에 의한 착색이다. 그것을 Dope Dye라고 한다. 섬유 내부에 착색이 일어나므로 문신처럼 저절로 퇴색되지 않는다.

솜을 염색한다 - Top dyeing

실이 되기 전인 섬유 상태에서도 염색할 수 있다. 즉, 솜 상태에서 염색이 가능하다. 면이 섬유 상태인 것을 솜이라고 한다. 양모도 단섬유 이므로 솜에서 출발한다. 양모의 솜을 Top이라고 한다. 면에서는 Sliver라고 부르는 길다란 밧줄 모양을 한 양모의 솜을 'Wool Top'이라고 한다. 방모[Woolen]는 대개 Top 상태에서 염색한다. 즉, Top Dyeing이다. 물론 비용이 낮다. 그에 비해 소모[Worsted]는 사염[yarn dyeing] 한다. Top dyeing보다 훨씬 더 비싸지만 소모

자체가 Suiting용 자재로 고가이므로 당연히 고품질의 염색이 필요하다. 원래 정장[Suiting]은 패턴물이 많다는 이유도 있지만 Solid color도 PD하지 않고 사염으로 처리한다. Suiting용 Wool 원단을 후염 하는 경우는 거의 없다. 방모는 납기를 단축하기 위해 미리 만들어 둔 생지를 염색하는 후염을 할 때도 하는 데 Top dyeing보다 훨씬 더 비싸다.

면도 솜 상태에서 염색이 가능하다. 이 경우는 Melange 라는 특수한 목적을 위해서이다. 정확하게 말하면 Sliver 상태이다. 면은 솜 → Lap → Sliver → Roving을 거쳐 실이 된다. Sliver는 솜이 밧줄 같이 생긴 형태이다. 면의 혼방은 바로 여기에서 이뤄진다. 이때 Sliver를 염색하고 이를 염색하지 않은 다른 Sliver 가닥과 합치면 단지 몇% 만 염색되는 <그림 146>과 같은 Melange원단이 나오게 된다. 멜란지는 대부분 니트에 적용한다. 직물은 다른 방식으로 만들 수 있다.

그림 144 _ Top dyeing

가장 비싼 선염 - Cheese dyeing

실 상태로 염색하는 사염은 다양한 방법이 있다. 가장 단순하고 저렴한 사염은 타래형태로 염색하는 Hank Dyeing 이다. Denim은 실을 길게 밧줄 형태로 만들어 염색하는 Rope dyeing을 해야 하는데 공기 중에서 산소와 접촉하여 산화되기 위한 시간을 벌기 위해서이다.

데님공장을 가보면 공장 내부로 로프Rope같은 실꾸러미가 빙빙 돌고 있다. 실을 큰 원통형 빔에 감아 염색하는 Beam dyeing도 있다. 불규칙한 패턴을 위한 Space dyeing 할 때 필요하다. 가장 정교하고 고품질인 사염은 큰 원통 안에서 쪄내는 Cheese Dyeing 이다. 실이 철사로 만든 실패에 감겨 있는 상태로 원통의 실린더 안에서 염색하는 만큼 안쪽과 바깥쪽의 컬러가 달라질 위험이 있다. 이 차이는 니트에서는 바레 Barre(줄무니)로 나타난다.

그림 145 _ Cheese dye(치즈 사염)

후염으로 패턴 직물을 만드는 방법

폴리에스터 원단에 패턴을 만들기 위한 두가지 방법이 있다. Dope dyed는 먼저 언급한 안료를 사용한 선염 이며 이를 실로 뽑은 뒤 패턴을 만들 수 있도록 제직이나 니트로 설계한다. Cationic은 Polyester를 분산염료가 아닌 캐치오닉 염료에 염색되도록 개질(改質)한 CDP(Cationic Dyeable Polyester)를 이용한다. 일반 폴리에스터와 CDP로 패턴을 설계하여 생지를 짠 다음, 이를 각각 분산염료와 Cationic으로 염색하거나 한쪽만 염색하면 <그림 146> 처럼 각각 다른 컬러로 2 tone이 나타나거나 염색하지 않은 쪽은 하얗게 되어 Melange나 Chambray 같은 원단을 만들 수 있다.

그림 146 _ cross dye와 Melange

한달 느린 선염의 납기

선염의 목적은 Solid가 아닌 패턴물을 만들기 위해서이다. Stripe나 Check 또는 Melange, Siro 등이 이에 속한다. 따라서 제직 할 때 가공 후의 수축으로 줄어드는 사이즈를 미리 감안하여 신중하게 설계해야 한다. 오더를 수주하기 전에 생지를 미리 준비할 수 없으므로 선염 직물은 후염에 비해 언제나 납기가 한달 정도 더 길다. 컬러를 미리 확인하기 위한 Lab dip을 원단이 아닌 원사로 진행해야 하며 실험실에서 랩딥용으로 만들어진 색사(色絲)를 얀 스케인Yarn skein 이라고 한다. 때로는 패턴을 미리 Approve 받기 위해 미니 직기로 수직(手織)Hand Loom하여 패턴을 짜서 제출하는 경우도 있다. 선염 직물에서 가장 수의해야 할 점은 가공 후에 발생하는 Skewing 이다. 스큐잉은 피할 수 없으나 그렇다고 용납되지 않으므로 반드시 3% 이내로 관리해야 한다.

Chapter 6

Finishing

가공

가공 Textile Finishing

과학자들의 언어로 설명하기- 소수성효과는 수용액에서 비극성 물질이 응집하고 극성인 물 분자를 배제하는 경향이다. 소수성(疏水性)이라는 단어는 문자 그대로 "물공포증(water-fearing)"을 의미하며, 물과 비극성 물질의 분리를 설명한다. 물 분자사이의 수소결합을 최대화하고 물과 비극성분자사이는 접촉면적을 최소화 한다. 열역학 측면에서 소수성효과는 용질Solute을 둘러싼 물의 자유에너지 변화이다. 주변 용매의+플러스 자유에너지 변화는 소수성을 나타내며, -마이너스 자유에너지 변화는 친수성을 의미한다.

-Wikipedia 첨삭 수정-

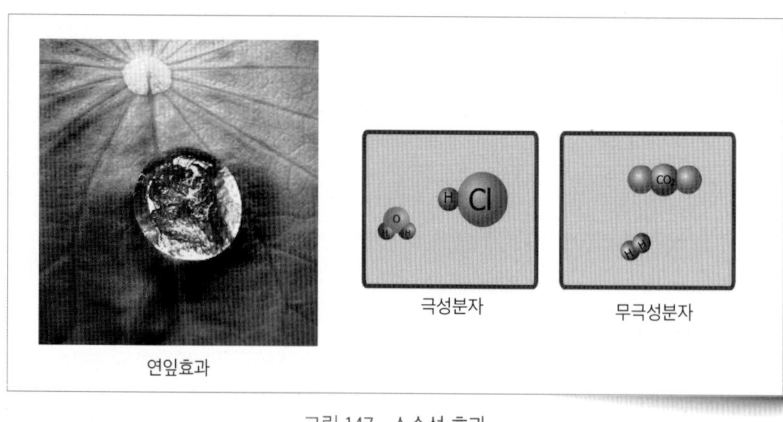

그림 147 _ 소수성 효과

섬유의 감성가공 기능가공

가공은 주로 원단에 가해지지만 원사에도 다양한 물리 화학적 가공을 할 수 있다. 가공의 최종 목적은 크게 두가지이다. 감성을 높이기 위한 것과 기능을 더하거나 향상시키기 위한 것이다. 예를 들어 광택이나 soft 가공은 감성을 위한 가공이며 방수나 Wicking은 순수하게 기능을 위한 가공이다. 각각은 서로 보완하기도 하지만 충돌하는 경우도 많다. 면에 Mercerizing 가공 하면 광택이 좋아지는데 이는 면의 흡수율을 증진하기도 한다. 반대로 방수 기능을 위해 원단에 PU 코팅하면 hand feel과 인열 강도가 나빠진다. 통기성도 상실하게 된다. 반대로 감성가공이 기능을 떨어뜨리는 경우도 있다. 폴리에스터에 감량 가공하면 Drape성이 생기지만 원단의 인열 강도가 떨어진다. 패션에서 만약 감성과 기능, 두 목적이 충돌하면 기능보다는 단연 감성이 우위이다. 복종에 따라 다르지만 소비자는 구매결정에 기능적인 면보다 감성적인 면 쪽으로 더 기우는 편이다.

최근에는 감성보다 더 우위에 존재하는 'Sustainability'라는 결코 타협할 수 없는 거대한 문제Issue가 오고 있다. 즉, 이제는 Sustainability와 충돌하면 감성이든 패션이든 물러서야 한다는 뜻이다. 원단의 염색을 원활하게 하기 위한 가공도 있다. 면직물은 염색 전에 '모소'라는 가공을 하는 데 모소는 원단 표면의 잔털을 태워서 염색에 방해되지 않도록 하는 가공이다.

감성을 위한 가공

광택을 증진하거나 Dull 하게 만드는 가공, 원단을 soft하게 또는 Hard 하게 만드는 가공, Drape성을 부여하는 가공, 원단 표면을 기모Raise하여 잔털 혹은 긴 털이 일어나 hand feel을 증진하거나 따뜻함을 느끼게 하는 가공, 구김방지 또는 반대로 구김을 강조하는 Crease나 Crush가공 그리고 표면에 약간의 Damage를 입혀 사용감이 느껴지거나 빈티지Vintage한 분위기를 연출하기 위한 Fade out 가공이 있다. 그 밖에도 합섬 특유의 광택을 줄이는 사가공도 있으며 푹신한 스폰지 느낌이 나거나 신축이 없는 원사에 Stretch 성이 나타나도록 하는 사가공도 있다. 덕분에 새로운 기능이 의도치 않게 추가되는 경우도 있지만 애초에 이들의 목적에 전혀 기능은 포함되어 있지 않다.

기능을 위한 가공

흡습성을 증진하기 위한 Wicking가공, 방수, 발수, 투습방수, UV차단, 정전기 방지, 보온, 냉감 등이 기능성 가공의 대표적인 예들이다. 기능성 가공은 주로 우븐Woven에 적용한다. 니트는 피부와 근접하는 복종이 대부분이고 그런 의류에의 기능성 가공은 쾌적함을 떨어뜨리는 경우가 많다. 직물이라도 셔츠나 바지처럼 피부에 밀착하는 복종도 니트와 마찬가지로 가공이 제한된다. 예를 들어, 드레스 셔츠에 발수가공을 한다거나 주름 개선을 위한 Wrinkle Free 가공을 적용하면 땀을 흡수하기 어려워 즉시 불쾌감을 느낀다. 따라서 대부분의 기능성 가공은 Outerwear/Outdoor 그리고 Activewear에 국한된다. 특수복이나 작업복은 말할 것도 없다. 최근의 추세는 니트를 Outerwear로 사용하는 새로운 풍조에 따라 니트에 필름을 라미네이팅하여 이전에는 불가능했던 방풍Windbreaker 자켓이나 Down 자켓을 만들기도 한다. 대개의 기능성 의류소재가 상당히 딱딱하고 거친 hand feel인 것에 반해 니트로 만든 Outerwear는 부드럽고 가볍고 신축성까지 있다. 물론 니트 원단으로 Outerwear를 만들면 수명이 한 시즌이나 두 시즌 밖에 되지 않는다는 것을 소비자도 알고 있다. 예전에는 결코 용납할 수 없는 치명적인 단점이었지만 의도적으로 제품의 수명을 낮추는 '계획된 진부화Planned Obsolescence' 가 존재하는 소비경제 근간에 놓여있는 현대 소비자는 그런 사실에 크게 부담을 느끼지 않는 것 같다. 21세기의 소비자는 옷장 안에서 두 시

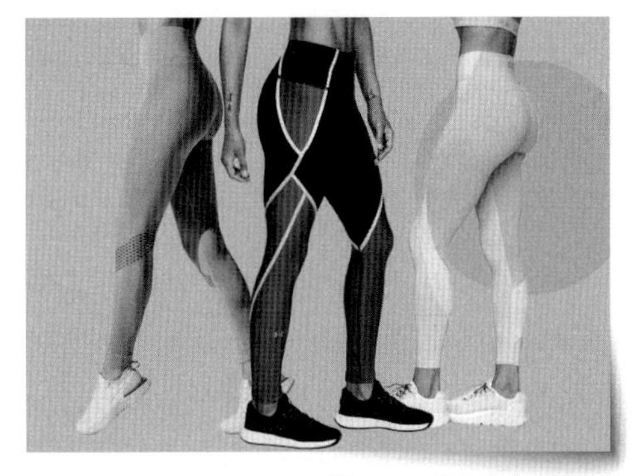

그림 148 _ 레깅스와 스키니진

즌이상 선택 받지 못한 의류는 재활용 박스로 향해야 한다는 지적을 상식으로 받아들인다.

양쪽을 동시에 만족하는 가공

만약 어떤 가공이 감성과 기능, 양쪽을 만족하고 있다면 성공적인 가공이라고 할 수 있다. 대표적인 것이 Spandex 이다. Spandex는 물론 기능성 원사이며 그런 목적을 위해 탄생한 고가의 원사지만 Spandex가 들어있는 원단과 그렇지 않은 원단은 기능 차이를 넘어 외관에서 대단히 다른 느낌을 준다. Spandex가 포함된 원단은 '간지'라고 표현하는 묵직하고 차분하며 고급스러운 느낌이 있다. Spandex로 인하여 발생한 텐션Tension으로 약간의 표면 크레이프Crepe효과와 증가한 밀도가 그런 영향을 준다고 생각된다. 기능과 감성 양쪽을 동시에 만족시키는 효과로 인하여 Spandex 원사의 수요는 해가 갈수록 더 확장되고 있으며 그로 인한 새로운 트렌드의 의류가 계속 출시되고 있는데 그중 하나가 Skinny 라는 트렌드이다. 우븐 원단에는 존재하지 않았던 이 새로운 트렌드는 보수적인 청바지까지 영향을 미쳐 크게 히트를 치고 있는 '스키니진' 이 출시되었다. 심지어 원래 신축성을 가진 니트로

까지 영역이 거꾸로 확대되어 'Power stretch knit'라는 카테고리를 새롭게 만들고 그에 따른 용도 확장으로 '레깅스Leggings' 라는 과감한 스타일의 바지가 인기를 얻고 있다. 레깅스의 고탄성 신축은 편안한 바지가 목적이 아닌 순전히 몸에 달라붙기 위한 감성 용도로 사용되고 있다.

재귀 반사 필름이 적용된 도로 표지판

Stone Island Liquid reflect

그림 149 _ 재귀반사 가공

화섬 고유의 광택을 죽이기 위해 사용하는 소광제가 포함된 원사는 Semi dull 혹은 Full dull 이라는 각 단계로 자칫 천박하게 느껴지는 '광택'이라는 저렴한 감성을 줄이려고 하는 진지한 목적을 가지고 있다. 그런데 소광제가 광택을 감소시키는 이유는 그런 무기물들이 빛을 산란하는 기능이 있기 때문이다. 즉, 정반사를 줄인다. 그런데 빛에는 자외선도 있다. 따라서 이런 감성 원사는 자외선을 막아주는 기능적 혜택을 저절로 입게 된다. 물론 소비자는 이를 기대하지 않지만 처음부터 감성이 아닌 UV 차단을 목적으로 사용하면 양쪽의 혜택을 받는 다기능 원단이 될 수도 있다.

재귀 반사 원단은 야간에 자동차 헤드라이트에 비춰진 빛을 반사하려는 목적으로 만들어졌지만 'Stone Island'가 그것을 패션이라는 감성을 목적으로 처음 선보였다. 물론 이런 산자재용 원단을 의류에 적용하는 것은 쉽지 않다. Hand feel이 충분히 soft 해야 하는 것은 물론, 수십가지 물리 화학적 테스트와 지속적인 세탁이라는 시련을 견뎌야 하기 때문이다.

표 5 _세계 최초로 재귀 반사 원단의 보온 성능을 연구한 저자의 학위논문

자료유형	학위논문
서명/저자사항	재귀반사 패션소재의 광학적특성과 보온성능 = Optical characteristic and thermal properties of retro-reflective fashion fabrics / 안동진
개인저자	안동진
발행사항	서울 : 연세대학교 생활환경대학원

나이키는 이 소재를 기능과 연결하기 위해 ‘비 오는 밤의 Night jogging’을 위한 안전복이라는 취지로 마케팅 하였지만 실제로 이 원단의 숨은 기능 중 최고는 ‘Heat Reflective(체온 반사)’ 이론을 기반으로 하는 단열 보온이다. 아직 그런 목적으로 판매하는 의류는 없지만 언젠가는 나오게 될 것이다. 나는 이 원단으로 셀럽들을 귀찮게 하는 파파라치들로부터 보호하기 위한 Anti-paparazzi jacket을 설계한 적이 있다. 이 자켓을 밤에 입고 나가면 사진을 찍어도 얼굴이 나오지 않는다.

그림 150 _ 나이키 Vapor Flash

감성 가공

어떤 물체가 광택이 나려면 빛이 가해졌을 때 정반사가 일어나야 한다. 정반사란 표면의 요철이 빛의 파장보다 작은 어떤 매질에 입사하여 원래 그대로 되돌아 나오는 것을 말한다. 즉, 입사각과 반사각이 동일한 각도를 이루게 된다. 만약 표면의 요철이 빛의 파장보다 더 크면 요철의 모양에 따라 빛은 각각 다른 방향으로 튀게 되며 이것을 난반사라고 한다. 우리가 어떤 물체의 색을 보는 것은 난반사 때문이다. 물체의 표면에 정반사 된 빛은 그 물체의 색에 상관없이 흰색으로 보인다. 심지어 검은색이라도 그렇다. 잘 닦인 검은 자동차에 광택이 잘 된 부분은 흰색으로 보인다는 사실을 알고 있다. 검은색으로 보이는 부분은 대부분의 빛이 흡수되어 우리 눈에 들어온 빛이다. 어떤 물체의 표면이 정반사를 일으키려면 표면의 요철이 빛의 파장(400-750nm)보다 더 작아야 한다. 그것을 우리는 평활flat하다고 한다

-섬유지식-

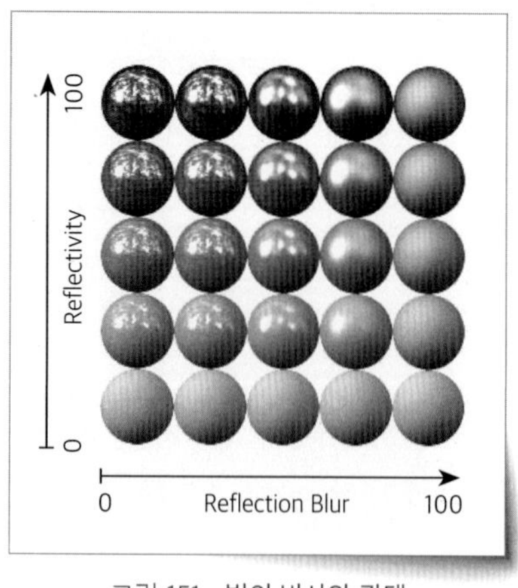

그림 151 _ 빛의 반사와 광택

광택 가공Luster

의류 소재에서 광택은 매우 중요하다. 광택은 트렌드에 따라 때로는 선호하기도 혐오하기도 하는 매우 상반된 감성이지만 가장 중요하고 뺄 수 없는 트렌드이기도 하다. 최근의 트렌드는 금속 광택인데 몇 시즌 동안 꾸준하게 가는 중이다. 적당한 광택은 원단의 품위를 높여주고 Satin의 액체가 흐르는 듯한 강한 광택은 사이키델릭한 느낌을 주기도 하는 한편, 시간이 지나면 갑자기 변덕을 부려 혐오감이 나타날 때도 있다. 이에 따라 광택을 늘리거나 줄이거나 또는 아예 없애는 가공들이 다수 개발되어 있다. 면 같은 단섬유는 원래 광택이 없으므로 광택이 증진되면 Luxury한 느낌을 준다. Mercerizing은 면직물 염색 전에 적용하는 광택 가공이다. 염색이나 프린트가 끝난 면 또는 T/C 직물에 광택을 주기 위한 단순하기 이를 데 없는 친츠Chintz 가공도 한 때 선풍적인 인기를 누린 적이 있다. 니트인 경우, 원사 표면의 잔털을 태우는 모소 가공은 '실켓Silket' 이라는 특별한 이름으로 불린다. 합섬은 처음부터 광택을 갖고 생산된다. 따라서 이를 더 증진하거나 없애려는 가공이 개발되어 있다. 가장 쉬운 방법은 씨레Cire이다. 뜨거운 다리미로 원단을 눌러 주는 방식과 같다. 그 결과로 표면이 평활해지면서 광택이 생긴다. 면과 달리 합섬은 한번 Cire 하면 거의 영구적으로 형성된다. <그림 152>의 Spark원사처럼 극단적인 광택을 내기 위해 섬유의 단면을 삼각형으로 제조하는 경우

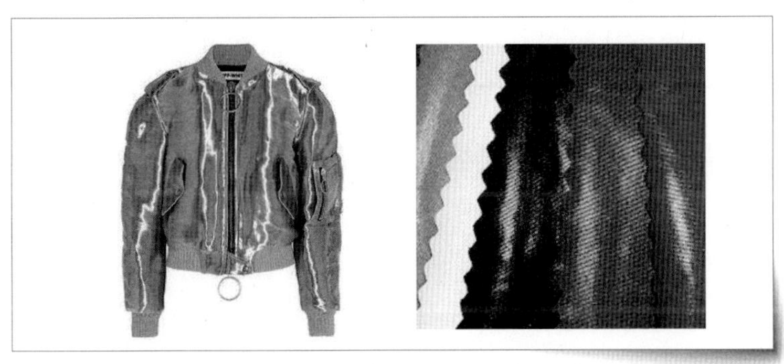

그림 152 _ Spark Satin과 Cire finish된 원단

도 있다. 반대로 Dull 가공은 합섬 특유의 광택을 없애거나 줄이기 위해 섬유 내부에 소광제를 삽입하는 경우이다. 소광제의 양에 따라 'FD'와 'SD'가 있다. 이는 섬유도 되기 전 상태에 가공을 가하는 경우가 된다. 메탈릭Metallic 원사는 필름처럼 납작하게 만든 폴리에스터에 필름을 입혀 마치 금속 원사를 사용한 것 같은 극단적인 광택을 만들 수 있는 합섬이다.

Touch 가공

원래보다 더 Soft하거나 더 Hard, Crispy하게 만드는 가공이다. Soft한 감성은 두 종류인데 손가락 끝으로 표면을 만졌을 때 매끈하다고 느끼는 감성과 손바닥으로 전체를 만졌을 때 원단이 액체처럼 흘러 손에 감기는 부드러움이 그것이다. 여성복은 대개 Soft해야 하며 이런 목적을 위한 다양한 가공이 있다. 가장 간단한 가공은 유연제이다. 실리콘 같은 유연제는 원단 표면을 일시적으로 매끄럽게 만들어 손끝에서 부드럽다는 느낌을 준다. 면처럼 가는 섬유나 굵기가 가는 섬유로 된 합섬의 표면에 매우 짧은 털을 균일하게 가공하면 Soft해진다. 더 나아가 마치 고운 밀가루 표면을 만지는 듯한 'Powdery'라는 감성도 있다. 이런 가공은 동시에 보온감을 부여한다. 털이 길수록 더 큰 온열감이 발생한다. 면직물은 전혀 Drape성이 없는 원단이지만 효소를 이용한 엔자임Enzyme 가공은 Drape성과 함께 염색된 표면이 약간 탈색Fade out되는 Vintage 효과를 동시에 만들 수 있다. A&F 에서 크게 유행시킨 이 면 원단의 감성 효과는 너무 극적이어서 도저히 소재가 면이라고 믿기 어려울 정도이다. Soft와 반대로 원단을 Hard하게 만들고 싶으면 수

그림 153 _ Enzyme 가공

지[Resin]을 투여하면 된다. Resin은 원단의 구김방지로도 사용한다. 하지만 양이 지나치면 면 같은 천연섬유는 *취화 되어 자주 마찰되는 부분이 찢어지기 쉽다는 점을 유의하여야 한다. 크리스피[Crispy]는 종이처럼 바삭거리는 느낌이 나는 구김 가공이다. Paper touch 라고 하는데 주로 Nylon에 적용한다.

Drape 성능 가공

모든 소재 중, 가공없이 처음부터 뛰어난 Drape성을 지닌 소재는 단 하나, Rayon 뿐이다. Filament 원사로 된 직물은 물론이고 방적사 레이온도 좋은 Drape성을 갖는다. 레이온은 마치 수양버들처럼 축 늘어지는 성질을 갖고 있다. 물에 닿으면 8% 이상 수축되지만 빨래 줄에 걸어 놓으면 건조 후 다시 늘어나기도 한다. 레이온을 니트로 짜면 더욱 좋은 Drape성이 나타난다. 니트는 조직에 따라 Drape성이 전혀 없는 소재를 손에서 마치 액체처럼 흐르게 만들 수도 있는데 중세의 사슬갑옷이 바로 그런 것이다. 합섬원단에 Drape성을 갖게 하려면 섬유에 흠집[Crater]을 내어 경위사가 교차하는 접촉 면을 줄이면 된다. PET에 적용하는 감량가공은 대표적인 Drape 성능 가공이다. PET는 알칼리에 약해서 수산화나트륨 같은 강알칼리와 만나면 부식이 일어난다. 즉, 달 표면처럼 원사에 곰보자국이 나는 것이다. 이를 Crater 가공 이라고도 한다. 부식되어 사라진 만큼 중량이 줄어들어 감량 효과가 나타난다. 알칼리와 더 많은 시간 접촉하면 더 많은 감량이 일어나고 이는 즉시 Drape성의 향상과 직결된다. 면 같은 셀룰로오스 원단은 효소를 통해 감량이 일어난다. 주의할 점은 감량

그림 154 _ 사슬갑옷

가공할 원단이 어느 정도 강도를 가져야 한다는 것이다. 그렇지 않으면 가공 후 충분한 강력을 갖기 힘들고 PET는 충분한 밀도가 안 되면 감량 후 봉탈(미어짐)Slippage이 나타난다. 감량은 적게는 10%에서 많게는 20%까지 하는 경우도 있다. 나일론 직물은 Drape성능을 부여하는 것이 현재로서는 불가능하다.

긴 털은 기능가공 짧은 털은 감성가공 - 기모 Raise

원단 표면에 털을 일으키면 털의 길이에 따라 다양한 감성이 생기고 기능까지 얻을 수 있다. 동물은 대개 겉 털과 속 털을 가지고 있는데 겉 털은 거칠고 속 털은 믿을 수 없을 정도로 부드럽다. 둘의 차이는 털의 굵기이다. 마찬가지로 섬유의 굵기가 가늘면 원단에서 매우 부드러운 표면 효과가 생기는데 이를 Powdery 라고 한다. Micro fiber 정도가 되면 기모하지 않아도 손끝에 Powdery 느낌이 전해진다. 단섬유/방적사로 만들어진 원단 표면은 눈에 보이지는 않지만 모우(잔털)로 뒤덮이게 된다. 모우는 균일한 염색에 방해가 되므로 염색 전에 불에 그을러 없애지만 이후의 생활마찰로 인해 다시 나타난다. 그것이 축적되면 보풀과 Pilling으로 이어지는 것이다. 그런데 만약 표면의 잔털을 오히려 더 일으킨다면 전혀 다른 촉감의 원단이 된다. 털을 짧게 할 수도 길게 할 수도 있으며 짧은 쪽은 복숭아 털을 닮았다고 해서 Peach 혹은 버핑Buffing 가공이라고 한다. 이 가공은 사포Sand paper로 이뤄진다. 회수를 늘릴수록 털은 더 많아지지만 불 균일하게 될 우려가 있으므로 매번 전면을 고르게 다듬어주는 쉐어링Shearing을 해줘야 한다. 긴 털을 만들려면 바늘이 촘촘하게 꽂힌 침포가 필요하다. 방모의 Mossa는 물론이고 면 Suede나 Moleskin 원단은 5-7회까지 기모와 Shearing을 반복한다. 니트인 폴라플리스Polar fleece도 대표적인 기모 제품이다. 기모 효과는 원사가 느슨할수록 더 잘 나타나므로 직물 보다는 원사에 공기가 많이 포함된 니트가 훨씬 더 쉽다. 화섬인 경우 털이 길어질수록 Pilling 이라는 부작용이 커지므로 이에 대한 대비가 필요하다. 표면이 기모 된 원단은 열전도가 낮아져 따뜻한 감촉이 있으므로 겨울용에 적합하지만 남자 수영복 트렁크는 수십 년째 Peach 가공된 폴리에스터 Twill 원단에 프린트 되어있는 소재가 대세이다. 더구나 기모 된 원단은 모세관력 때문에 물을 더 많이 흡수하므로 건조시간도 더 길어 수영복으로는 부적절한 가공이 된다. 하지만 패션과 편의성/기능이 충돌할 때 어느 쪽을 선택해야 하는지 이 책에서 여러 번 강조하고 있다.

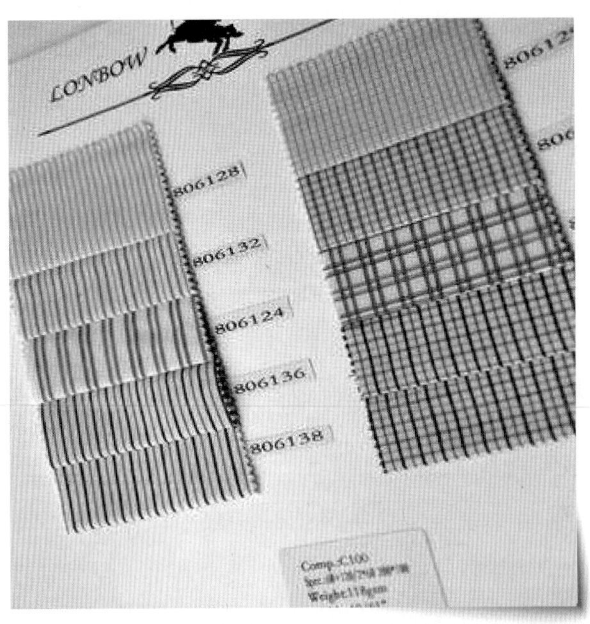

그림 155 _ High End 용 Liquid Ammonia 가공된 면 드레스셔츠

구김방지Wrinkle Free 가공

면은 구김이 잘 가는 소재인데 셔츠나 얇은 바지를 만들면 구김이 더욱 성가시게 한다. 이 때문에 면 드레스 셔츠는 더러워지지 않아도 이틀을 입을 수 없다. 이를 보완하는 가공 소재가 수지Resin이다. Resin은 플라스틱의 일종으

로 면에 약간 도포하면 면이 잘 구겨지지 않고 구겨져도 다시 복원될 수 있도록 도와준다. 대개의 면직물은 염색 직후에 PP Precured 라는 가공을 하는데 PP는 Permanent Press 이다. 즉, 영구적인 다림질 이라는 뜻인데 어느 정도 허풍이 깔려 있다. 이 가공은 구김을 어느 정도는 막아주지만 그리 신통하지는 않다. 제대로 하고싶다면, Wrinkle Free 가공을 추가하면 된다. 이 가공은 원단에 하는 프리큐어Pre-cure보다 Garment에 적용하는 포스트큐어Post-cure가 훨씬 더 효과가 좋다. 원리는 동일하다. 수지를 입혀 주는 것이다. 물론 원단은 더 Hard해진다. 그리고 마찰강도와 인열강도가 약해진다. 셔츠인 경우는 소수성인 수지가 친수성인 면의 흡습을 방해하여 여름에 입으면 불쾌하다. High end shirts는 수지 가공의 단점을 피하기 위해 일본 기술인 액체 암모니아Liquified Amonia법을 이용한 구김방지 가공을 적용하는데 믿을 수 없을 만큼 효과가 탁월하다. 하지만 매우 고가이고 가공 공장을 찾기 쉽지 않다. 현재는 중국의 산동성에 하나가 있다.

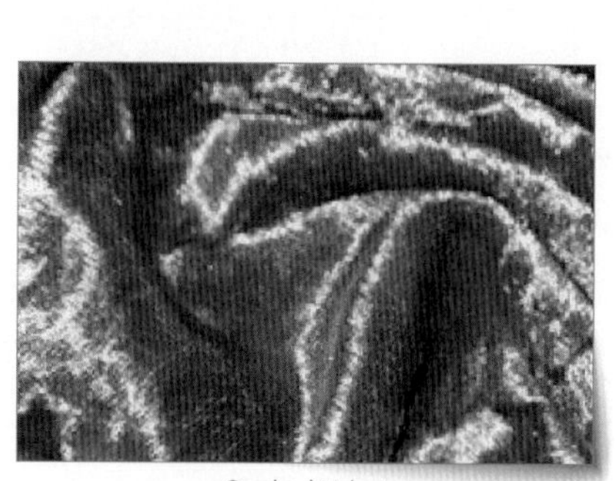

Crushed Velvet

Crushed Nylon

그림 156 _ CRUSH 가공

Crease / Crush 가공

원래 패션의류에서 주름은 기피하는 현상이었으나 이를 이태리의 한 회사가 Trend의 하나로 정착시킨 이후, 지속적인 감성가공의 하나로 자리잡게 되었다. 즉 일부러 주름을 더 잡는 것이다. 화섬은 주름이 잘 잡히지 않지만 Nylon은 쉽게 가공할 수 있다. 염색할 때 원단을 펴지 않고 밧줄(실타래)처럼 구겨서 염색하면 주름이 그대로 유지된다. 원단을 파이프처럼 생긴 염욕 안에서 밧줄 형태로 염색하는 것은 PET를 염색하는 대표적인 Rapid 염색이다. PET는 이런 방식으로 염색해도 이후 주름을 쉽게 펼 수 있다. PET는 주름이 생기기 어렵기 때문이다. 따라서 화섬에 Crush 가공 되어 있는 원단은 대부분 Nylon이라고 보면 된다.

Velvet은 경사가 두가지 들어간 복잡한 이중지라서 제직 Defect가 기본적으로 많다. 밀도가 적은 벨벳일수록 더욱 그런데 파일이 눕거나 구김이 생기면 회복이 불가능하다. 벨벳에서 이런 일은 꽤 자주 생기므로 많은 원단이 불량 처리된다. 따라서 표면을 Crush하여 Pile을 짓누르거나 복잡한 무늬의 Print로 결점Defect를 감추는 방법으로 원단을 살린다. 당연히 고가의 고밀도 벨벳에 Crush 하는 일은 절대 없다. Crush된 Velvet은 저가 저밀도 이거나 2등급 품이라는 증거이다.

사용감 있어 보이게 하는 - Fade out 가공

청바지처럼 원단 표면에 사용감이 생기도록 불 균일하게 탈색/퇴색을 유도하는 가공이다. 대표적인 것이 Pigment fade out이다. 염료를 사용하는 정상적인 염색에서는 일반적인 방법으로는 부분적인 탈색을 유도하기 힘들다. 따라서 안료로 원단을 코팅한 다음, 수세하면 안료의 일부가 세탁 시 탈락하면서 자연스러운 효과가 생긴다.

수세 작업은 Garment 상태에서 하는 게 자연스럽고 좋다. 물론 안료로 코팅된 원단은 매우 딱딱하다. 따라서 주로 Men's wear에 적합하다. 만약 면 소재이고 원단이 Hard해 지는 것이 허용되지 않으면 Cationic(양이온) 염색을 이용할 수 있다. Cationic 염색은 염료가 전기적으로 플러스 성질을 가지므로(양이온) 원단을 마이너스로 대전시킨 다음 염색하는 방법이다. 이 방법을 쓰면 배추속처럼 원단 내부는 하얗게 두고 표면만 염색할 수 있다. 염료가 절약되고 물을 덜 오염시키므로 Sustainable하다. 이와 같이 원사의 표면만 염색하는 것을 Ring Dyeing 이라고 하는데 이런 상태에서 수세하면 표면의 원사가 불 균일하게 뒤집히면서 안쪽 부분이 하얗게 드러나게 된다. 물론 Pigment fade out 효과와는 양상이 다르게 나타난다. 면 소재에만 가능하다. 면 원단은 효소를 이용하여 정상적으로 염색된 원단을 Fade out 시킬 수 있다. Washing 가공편에서 좀 더 자세한 내용을 다루어 보겠다.

그림 157 _ Thermochromic 열변 가공

변색 가공 Chameleon Finish

변색은 빛, 물, 열 3가지 요인으로 인한 컬러의 변색을 만들어 낸다. 각각, Photo-chromic, Hydro-chromic, Thermo-chromic 으로 불린다. 카멜레온이라고 불리는 변색 가공은 마법 같은 극적인 효과를 주지만 고가이고 효과가 오래 지속되지 않는 단점이 있다. 원리는 각각의 요인에 노출되었을 때 염료의 기능을 일시적으로 상실하는 만드는 방법이다. 염료의 기능이 상실됨으로써 나타나는 결과는 흰색으로 변하는 것이다.

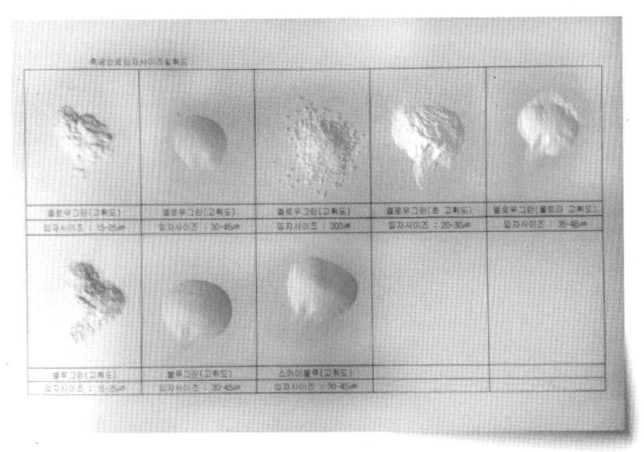

그림 158 _ 축광안료

Hydrochromic은 반대로 원래 흰색인데 젖으면 투명해지는 안료를 사용한다. 따라서 이미 프린트된 특정 컬러 위에 안료를 칠해두면 흰색으로 보이다가 젖으면 투명해지면서 아래의 배경색이 나타나게 된다.

축광 Glow In the Dark

열을 저장하고 있다가 천천히 방출하는 뚝배기에 축열기능이 있는 것처럼 빛을 저장하고 있다가 천천히 방출하는 안료가 있다. 이것이 축광 안료인데 원래 시계의 바늘에 사용하다 최근에는 패션 소재로 까지 신출하였나. 일광견뢰도가 낮아서 사용빈도가 낮았는데 최근에 극적으로 개선되어 활용이 기대된다.

기능성 가공

Ventile®은 제2차 세계대전 당시, 영국의 Manchester에 있는 'The Shirley Institute'의 과학자들이 Winston Churchill의 요청에 의해 만든 천연 투습방수 원단이다. 코팅 기술이 없던 당시, 비행기가 추락하면 차가운 대서양의 바닷물은 단 몇 분만에 조종사들의 놀란 심장을 멈추게 하였으므로 구조대가 아무리 빨리 출동해도 소용없었다. 영국공군은 물이 내부로 스며들어오지 않는 방수원단으로 만든 파일럿복이 절실하였으나 방수원단으로 최적인 Nylon은 1938년에 미국에서 출시되기는 했지만 겨우 칫솔이나 여자들의 스타킹으로 사용되고 있던 중이었다. 따라서 천연섬유인 면으로 코팅이나 여타의 가공없이 투습방수 원단을 만들어야 했으며 결국 'Ventile'제조의 성공으로 2차 세계대전 중, 영국의 많은 전투기 조종사들이 목숨을 구할 수 있었다.

-섬유지식-

영구적인 후가공은 없다

패션 소재의 기능성 가공은 주로 직물에 적용된다. 바지와 셔츠를 제외한 대부분의 우븐 복종은 기능성 가공이 추가된다. 물론 바지나 셔츠에도 화섬인 경우는 Wicking이나 정전기방지 가공이 추가되는데 이 가공들은 감성을 해치지는 않지만 유감스럽게도 가공 효과가 오래가지 않는다. 수회의 세탁

후에는 기능을 거의 상실한다. 후가공의 대부분이 목적을 위한 특정 케미컬이나 Agent의 첨가로 이루어지는데 그것들의 섬유에 대한 부착력과 수명이 영구적일 수 없기 때문이다. 예컨대 발수가공은 겨우 수회의 세탁으로 기능을 상실하는데 그 때문에 DWR(Durable W/R)이라는 가공이 존재하는 것이다. 물론 영구적인 기능도 존재하지만 그것들은 후가공이 아닌 소재 자체에서 비롯되거나 섬유/원사를 특수하게 설계 제조한 것이다.

Olefin은 아예 물에 젖지 않는다. 소재 자체의 성질인 것이다. 벤타일Ventile은 케미컬이 아닌 면의 팽윤 특성과 고밀도로 제직된 조직으로부터 기인한다. Wicking은 화학적으로 만드는 친수 성질 이지만 Coolmax는 체표면적을 이용한 물리적인 힘을 섬유자체의 구조로 설계한 것이다. 발수는 순전히 케미컬을 기반으로 기능하지만 연 잎의 Lotus Effect는 낮은 표면장력을 가진 기름성분과 표면의 프랙탈Fractal 구조로 인한 것이다. 발수 Agent와 달리 유분은 연 잎이 살아있는 한 지속적으로 공급되므로 영구적인 기능을 발휘한다.

그림 159 _ Fractal은 동일한 패턴이 반복되는 구조이다

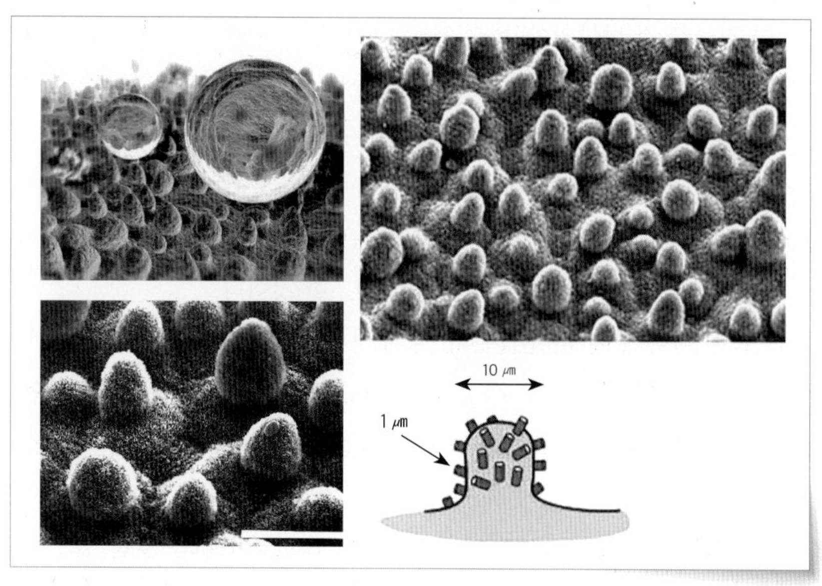

그림 160 _ 연잎 표면과 프랙탈 구조

방수와 발수를 구분하지 못하면 패션인이 아니다 - 발수Water Repellent

발수와 방수가 비슷하다고 착각하는 사람이 많은데 사실 둘은 ㅂ ㅅ 두 철자가 같은 것 외는 전혀 다르고 완전히 별개의 것이다. 발수(發水)는 이름 자체로 생소한 가공이지만 모든 Outerwear와 Outdoor 소재에는 반드시 들어가는 필수 가공이다. 이 가공을 설명하기 전에 발수는 우리에게 익숙한 개념인 방수와는 완전히 다르다는 사실을 이해하는 것이 먼저다. 발수는 기능으로 보이지만 실제로는 소비자의 눈을 만족시키려는 감성가공에 가깝다. 즉, 기능의 탈을 쓴 감성 가공이다. 발수는 문자 그대로는 물을 밀어내는 것을 의미한다. 흡수와 반대이다. 우리의 예상과 달리 발수는 눈으로 확인되는 시각적인 만족을 위한 가공이다. 옷 위로 물이 떨어졌는데 즉시 흡수되지 않고 잠깐이라도 표면 위에 물방울을 형성하는 것이 발수의 기본 기능이다. 여기서 말하는 물방울은 납작하지 않은 반구형 혹은 그보다 더 구형인 물방울을 말한다. 이 기능은 소재가 물의 침투를 막는 방수기능과는 거의 관계가 없다. 다만 표면에 형성되는 구형 물방울들이 소비자들에게 그 옷이 방수기능을 지녔으며 잘 작동하고 있다는 시각효과를 전달할 뿐이다. 사실 방수효과는 시각적으로는 전혀 확인이 불가능하다. 또 발수는 시간이 진행됨에 따라 효력을 상실한다. 자켓을 입고 비를 맞았는데 처음에는 물방울을 형성하다 시간이 지나면 점점 옷이 젖어 들어간다는 사실을 누구나 안다. 그 이유는 원단이 물을 밀어내는 힘과 물을 잡아당겨 원단 속으로 스며들게 하는 힘이 다르기 때문이다. 비행기는 양력이 중력보다 더 크기 때문에 하늘을 날 수 있는 것과 마찬가지다. 두 힘이 경쟁하여 어느 한쪽이 이기는 것이 결과로 나타난다.

물리적인 힘이 화학결합보다 강하다

우주에 존재하는 모든(수소는 제외) 원자의 핵은 양성자와 중성자들이 뭉쳐 있다. 그런데 그런 구조는 사실 말이 안 된다. 전기 극성이 없는 중성자는 그렇더라도 전기적으로 플러스인 각각의 양성자들은 뭉치는 대신 서로 밀어내야 하는데 어떻게 서로 달라붙어 핵을 형성하고 있을까? 그 이유는 양

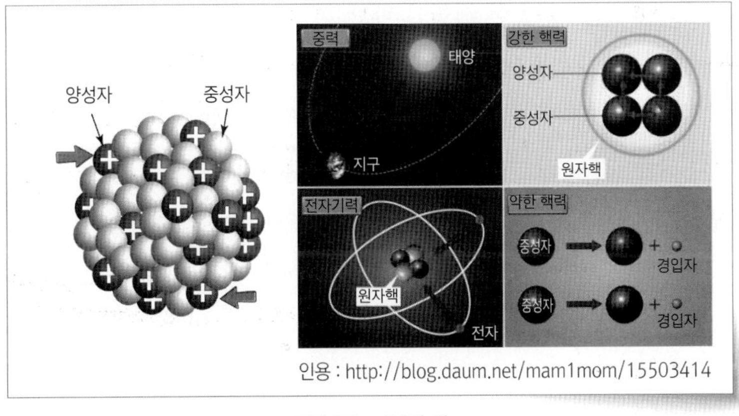

인용 : http://blog.daum.net/mam1mom/15503414

그림 161 _ 4가지 힘

성자들끼리 잡아당기는 '강한 핵력'이라는 힘이 반대편으로 밀어내는 전기의 힘보다 훨씬 더 강하기 때문이다. 단, 강한핵력은 매우 가까운 거리에서만 작용한다.

원단은 표면에서 물을 밀어내는 반발력보다 훨씬 더 큰 힘인 모세관력' 때문에 결국 물이 스며들게 된다. 모세관력은 가는 틈에서 발생하는 힘인데 틈이 충분히 가늘면 중력을 이기고 물을 수백 m 위로 끌어 올릴 수도 있는 무시무시한 괴력을 자랑한다. 따라서 물을 아예 흡수하지 않는 폴리프로필렌 같은 소재도 원단으로 만들어 놓으면 모세관력에 의해 원단을 적실 수 있다. 물론 단순히 원단을 몇 번 터는 행위로 물을 완전히 제거할 수 있다. 물을 밀어내는 소수성은 전기적인 힘이지만 모세관력은 물리적인 힘으로 그보다 훨씬 크다.

물이 구형에 가까울수록 좋은 발수성능

그렇다면 발수성능은 어떻게 확인할까? 정확한 발수성능의 측정은 '물방울이 얼마나 구형에 가깝게 형성되었느냐' 로 측정한다. 따라서 원단 표면과 물방울 사이의 접촉각이 발수성능을 나타내는 지표이다. 하지만 의류에서는 그렇게 어렵고 복잡한 시험을 매번 하기 어렵다.

대신 원단 위에 샤워기로 일정 시간 물을 뿌린 다음, 얼마나 젖어 드는지 눈으로 확인하는 게 전부이다. 젖은 상태를 표준 그림과 비교하여 등급으로 나타낸다. 이는 간이 시험이지만 거의 실제 발수성능을 보여주기는 한다. 원단 표면 위의 물방울이 구에 더 가까울수록 원단에 접촉되는 물의 면적이 적으므로 물이 잘 튕겨 나가고 따라서 더 긴시간 젖지 않고 버틴다. 물이 납작하면 훨씬 더 넓은 표면에 물이 묻어 모세관력에 의해 원단 안쪽으로 잡아당겨 지기 쉽다.

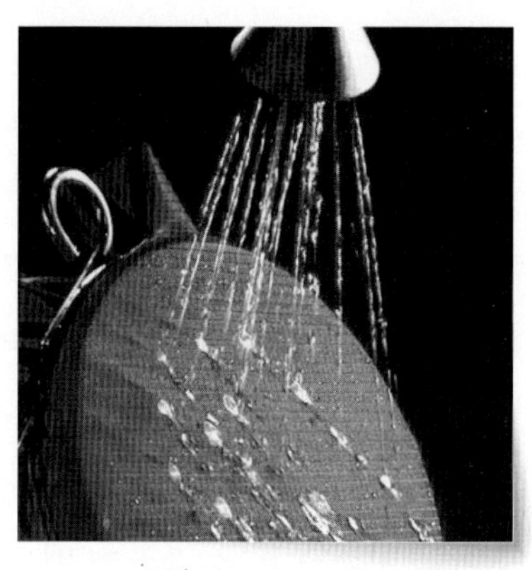

그림 162 _ Spray Test

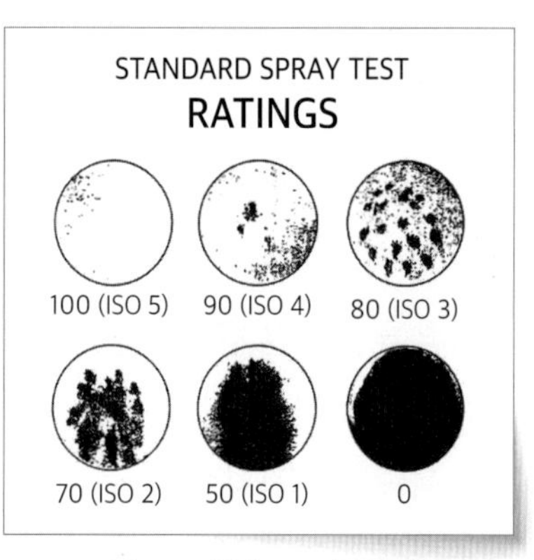

그림 163 _ 발수도 : 미국(유럽)

세상에서 가장 표면장력이 낮은 물질

발수기능은 발수제라는 화학약품을 사용하여 만들어진다. 물이 원단 표면에서 구형의 물방울을 형성하려면 원단의 표면장력이 물보다 더 작아야 한다. 대개의 원단은 물보다 표면장력이 더 크므로 표면장력이 작은 화학약품을 발라주면 된다. 실제로는 바르지 않고 푹 담그는 방법을 쓴다. 기름 종이 위에서 물이 방울을 형성하는 이유는 종이 위의 기름이 물보다 표면장력이 더 작기 때문이다.

연잎 위에 떨어진 물방울은 마치 허공에 떠있는 것처럼 연잎을 적시지 않지만 만약 연잎 위에 알콜을 떨어뜨리면 놀랍게도 알코올은 연잎을 그대로 적셔 버린다. 알콜의 표면장력이 연잎 표면보다 더 작기 때문이다. 그런데 발수제는 원단에 그리 오래 머물러 있지 않는다. 몇 번의 세탁으로 금방 사라진다. 따라서 발수효과를 오랫동안 얻기 원하는 의류에서는 DWR 가공(Durable W/R)을 해야 한다. DWR은 몇 회의 세탁에 발수기능이 어느 정도 유지되는 지에 대한 정도를 세탁횟수/발수도 30/80 과 같이 숫자로 나타낸다. 보증하는 숫자가 없으면 DWR 이 아니다.

물도 기름도 밀어낸다 - 방오(旁午) Oil Release

방오는 발수의 연장선상에 놓여있다. 발수는 말 그대로 물을 밀어내지만 기름 종류까지 밀어내면 '발유' 라고 한다. 의류에 발생하는 때인 오구(汚垢)는 대부분 기름성분이 뭉쳐진 것이므로 기름을 밀어내는 기능이 원단표면에 처리되어 있으면 발수와 동시에 저절로 방오가 된다. 작업복처럼 세탁을 자주 할 수 없는 의류인 경우에는 꼭 필요한 가공이다. 미래는 수자원 보호 때문에 세탁을 이전처럼 마음대로 할 수 없는 세상이 된다. 그 결과로 세탁을 자주하지 않아도 되는 옷을 만들어야 하고 따라서 방오 가공은 매우 중요하다. 기름 성분의 표면장력은 상당히 작은 편이라서 발유는 발수보다 훨씬 어려운 가공이다. 테프론Teflon 같은 불소화합물이 현존하는, 표면장력이 가장 낮은 물질로 이 가공에 가장 유효한 성분Agent이라고 할 수 있으나 최근 불소화합물의 인체 위해성 논란으로 점점 더 사용하기 힘든 상황이다. 따라서 방오 가공은 더욱 어려워질 전망이다. 그러나 불소화합물은 강력하여 사용량이 다른 발유제 보다 훨씬 더 적기 때문에 위해성 논란에도 불구하고 다시 사용될 가능성도 있다. 테프론은 대개의 주방에서 사용되는 프라이팬을 코팅하고 있음에도 아직 사용되고 있다. 옷은 먹는 음식이 아니다. 너무 까다롭게 굴 필요없다. 옷을 빨아먹는 어른은 없고 아기들 옷은 발수 처리 되지 않는다.

밀폐를 위한 Proof 가공

Proof는 어떤 것이 원단을 뚫고 들어오거나 안쪽에서 밖으로 나가는 것을 막는 기능이다. 막고자 하는 그 어떤 것에 따라 Water, Wind, Down, Padding proof 등이 된다. Water proof 와 Wind proof 그리고 Down proof는 서로 어떤 수준일까? 막으려는 입자의 크기에 따라 결정된다. 물을 막을 정도로 밀폐하면 대개는 공기도 통하지 않게 되므로 둘은 거의 같다.

Down proof는 반드시 공기가 통해야 하므로 결국 방수는 포기해야 한다. 따라서 방수가 되는 원단은 모든 것에 대해 Proof 이다. 방수가 되면서 수증기는 통하는 투습 방수는 별도로 다루자.

생활방수와 방수는 어떻게 다를까?

방수 시계를 보면 알겠지만 방수가 다 같은 성능은 아니다. 원단도 마찬가지이다. 등산용이나 작업복이 아닌 캐주얼인 경우는 대개 두 가지로 나뉜다. 생활방수와 방수이다. 둘의 차이는 진짜 방수가 수준에 따른 등급이 있지만 즉, 시계 방수의 100m, 200m 처럼 숫자로 나타나는 방수의 레벨이 존재하지만 생활방수는 객관적인 수치로 보증하지 않는다. 다만 단순히 합격 불합격으로 나뉘는 정도이다. 즉, 미국시장에 들어가는 생활방수의 예는 2분 동안 원단 위에 600mm 정도의 수압으로 뿌린 샤워 물줄기가 원단을 뚫고 뒷면에 도달하는 양이 1g을 넘지 않으면 된다. 이것이 바로 미국의 Rain test이다.

원단의 방수는 시계의 단위와는 달리 내수압으로 나타내며 mm이다. 당연히 숫자가 클수록 더 방수력이 좋은 것이다. 보통 캐주얼의 수백 mm에

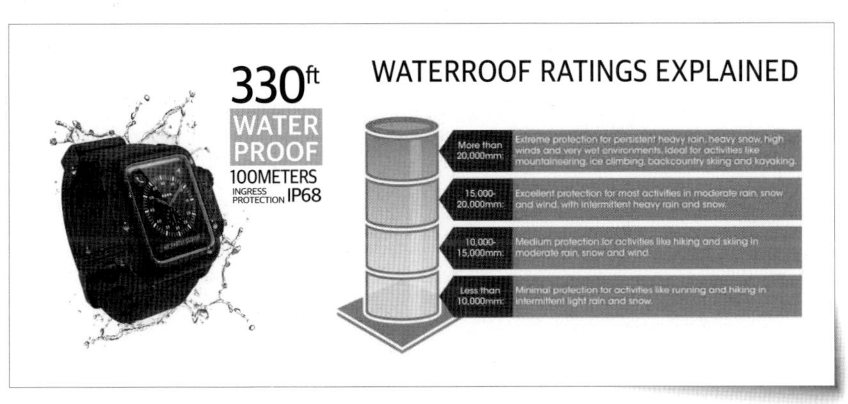

그림 164 _ 방수 등급

서 등산복이나 텐트 같은 경우는 10,000mm 이상을 요구한다. 물론 방수도 발수처럼 시간에 따라 결과가 달라진다. 생활방수는 Water proof가 아니라 Water resistant 라고 한다. 발수가 W/R이므로 생활방수를 W/R이라고 하면 안된다.

코팅 - 감성을 해치는 가공

원단에 방수가공을 하려면 발수제에 푹 담그거나 뿌려주는 발수와는 달리, 원단의 한쪽 면에 코팅을 해야 한다. 즉, 원단에 있는 틈새Gap를 가소성 플라스틱을 녹여 도포해 주는 것이다. 원단은 섬유 자체의 틈새도 있고 경사와 위사가 교차하면서 만들어진 틈 그리고 경위사가 각각 나란히 배열되어 있는 밀도에 따라 크고 작은 틈이 있다. 가는 원사를 사용한 고밀도 원단인 경우는 단순히 열과 압력으로 처리하는 Cire 가공 만으로 생활방수는 물론 Down proof가 될 수도 있다. 다만, 가소성 고분자Polymer로 원단을 도포하면 두께에 따라 원단의 감성에 매우 큰 영향을 미치게 되므로 최소한의 두께로 코팅하는 것이 좋다. 손톱에 칠하는 매니큐어와 마찬가지이다. 대개는 PA와 PU를 동시에 투여하는데 방수력은 좋지만 딱딱한 PU Polyurethane와 부드럽지만 방수성능이 떨어지는 PAPolyacrylate를 복종에 맞게 조절하여 사용한다. 고체인 플라스틱을 휘발성 용제로 녹여 걸쭉하게 만든 다음, 나이프로 고르게 도포하고 사용된 용제가 증발하면 플라스틱이 원단 위에 처음의 고체 상태로 남아 방수 기능이 된다. 문제는 섬유와 경 위사 사이의 틈을 강제로 밀폐하므로 팔에 석고로 깁스한 것처럼 탄력이나 유연성을 잃게 된다는 것이다.

코팅은 정밀 가공이 아니다 오래갈 수도 없다

또 코팅된 쪽은 반드시 사용하지 않는 반대면 쪽으로 되어야 한다. 녹인 플라스틱을 나이프로 바르는 작업이 그리 정교하지 않기 때문에 내부에 기포가 발생할 수 있고 두께도 일정하지 않으며 당연히 표면이 깨끗하지 않다. 끈적거리거나 먼지가 달라붙는 수도 있다. 그러므로 방수력은 원단 1y 안에서도 제각각 다르게 나올 수 있다. 따라서 너무 적은 양을 발라주면 문제가 된다. 또 이렇게 코팅된 플라스틱은 이후의 세탁에 의해 계속 조금씩 떨어져 나간다. 즉 방수력이 점점 떨어지게 되는 것이다. 이를 보완하기 위해 코팅을 더욱 두껍게 하라고 요청하는 디자이너가 있는데 방수력의 유지가 의류의 감성적 가치를 떨어뜨려도 될 만큼의 Value가 있는지, 소비자가 실제로 원하는 방향은 어느 쪽인지 미리 재고해볼 필요가 있다. 사실 캐주얼 의류라면 방수성능이 얼마나 저하되었는지 소비자는 알 도리가 없다. 불필요한 성능을 위해 그보다 더 중요한 가치를 손상하는 우를 범하면 안 될 것이다. Outerwear라도 요즘 5번 이상 세탁해서 입는 소비자는 거의 없다. 따라서 10회 세탁이나 20회 세탁을 견디는 코팅을 하면 더 많은 비용을 들여 의류의 가치를 떨어뜨리는 행위가 될 수도 있다. 대기업 브랜드일수록 시스템에 매몰되어 그런 일이 일어나기 쉽지만 Zara는 이런 델리키트[Delicate]한 상황을 매우 현명하게 처리하고 있다.

디지털인 라미네이팅 아날로그인 코팅

세탁에 의해 조금씩 깎여 나가는 아날로그[Analogue] 성격의 코팅에 비해 필름을 원단에 붙이는 라미네이팅[Laminating]은 고가이며 세탁에 의한 성능 저하가 일어나지 않지만 언제든 Bubble을 일으키면서 한번에 벗겨지는 디지털[Digital] 특성을 갖고 있다. 이런 경우, 코팅된 의류와 달리 의류 자체의 가치를 완전히 상실하게 됨을 잊지 말아야 한다. 코팅도 이런 일이 있을 수 있는데 코팅제재가 애초에 휘발성 용제로 녹인 플라스틱이어서 만약 석유 같은 드라이클리닝 용제를 만나면 코팅이 한꺼번에 녹아내리게 된다. 코팅된 원단은 절대 드라이클리닝 하면 안 된다. 물론 둘 다 안감에 가려져 있으면 소비자는 무슨 일이 일어나고 있는지 알 도리가 없다.

물을 빨아들이는 화섬 - Wicking 가공

Activewear는 착용자가 언제든 땀을 흘리는 환경을 전제로 설계되므로 물을 흡수하거나 밀어내거나 증발하는 등의 컨트롤이 중요하다. 따라서 Activewear 원단의 가공은 물과 관련된 것들이 대부분을 차지한다. 이른바 흡한속건[QAQD]은 땀을 빨리 흡수하고 또 빨리 건조되는 서로 상반되는 기능이다. 친수성 소재에는 발수를, 반대로 소수성 소재에는 흡습[Wicking] 가공하는 경우가 많다. 합섬은 대개 소수성이지만 Activewear 소재로 사용될 때는 땀을 잘 흡수하는 기능도 필요하다. 그것이 Wicking 가공이다. 친수성 케미컬을 표면에 도포하는 10센트 내외의 저렴한 작업이기 때문에 발수와 마찬가지로 수회의 세탁 후에 기능은 소실된다. 이 때문에 기능을 올리기 위해 케미컬을 대량 투여하면 과다한 약제 때문에 세탁 후 물자국이 생기는 것을 볼 수 있다. 따라서 사용량에는 한계가 있다.

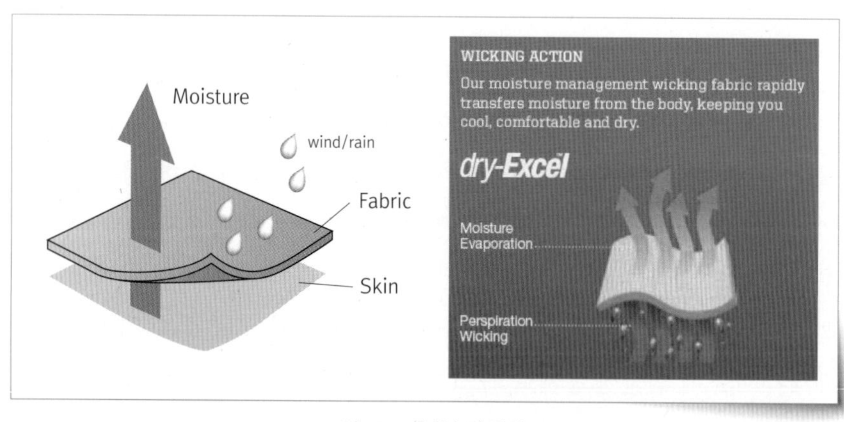

그림 165 _ 흡한속건 원단

보다 공격적인 상승 작용을 일으키려면 애초에 Coolmax 같은 체표면적이 큰 원사를 사용하면 된다. 이 경우는 세탁 후에도 기능이 영구히 유지된다. Coolmax는 PET이고 따라서 물을 싫어하는 소수성 소재이지만 극대화된 체표면적때문에 모세관력이 증가하여 물이 잘 흡수되도록 하고 흡수된 물이 넓게 퍼져 빠른 증발을 유도한다. 따라서 흡한과 동시에 속건이 가능한 놀라운 기능성 원사이다.

한편, 80g 미만의 경량 화섬 원단은 체표면적이 커서 기본적으로 별도의 가공 없이 Quick Dry가 가능하다. 소수성인 화섬은 물을 밀어내기 때문에 증발이 빠르다. 다만 화섬이라도 너무 두꺼운 원단은 모세관력이 커지고 표면적이 작아져 경량 원단 만큼 증발이 빠르지 않아 Quick Dry test를 통과하기 어렵다. 그런데 Wicking 가공 처리된 화섬 원단은 물을 잡아당기는 기능이 생긴 만큼 증발시간은 길어진다는 사실을 알아야 한다. 따라서 원래 QD Quick Dry가 pass 였던 원단이 Wicking 가공 후 fail 되는 경우가 생긴다.

습기가 통하는 방수원단 - Breathable 투습방수

방수는 통기성의 상실을 의미했으나 Gore-Tex가 발명된 이후로 방수가 되면서도 통기성(정확하게는 투습성)이 있는 원단이 가능해 졌다. 이를 투습방수Breathable 라고 하는데 통상 ‘Breathable’ 이라는 명칭을 붙이려면 기본적으로 방수 되는 원단을 전제로 해야 한다. 방수 되지 않는 모든 원단은 애초에 Breathable 이기 때문이다. 투습 방수는 코팅이나 필름이 물을 통과시키지 않으면서 수증기는 통과할 수 있도록 미세한 기공을 가지고 있는 것이 특징이다. 기공이 없는 ‘친수무공’이라는 것도 있지만 거의 효과가 없다.

기공이 있는 Micro-pore 라도 확보된 투습성이 느끼기 어려울 정도로 미미하기 때문에 북극 탐험용 의류가 아닌 이상, 방수 능력이 조금 떨어지더라도 더 나은 통기성이 확보된 원단이 실생활에는 더 유용하다고 할 수 있다.

최근에 개발되고 있는 나노 멤브레인Nano membrane은 필름이 마치 가죽처럼 섬유의 적층으로 이루어져 있다는 것이 특징이다. 따라서 방수력은 약간 떨어지더라도 투습성이 훨씬 좋다. 몇 가지 문제만 해결하면 대세가 될 것이다.

모든 원단은 자외선을 차단한다 - UV Protection

당신이 몰랐던 사실이지만 모든 원단은 햇빛을 막을 수 있다. 잠자리 날개조차도 그렇다. 물론 원단이 두꺼울수록, 진한 색일수록 더 효과적으로 막는다. 따라서 자외선 차단은 모든 원단이 기본적으로 보유하는 기능이며 겨울 원단일수록 더 효과가 좋다. 문제는 자외선차단 기능이 필요할 때가 겨울이 아닌 여름이라는 것이다. 얇고 연한 색상의 여름 원단으로 자외선 차단 효과를 가지려면 별도의 가공이 필요하다. 자외선은 원단에 부딪혀 반사되거나 흡수되지만 원단에 있는 수많은 미세한 틈을 뚫고 표피와 깊숙이 진피 층까지 침투할 수 있다. 따라서 자외선이 피부에 닿기 전에 소멸 시켜야 한다. 원단의 표면에 자외선을 잘 흡수하는 물질을 투입하면 자외선을 흡수하여 무해한 약한 빛으로 소멸시킬 수 있다.

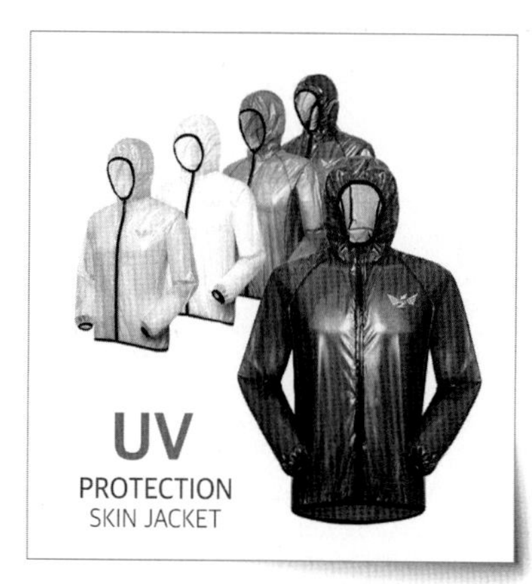

그림 166 _ 자외선 차단 의류

원단의 일광견뢰도를 높이는 방법

최초의 인류는 아프리카에 살았다. 일년 내내 춥지 않은 곳이기 때문이다. 문제는 종일 내리쬐는 자외선이다. 이 문제를 해결하지 못하면 따뜻한 적도의 상하 지역에 살 수 없다. 인간의 피부색을 결정하는 멜라닌 단백질은 자

그림 167 _ 항균 방취 원단

외선 차단이 주목적으로 설계된 인체의 방어 기전이다. 피부의 멜라닌 색소는 자외선 차단을 위한 매우 효과적인 단백질이다. 멜라닌은 자외선을 만나면 즉시 흡수하여 해를 끼치지 못하는 약한 에너지의 빛으로 변화시킨다. 인체는 강한 햇빛을 받으면 자외선 차단을 위해 멜라닌이 증가하는데 백인들은 멜라닌을 거의 갖고 있지 않아 햇빛에 노출되어도 피부가 검게 되지 않는다. 이는 화상이나 피부암 같은 피부의 손상으로 이어진다. 멜라닌과 비슷한 효과적인 자외선 차단제가 이산화 티탄이다.

이산화 티탄은 자외선을 잘 흡수하여 소멸시킨다. 이산화 티탄은 흰색의 가루이므로 자외선을 반사하면서 동시에 흡수한다. 바로 자외선 차단제인 선 블록 크림의 주성분이다. 원단의 일광견뢰도를 높이기 위해 자외선 차단제를 바르는 것이 방법이 된다고 생각할 수도 있는데 이론은 맞으나 실제로는 전혀 효과 없다. 두께 차이일지도 모른다. 일광견뢰도를 높이는 방법은 더 많은 염료를 사용하여 염색하는 방법 뿐이다. 즉, 자외선의 공격에 의해 전사하는 병사를 보충하는 보충병의 투입인 것이다. 하지만 더 많은 염료가 의미하는 것은 더 진한 색이다. (반대로 색상을 더 밝게 만드는 형광염료는 예외가 될 수 있다.)

따라서 연한 파스텔 색상은 일광견뢰도가 약할 수 밖에 없다. 형광염료는 자외선을 받아 발색 하는 염료이다. 따라서 파괴되기도 쉽다. 형광컬러는 다른 컬러에 비해 일광견뢰도가 나쁘다.

이제는 한물간 항균 방취 - Antimicrobial

항균과 방취는 둘 다 미생물을 제거해야 결과를 얻을 수 있기 때문에 동일한 가공으로 해결된다. 대개의 악취는 미생물이 원인이기 때문이다. 땀은 원래 냄새가 전혀 없는 액체이지만 미생물이 번식하기 시작하면서 악취를 풍기기 시작한다. 음식이 상해 악취가 나는 것도 마찬가지이다. 균은 소비자에게 부정적이라는 인상을 주지만 사실 균은 인간에게 호의적인 것들이 대부분이다. 따라서 균을 없애거나 죽이려는 시도는 위험하다. 균을 죽이는 제균이나 살균 또는 멸균은 이로운 균과 병원균을 가리지 못하기 때문이다. 항균제는 모든 균을 살상한다.

인체에는 500가지가 넘는 균들이 우리와 공생하고 있다. 따라서 모든 항균제는 최후의 수단으로 사용되어야 한다. 유럽은 이미 모든 원단에 대해 항균제의 사용을 금지하고 있다. 곧 다른 나라도 따라가게 될 것이다. 약제가 아닌 은이나 구리 같은 금속 이온 성분으로 항균 작용을 한다고 주장하는 원단이 있으나 효과는 미지수이다. 즉, 효과가 검증되지 않았다.

단열, 축열, 발열을 구분하라 - 보온 Thermal

의류의 보온기능은 점점 중요해지고 있다. 자원이나 에너지 절약이라는 미래의 Trend를 보더라도 보온기능은 모든 겨울 의류에 필수이다. 겨울철 실내기온을 낮출 수 있기 때문이다. 보온은 단순히 후가공 처리 뿐만 아니라 원부자재를 총동원한 종합적인 대책이 필요하다. 즉 겉감은 물론이고 안감과 충전재 그리고 원단의 체표면적 설계까지 모든 기술이 동원되어야 한다. 보온은 3가지로 나눌 수 있는데 발열, 단열 그리고 축열이다. 축열과 발열은 대개 원사에 의해 구현된다. 그러나 효과는 그다지 만족스럽지 않다. 미미하거나 효과를 검증할 수 없는 것이 대부분이다. 그에 비해 단열은 대표적인 보온 가공이다. 물론 단열은 이미 열을 보유하거나 지속적으로 생성하고 있는 개체에 유효한 가공이다. 단열은 외부의 냉기를 막는 것은 물론, 동시에 내부의 온기가 외부로 빠져나가는 것을 차단한다. 즉, 특정 공간의 온도가 변하지 않도록 유지하는 것이 목적이다. 반대로 외부의 뜨거운 열을 차단하는 방열도 동일한 가공으로 유효하다. 용광로 앞에서 일하는 사람은 방열복을 입어야 한다.

이 가공은 NASA에서 처음 개발한 후 현재까지 광범위하게 사용되고 있는데 바로 열을 반사하여 되돌아 가게 만드는 원리이다. 거울은 이미지를 반사하여 되돌린다. 단열이나 방열은 가시광선 대신 적외선을 반사하는 것이 다를 뿐이다.

의류에 거울을 내장하면 보온병이 그런 것처럼 체온이 밖으로 빠져나가는 것을 막거나 외부의 냉기 또는 열이 내부로 진입하는 것을 매우 효과적으로 차단한다. 물론 의류에 내장하는 거울은 유연성이 있어야 하고 통기성도 확보되어야 함은 물론, 계속되는 세탁에 견뎌야 하므로 일반 거울의 제작보다 훨씬 더 고도의 기술이 필요하다. 그것이 거울 보온원단이 NASA가 발명한 40년후에나 나오게 된 이유이다. 이 기술은 매우 중요하다. 추후 겨울의류의 기본으로 자리잡게 될 것이다.

마법의 냉+보온 원단가공 PCM

날씨가 추우면 따뜻해 지고 더우면 차가워지는 마법 같은 원단이 있을까? NASA가 개발한 상전이(相轉移) PCM 원단이 그것이다. 피부에 물을 묻히면 그 부분이 차가워 진다. 물이 증발하면서 기화열이 생기기 때문이다. 눈이 오면 주위가 따뜻해 지는 이유는 액체 상태의 물이 고체로 변하면서 열을 내놓기 때문이다. 물이 액체 → 기체가 되면 흡열, 액체 → 고체 또는 기체 → 액체가 되면 발열한다.

PCM(Phase Change Material)은 파라핀 화합물이 특정온도에 끓거나 얼게 하여 발열 또는 흡열을 유도하는 가공이다. 그렇게 설계된 파라핀을 마이크로 캡슐에 봉입하여 원단 위에 코팅하면 원단이 주위 온도에 따라 발열하거나 흡열 할 수 있게 된다. 문제는 가공 후에 원단의 hand feel이 나빠지거나 물성이 변하면 안 된다는 것이다.

따라서 Outerwear 원단이 적용하기 좋다고 생각되지만 정작 원단 표면 온도의 변화로 보온이나 냉각을 기대하기 힘들다는 점에서 차라리 피부와 가까운 니트 원단에 구현하는 게 더 효과적일 것이다. 물론 니트는 Outerwear보다 더 예민한 hand feel을 요구한다. 그리고 피부는 냉감은 예민하지만 온감은 둔하다.

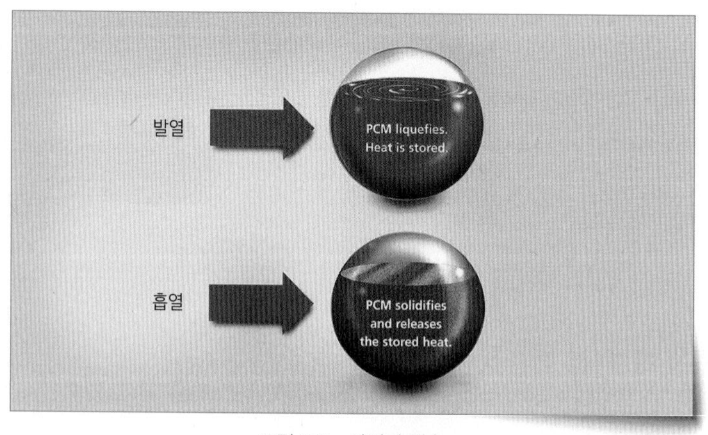

그림 168 _ 상전이 캡슐

자일리톨이나 캡사이신은 온도에 영향을 미칠까? - 냉감 가공

원단을 차갑게 만드는 냉감 가공은 보온에 비해 어렵다. 한 여름에 차갑게 느껴지는 원단을 구현하려면 두가지 물리 현상이 필요하다. 첫째는 열전도율이 높은 소재를 활용하는 것이다. 두번째는 기화열을 이용하는 방법이다. Adidas 의 Aluminum Dot이 첫번째 예이다. 이 방법은 전천후로 언제 어디서나 작동한다는 것이 장점이다. 반면 기화열은 훨씬 더 강력한 효과를 내지만 반드시 물에 젖어야 작동한다는 점을 알아야 한다. 그 밖에 자일리톨을 이용하는 방법도 있는데 실제로 효과가 있다. 하지만 이 역시 젖어야 냉감 기능이 작동한다. 박하나 캡사이신은 추울 때 마시는 술이 체온을 올리는데 도움되지 않는 것처럼 실제로 온도를 낮추거나 올리는 기능이 없다. 피부가 그렇게 느끼더라도 순전히 착각에 불과하다. 기화열을 이용한 냉감 기능은 원단이 얼마나 큰 체표면적을 확보하느냐가 관건이다. 그때문에 후가공이 아닌 섬유나 원사 상태에서의 조치가 필요하다. 체표면적을 최대화하기 위하여 다양한 모양과 단면의 합섬이 나오고 있는데 현재까지는 영국이 개발한 Coolcore가 가장 뛰어나다. 그 체감 효과는 믿을 수 없을 정도이다.

그림 169 _ Coolcore 냉감 소재

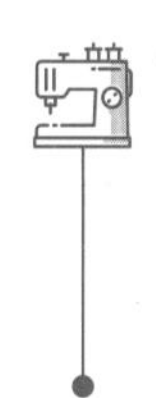

원단, 의류의 Washing 가공

의류와 소재에 있어서 Washing/Washer Effect는 Trend와 상관없이 꾸준하게 전개되는 감성 포인트 도구이다. 그에 따라 다양한 형태의 가공이 원단이나 Garment 등, 단계별로 적용된다. Washing 가공은 두가지 목적이 있다. 첫째는 감성증진, 둘째는 염색 후의 마무리 공정과 형태 안정이다.

-섬유지식-

그림 170 _ 청바지 Vintage 가공

감성 가공

원단 또는 의류의 와싱 가공은 주로 천연소재 특히 면에 적용된다. 화섬은 Washing에 의한 극적인 변화가 없기 때문이다. 화섬은 Washing 보다 Cire 같은 열을 동반한 가공이 원단을 Soft 하게 만들어 준다. 비용도 낮고 가공에 따른 후유증도 거의 없다. 면 원단이나 의류에 대한 Washing후 기대되는 이점은 두 가지인데 딱딱한 면직물을 유연하게 만들어주는 것과 컬러의 퇴색Fade out으로 인한 자연스러운 사용감이 동반하는 Vintage 효과이다. 첫 번째 단계인 유연한 면직물로 만족하는 경우가 대부분이지만 브랜드 특성상 두 번째 단계까지 진행하는 경우도 많다. 효과를 높이려면 효소나 케미컬을 추가하여 가공하면 된다. 단순히 유연해 지는 것과는 별개로 원단 표면에 짧은 털이 생기도록 기모하여 Powdery 효과를 추가할 수도 있다. 실리콘Silicone 같은 유연제를 투여하면 soft한 효과를 더욱 증진시킬 수 있고 Garment 상태로 가공하면 시접 부분에 나타나는 퇴색 효과로 실제 사용한 의류인 듯한 느낌을 만들 수도 있다.

그림 171 _ 면직물의 Washer 효과

마무리 안정 가공

염색이나 프린트가 끝난 후, 염착되지 못한 잉여염료는 세탁할 때 탈락되어 염색견뢰도를 나쁘게 하는 원인이 된다. 따라서 반드시 제거해야 하고 황변의 원인이 되는 알칼리성 원단을 중성이나 약산성으로 만들어 주기 위한 수소이온농도pH의 조절, 봉제 후 Garment가 수축되지 않도록 미리 원단을 방축setting하는 별도의 수세 과정을 거쳐야 한다. 염색 공정은 다양한 케미컬이 투여되는 복잡한 물리 화학 공정이다. 남는 염료는 물론이고 함께 사용된

각종 잉여 케미컬을 완벽하게 세척해야 한다. 특히, 폴리에스터 원단을 염색한 후에는 특별히 미고착염료를 제거하는 환원세정 R/C Reduction Cleaning 이라는 마무리 공정이 반드시 필요하며 이 과정을 소홀히 하면 견뢰도를 보장할 수 없다. R/C를 여러 번 할수록 염색견뢰도는 좋아진다. 물을 사용하는 Wet 프린트는 염착을 위해 고온으로 찌는 가공인 증열 가공 후 역시 수세/건조 과정이 필요하다. 프린트용 호료에 포함된 풀을 완전히 제거해야 원래의 soft 한 원단이 된다. 프린트 지만 물을 전혀 사용하지 않는 폴리에스터의 전사 프린트 같은 경우는 수세가 전혀 필요 없다. 디지털 프린터라도 이것은 마찬가지다. 레이온은 8% 가까이 되는 수축을 막기 위해 미리 Washing하여 방축을 도모하기도 하지만 한계는 있다.

Washing의 부작용

불가피한 필수공정은 어쩔 수 없지만 특정한 목적을 위해 추가로 행해지는 Washing은 상당한 위험을 감수해야 하므로 득실을 따져봐야 한다. 이미 염색이 완료된 원단을 다시 물 속에 넣는 것은 다양한 문제에 노출된다는 뜻이다. 원단은 단 1회라도 수세하게 되면 여러 가지로 물성이 달라진다. 특히, 면같은 천연소재 원단은 반응성 염료가 물을 만나면 끊임없이 가수분해되기 때문에 수세나 세탁할 때마다 조금씩 탈색이 진행된다. 그런데 탈색은 불균일하게 진행되므로 면직물을 Washing 가공하면 각 롤 마다 컬러가 조금씩 달라지는 문제에 처하게 된다. 즉, 롤간 Lot 차이가 발생한다. 이에 대한 대응책이 반드시 고려되어야 한다. 물에 의해 수축되는 부분은 이미 예상하고 있겠지만 물 외에 다른 케미컬이나 효소 같은 것들이 첨가되면 문제가 크게 확대된다. 따라서 원단 Washing 보다 의류 상태에서 Garment washing을 하는 경우가 더 안전하다. Seam 부분의 자연스러운 Vintage 효과를 위해서도 Garment washing이 유리하다.

그림 172 _ Denim의 각종 Washing 효과

Pigment washing

Vintage나 Grunge 효과를 극대화할 수 있는 가장 쉬운 가공이다. 면 원단은 반응성 염료로 영구 염색한 뒤에 이를 탈색 시키려면 효소를 투여해야 하지만 컬러가 있는 안료Pigment로 코팅된(Pigment는 실제로 염색이 아닌 코팅이다) 원단은 마찰에 의해 깎여나가 Fade out 되므로 가공시간에 따라 여러 단계의 극적인 Vintage 효과를 얻을 수 있다. 이 가공을 원단에 적용하면 심각한 Lot 차이가 발생하여 수습이 어려워지므로 되도록 Garment 상태에서 진행해야 한다. 단점은 hand feel이 좋지 않다는 것이다. 따라서 가급적 안료의 양을 적게 하여 처리하는 것이 hand feel 측면에서는 바람직하다.

Sand Washing

면 원단을 수세할 때 모래와 같은 거친 무기물 입자를 투여하면 모래와의 마찰 때문에 원단 표면이 깎여 나가는 효과가 있다. 이를 균일하게 처리하면 표면에 미세한 이끼모양인 Moss가 형성되면서 동시에 퇴색도 진행되어 Vintage효과가 나타나므로 서로의 효과를 극대화해준다. 이론은 그렇지만 실제로 모래를 섞어서 가공하지는 않는다. 취화제를 사용하여 원단 표면을 약하게 만든 다음, 통 속에서 몇 시간 돌려주면 물과 원단 그리고 통과의 마찰로 인하여 표면에 미세한 털이 형성된다. 실제로 모래를 사용하는 가공도 있는데 이를 Sand Blasting 이라고 한다.

그림 173 _ Sand washing된 Modal 원단

데님같은 거칠고 두꺼운 원단은 모래를 강한 압력으로 물과 함께 쏴 주면 그 부분이 거칠게 깎여 나간다. 금을 세공할 때 물과 모래를 섞어서 표면에 부어주면 금 표면의 광택이 미세하게 사라지면서 Matt하게 된다. 그 위에 조각 칼로 세공하면 광택과 함께 패턴이 나타나는 것과 같다.

Sand Blast

말 그대로 분말 형태의 연마제인 모래 같은 금속 과립 입자를 에어 컴프레서로 원단이나 완성된 의류에 쏴 주는 가공으로 실제로 원단이 깎여 나간다. 신속하고 극적인 효과가 즉시 나타난다. 마찰열이 발생하지 않으므로 물은 전혀 사용하지 않는다. 대개 Stone Washing 한 후에 추가로 실시된다. 어떤 화학약품도 추가되지 않는다. 보호 장구를 착용하지만 작업자의 건강은 염려된다.

그림 174 _ Denim의 sand blasting 공정

면의 감량 - Bio Washing (Enzyme Washing)

폴리에스터는 Drape성을 확보하기 위해 강알칼리를 투여하여 감량 가공을 진행하는 데, 면도 비슷한 수준의 감량 가공이 가능하다. 면의 셀룰로오스를 침식하여 감량을 일으키는 '셀룰라아제'라는 효소^{Enzyme}를 투여하여 washing하는 방법이다. 면으로서는 극단적인 hand feel 증진이 나타나며 시간 경과를 늘리면 상당한 Powdery 효과도 얻을 수 있다. A&F는 이 가공에 집착하여 거의 모든 면 팬츠에 비슷한 가공을 하여 판매하고 있다. 결과는 전혀 면 같지 않은 Hand feel과 Vintage 효과이다. 시간이 너무 길어지면 원단의 인열 강도가 너무 낮아져 쉽게 찢어 질 수도 있으므로 반드시 어느정도 두께가 있는 원단에 적용해야 한다. Tencel은 염색 후 표면의 불 균일한 잔털 때문에 상품가치가 낮다. 이를 제거하기 위해 Bio washing은 필수이다. 단, Bio washing은 시간이 많이 걸려 비용이 높다. Tencel 가격이 비싼 중대한 이유이다.

물 없는 washing - Aero Washing

Washing 효과를 위해 천연소재 원단이 물에 들어가면 여러가지로 부작용이 발생한다. 즉, 얻는 효과대신 잃는 것도 많다. Critical한 이 문제를 피하기 위해 원단을 물 속에 넣지 않고 오로지 뜨거운 바람, 열풍 만으로 원단을 Washing한 것처럼 만드는 가공이다. 원단이 전폭으로 지나갈 때 Air tumbler가 세차게 바람을 불어주어 원단을 부드럽게 해주고 함기율을 높이는 동시에 약간의 Vintage 효과도 기대할 수 있다.

그림 175 _ 오성섬유의 연속 Aero tumbler machine

Chapter 7

Textile Printing

프린트

프린트Textile Print

"본염 프린트와 스크린 프린트는 어떻게 달라요?"라는 질문을 꽤 자주 듣는다. '본염(本鹽)'은 안료Pigment에 대한 반대 의미로 종종 사용하는 개념이다. 즉, 본염 프린트란 프린트 할 때 어떤 착색제를 사용했는지에 대한 분류이다. 페인트처럼 마찰에 지워지는 안료가 아닌, 화학적 반응이 동반되는 염색과 동일한 영구 착색 프린트를 말한다. 한편, 스크린 프린트는 사용되는 착색제/잉크와 상관없이 프린트를 찍는 기법 중 하나이다. 둘은 서로 비교대상이 아니다. 뭘 알아야 질문도 가능하다. "염수와 담수는 어떻게 달라요?"라고 물으면 즉시 설명이 가능하지만 "호수와 호주는 어떻게 다른 가요?"라고 질문하면 당혹스러워 한동안 꿀 먹은 벙어리가 될 수 밖에 없다.

-섬유지식-

누구도 가르쳐 주지 않는, 프린트를 분류하는 세가지 방법+1

1. 잉크의 종류 : 염료와 안료
2. 찍는 방법 : Roller, Flat Screen, Rotary Screen, Transfer, Digital
3. 물 사용 유무 : Wet와 Dry
4. 고급 용 Novelty : 방염, 발염, 번 아웃Burn-out

프린트는 여러 가지가 있으나 크게 3가지로 분류해야 한다. 첫 번째는 착색제로 어떤 잉크를 사용하느냐? 두 번째는 어떤 방식으로 찍느냐는 것이다. 롤러로 회전하면서 찍는 방법, 평판 스크린 또는 롤러 형식으로 된 스크린으로 찍는 방법 등의 차이이다. 세 번째는 미국이나 유럽 바이어들이 종종 분류하는 개념인데 Wet와 Dry로 구분하는 방법이다. 염료가 물에 녹아 원단에 침투되는 전통적인 방식을 Wet print라고 하고 물 없이 염료가 기체 상태로 원단에 침투되는 방식이 Dry print이다. 현존하는 Dry print는 한가지 뿐인데 그것과 구분하기 위해 Wet print라는 개념을 사용한다. 이 구분은 오직 Polyester에서만 사용된다. Polyester는 여성용 soft 원단과 Outerwear/Outdoor용으로 구분되는데 둘은 같은 소재이지만 겉보기는 전혀 다른 Hand fee과 기능을 보여서 동종의 소재로 보이지 않는다. 프린트 방식도 다르다. 여성용 블라우스나 드레스 같은 폴리에스터 소재는 Wet print로 찍는데 반해 남자 수영복이나 Outerwear 소재는 Dry print를 주로 사용한다. 가장 큰 이유는 원단 뒷면의 차이 때문이다. Dry print는 뒷면이 하얗게 나오므로 구분된다. 네 번째는 고급 원단의 프린트를 찍을 때 해상도를 높이기 위해 필요한 방법이다. 초보자라면 굳이 알 필요는 없다. 용어부터 정리해 보자.

프린트 주요 용어

프린트에 사용되는 잉크는- 색호(色糊)

Wet print에 사용하는 염료는 작업 중 번짐이나 흐르거나 튀는 것을 막기 위해 필요한 만큼 점도를 부여한다. 즉, 약간 끈적하게 만들어야 한다.

이때 사용하는 것은 풀Paste이다. 풀이 섞인 프린트용 염료를 색호라고 한다.

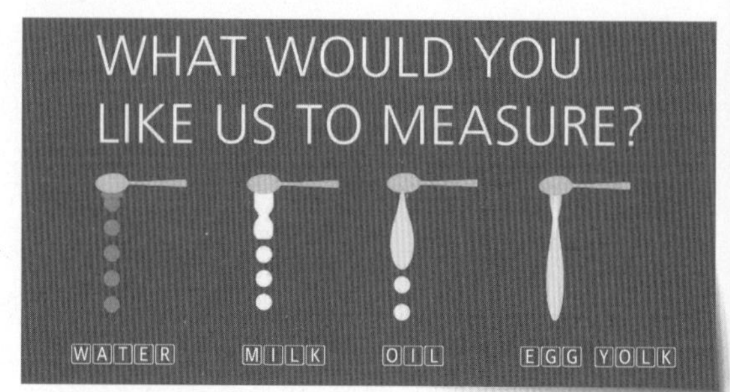

그림 176 _ 여러 점도

끈적이는 색호 - 점도 Viscosity

액체가 끈적이는 성질을 점성이라고 하고 <그림 176>와 같이 점성의 정도를 '점도'라고 한다. 점도에 따라 장단점이 있다. 색호의 점도는 높을수록 즉, 더 끈적일수록 번짐이 적어 해상도가 큰 프린트물을 얻을 수 있지만 끈적임 때문에 스크린의 구멍이 막혀 불량이 나올 가능성은 증가한다. 스크린 프린트로 찍은 원단은 색호가 액체 상태인 한, 모세관 현상 Capillary Force 때문에 염료가 원단의 뒷면으로 어느정도 배어 나오는데, 점성이 작을수록 모세관력이 커져 뒷면에 더 많이 배어 나온다.

특성상 한쪽만 찍는 프린트 원단의 앞 뒷면이 같을 수는 없지만 보통은 뒷면에 어느 정도 염료가 배어 나와 있는 원단이 더 가치 있어 보인다. 물론 원단의 뒷면을 확인할 수 있는 복종인 경우 그렇다.

당연히 원단이 얇을수록 앞 뒷면의 차이가 적고 두꺼운 원단에 프린트된 뒷면은 거의 흰색일 것이다. 점도가 높고 낮음에 따라 득과 실이 있으므로 프린트하려는 원단에 맞춰 번짐과 뒷면의 배어 나옴을 적절하게 고려하여 점도를 결정하는 것이 좋다. 점도가 높으면 '형 막힘' 같은 불량이 생기기 쉽지만 반대로 너무 점도가 낮으면 'splash' 같은 튀김 불량이 나오기 쉬워진다는 점을 감안해야 한다. 그런 모든 것들을 잘 관리하는 공장이 Top mill인 것이다.

제도Art work, 제판

프린트 디자인을 받은 제도사가 Art working을 통해 스크린 사이즈에 맞게 패턴을 설계하는 것이다. 어려운 패턴은 제도비를 별도로 받을 때도 있다. 제도를 잘못하면 프린트의 품질이 제대로 나오기 어렵다. 제도를 통해 불가피한 문제인 Joint Line 등을 잘 보이지 않게 처리할 수도 있다. 오버랩은 피할 수 없지만 좋은 제도사는 가능한 선을 가늘게 처리할 수 있다. 제판은 프레임에 패턴을 형성한 mesh screen을 올려 만드는 작업이다. 동판과 달리 별도의 비용을 청구하지 않는다. 동판 제작은 Roller 형태로 찍는 프린트에서 필요하며 동판조각 비용Engraving charge 으로 컬러당 200-300불 가까이 지불해야 한다. 전사 프린트용 동판은 2-3회 재생이 가능하고 로터리 프린트의 동판은 재생이 불가능하다는 차이가 있다. 전사 프린트의 동판은 밋밋해서 밀어버리고 다시 사용 가능하지만 로터리 프린트의 동판은 금속 mesh이기 때문이다.

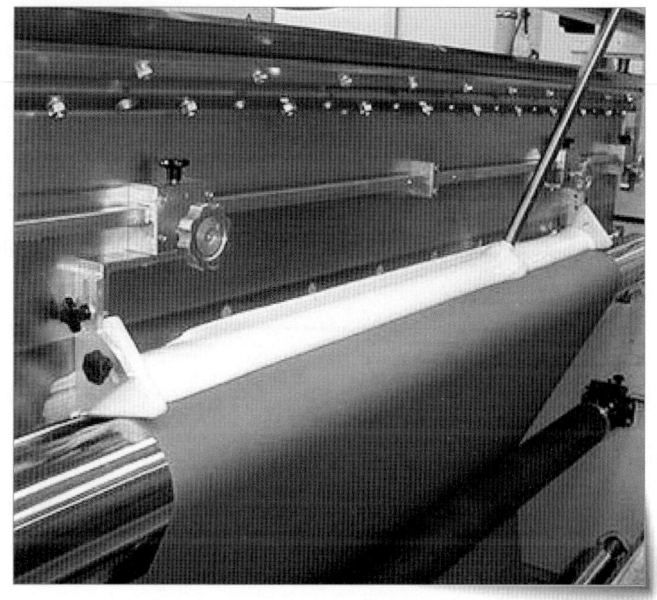

그림 177 _ padding

전면을 프린트 하는 기법 - Padding

롤러를 이용하여 원단 한쪽을 패턴 없이 전면Allover으로 프린트하는 것을 패딩이라고 한다. 코팅과 똑 같은 작업이다. 프린트 디자인의 그라운드가 White가 아니고 특정 컬러의 Solid인 경우 필요하다. 즉, 한쪽 면만 염색하는 것과 같다. 발염Discharge 할 때도 마찬가지이다. Padding 하는 대신 아예 염색하는 경우도 있으나 비용이 훨씬 더 높다. 프린트 공장이 염색 설비를 갖고 있는 경우가 극히 드물기 때문에 염색공장에서 먼저 염색이 끝난 다음 프린트 공장으로 옮겨서 다시 작업하는 번거로운 과정이 필요하다.

S/O Strike Off

본격 생산에 들어가기 전, 올바른 패턴으로 제도했는지에 대한 바이어 승인Approval용으로 최소 한 개 리피트Repeat를 수작업으로 찍는 것을 말한다. 염색의 Lab dip과 같다. 다만 각 Color에 대한 승인Approval은 S/O와 별개로 추가 제시하거나 그 반대일수도 있다.

<그림 178>의 S/O의 귀퉁이에 작은 Lab dip처럼 사각형으로 각 color를 찍어 보여준다.

그림 178 _ Strike Off

Overlap

오버랩은 프린트상에서 각각 다른 중색 톤 컬러의 모티프가 만날 경우 그 경계선을 약간 겹치게 찍는 것을 말한다<그림 179의 흰 화살표 참고>. 프린트에서 각각의 컬러는 하나의 독립된 스크린이고 동시에 찍는 것이 아닌 순차적으로 찍는 방식이므로 먼저 찍힌 모티프의 경계선에 맞춰 정확하게 다음 모티프를 찍는 것이 사실상 불가능하다. 두 간격은 기계의 정밀도에 따라 어느 정도 차이를 두고 벌어졌다 붙었다 하게 된다. 그런데 만약 두 모티프의 경계선이 조금이라도 벌어져 찍히면 그 사이가 흰 선이나 그라운드 컬러로 나타나게 된다. 명백한 불량이다. 따라서 간격이 절대로 벌어져서는 안 되며 유효 간격은 모티프가 벌어지지 않는 한계 내에서 이루어져야 한다. 따라서 필연적으로 두 모티프가 겹치도록 제도해야 한다. 그것을 오버랩이라고 한다. 오버랩은 두 컬러의 모티프가 합쳐지므로 더 진한색이 된다. 오버랩은 프린트의 품질이 높고 낮은 정도로 인정하고 허용되지만 흰 선은 결점이 되므로 오버랩은 불가피한 것이다. 오버랩은 가늘게 나올수록 기계의 정밀도가 높고 공장직원의 숙련도가 뛰어나다는 증거이며 결국 더 높은 품질의 프린트를 의미한다. 공장이 욕심을 부려 오버랩을 무리하게 가늘게 처리하려고 하다가 자칫 흰선이 나타나게 되면 불량 처리되므로 공장의 안전한 선택은 조금 굵게 처리하는 것이다. 오버랩의 굵기가 프린트 공장 수준을 가늠하는 척도인 셈이다. Discharge print 기법을 사용하면 오버랩이 없다. 물론 디지털 프린트DTP도 그렇다. 뒤에서 더 보충해 설명할 예정이다.

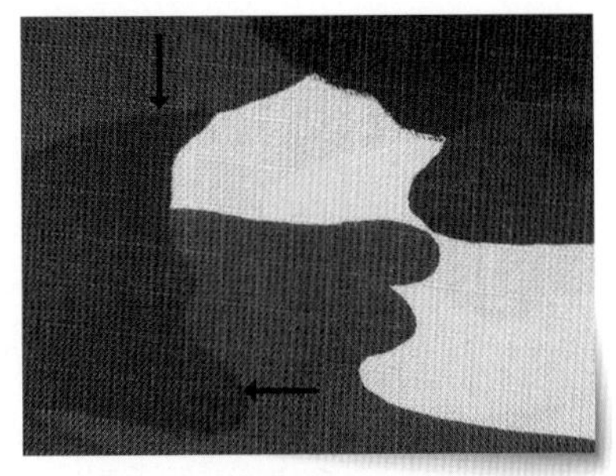
그림 179 _ 흰 화살표가 Overlap이다

조인트 라인 Joint Line

조인트 라인은 오버랩과 같은 개념인데 모티프와 모티프의 경계선이 아닌 스크린과 스크린의 경계선에서 일어나는 겹침 현상이다. Flat Screen print에만 나타나는 문제이다.

프린트 방법에 따른 분류

최초의 프린터 Roller

여백에 원하는 글자를 새겨 넣어 찍는 것이 프린트의 시초이다. 만약 글자를 새겨 넣을 수 있다면 그림이나 패턴도 가능할 것이다. 수작업일 때는 일정 크기의 평판(주로 목판) 위에 음각이나 양각으로 글자를 새긴 다음 잉크나 먹물을 묻혀 찍었다. 해인사의 팔만대장경 목판본이 전형적인 예이다. 도장이나 스탬프도 같은 원리이다. 하지만 이 작업은 시간이 많이 걸리므로 대량생산을 위해 연속작업이 요구되었고 따라서 기계 장치가 필요했는데 이 시스템은 원통형인 것이 연속 작업이 가능해 가장 빠르고 효율적이다. 이에 따라 최초의 자동 프린트 기계는 Roller가 되었다.

원통 모양의 표면에 양각이나 음각의 패턴을 새겨 잉크를 묻혀 돌리면 같은 무늬를 대량생산할 수 있다. 지폐가 좋은 예이다. 지폐는 동판에 미세한 음각 무늬와 글자를 철필로 새긴 다음 그 부분을 부식시켜 완성한다. 이것을 우리는 인쇄라고 한다. 이를 그대로 원단에 적용한 것이 Roller print이다. Roller print는 시스템이 단순히 회전하는 구조이므로 속도가 대단히 빠

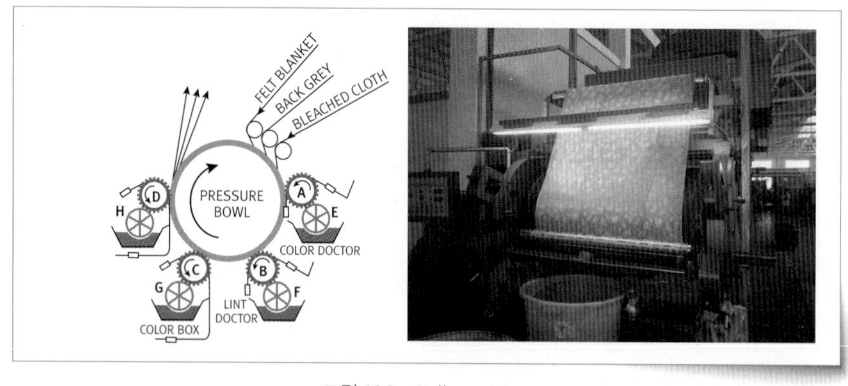

그림 180 _ Roller printer

그림 181 _ Silk screen

르다. 다만 하나의 롤에는 한 컬러만을 찍을 수 있으므로 <그림 180>의 모식도처럼 컬러 수가 최대 4개로 제한된다. 롤의 개수가 늘어나면 기계가 어마어마하게 커져야 하기 때문이다. 또, 패턴의 최대 크기는 롤러의 원주에 해당하므로 Repeat가 큰 패턴은 찍기 어렵다. 따라서 단순하며 돗수가 적은 패턴에 적합하다. 120년전에 만들어졌지만 지금도 사용되고 있는 이유는 다른 프린트와 비교 불가한 빠른 생산속도 때문이다. 복잡한 패턴은 불가능하지만 단순한 패턴을 찍을 때는 가성비가 높다고 할 수 있다. Roller로 찍기 좋은 대표적인 패턴이 Stripe 와 군복의 위장지Camouflage이다. 물론 해상도는 별로 좋지 않다.

Flat Bed Screen

화려하고 다양한 컬러와 패턴의 수요가 점차 증가함에 따라 단순한 Roller와는 다른 방법의 프린트가 요구되었다. 4도 이상 다수의 컬러를 구현하기 위해서는 프린트 기계가 수직적이 아닌 수평적인 구조여야 한다. 공장이 충

그림 182 _ Flat Bed Screen print machine

분한 공간을 확보할 수 있다면 길게 뻗어 나간 프린트 기계를 얼마든지 수용할 수 있다. 이런 프린트 기계를 위해 '실크 스크린'이라는 기법이 필요하다. 모기장같은 mesh가 깔려 있는 평판의 사각형 프레임에 양초로 그림을 그리면 양초가 지나간 부분의 mesh는 구멍이 막히게 된다. 이 스크린에 잉크를 붓고 고무 주걱으로 압력을 가해 문지르면 음각Negative 패턴이 만들어진다. 그것이 실크 스크린이다. 스크린 프레임을 원단의 폭에 맞춰 제작하여 수평으로 배치하면 한 개의 스크린으로 한 컬러의 패턴을 찍을 수 있다. 이런 방법으로 최고 12도 이상 다양한 컬러 패턴의 구현이 가능하다.

물론 공간의 여유가 있다면 더 많은 도수도 가능할 것이다. 스크린을 충분히 크게 제작한다면 큰 패턴도 찍을 수 있는 장점이 있다.

롤러의 비싼 동판에 비해 mesh로 만든 스크린은 저렴하다. 이 방식을 생긴 형태 그대로 평평하게 누워있는 스크린 즉, Flat Bed Screen Print라고 한다.

스크린 프린트의 문제

문제는 속도가 느려 생산량이 치명적으로 낮다는 것이다. 또 다른 문제는 무한궤도인 롤러에 비해 매 스크린마다 단절된 경계선인 'Joint Line'이 형성됨을 피할 수 없다. 예를 들면, <그림 183>처럼 패턴이 아닌 노란색 Solid를 이 기계로 찍는다고 하자. 첫 스크린이 노란색 솔리드를 찍으면 노란색 사각형이 프레임 크기로 찍힌다. 문제는 그 다음 스크린이 이미 찍힌 노란색 사각형에 이어 두 번째 노란색 사각형을 찍을 때 일어난다. 오버랩에서 설명했듯이 두 사각형을 완벽하게 표시 나지 않도록 이어 찍을 수 없다. 두 사각형은 경계선에서 겹치거나 사이가 벌어지거나 둘 중 하나가 된다. 만약 겹치면 오버랩처럼 진한 노란색 선이 경계선에 나타나고 사이가 떨어지면 흰 선이 나타날 것이다. 아무리 둘의 간격을 잘 맞춰 찍어도 두 사각형 사이의 선이 더 가늘어질 뿐, 아예 없애는 것은 불가능하다. 두 개의 스크린으로 만들어진 폴더블 폰을 생각해 보면 된다. 한 개의 스크린을 반으로 접는 것은 고도의 기술이 필요하기 때문에 폴더블 폰의 초기 모델은 두 개의 스크린

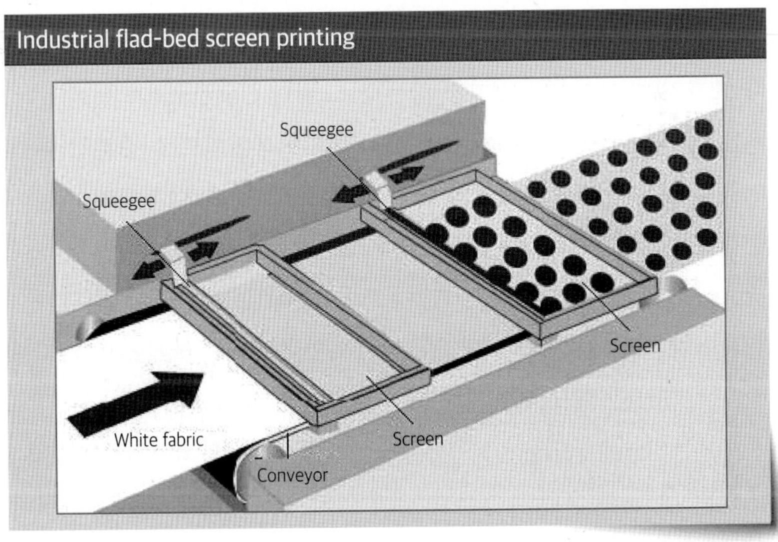

그림 183 _ 첫번째 노란 사각형과 그 다음에 찍히는 사각형 사이 경계선을 피할 수 없다

으로 되어있다. 따라서 경계선의 간격을 최소화하기 위한 기교가 필요하다. 이것도 일종의 오버랩이다. 위의 예처럼 만약 solid를 찍는 다면 Joint Line을 피하는 것이 불가능하다. 이 때는 다른 방법을 찾아야 한다. 하지만 대개의 프린트는 특정 무늬를 형성하므로 직선이 아닌 패턴을 따라가는 구불구불한 선을 이용하여 교묘하게 제도하면 Joint Line이 잘 보이지 않게 처리할 수 있다. 제도사가 이런 일을 할 수 있다. 특히 Black color인 경우는 겹친다고 해도 색이 더 진해지기 어렵기 때문에 Joint Line이 잘 보이지 않는다.

Blank Screen이 있는 이유

플랫 스크린 프린트는 원단이 벨트를 타고 이동하는 동안 지나가는 원단 위로 스크린이 내려와 프린트를 찍고 스퀴지Squeegee로 문지르고 다시 올라가는 방식이다. 원단이 놓여있는 벨트는 상당히 뜨거운데 이는 빠른 건조를 위해서이다. 첫 번째 스크린으로 원단에 첫 번째 컬러를 찍은 후, 원단이 다음 스크린으로 이동하여 두 번째 컬러를 찍기 전, 이전 스크린에서 찍었던 염료(색호)가 충분히 말라 있어야 두 번째 스크린이 내려와 두 번째 컬러를 찍을 때 색호가 뭉개지거나 번지지 않는다. 그런데 Coverage가 높은 큰 사이즈나 Busy한 패턴을 찍을 때는 대량의 색호가 투입되므로 충분히 마를 시간이 부족하다. 원단이 놓여있는 벨트는 자동으로 등속 이동하기 때문에 중간에 속도를 늦추거나 지체할 수 없다. 그러기 위해서는 복잡한 알고리즘이 필요하고 그에 따라 프린트 기계는 비싸진다. 그런 이유로 충분한 건조 시간을 벌기 위해 불가피하게 스크린과 스크린 사이에 아무것도 찍지 않는 비어 있는, 'Blank Screen'이 필요하다. 결과적으로 패턴 사이즈가 큰 디자인인 경우는 Blank Screen 수만큼 컬러 도수가 줄어들 수 밖에 없다. 또 다른 문제는 white가 아닌 그라운드 컬러 위에서 모티프가 서로 연결되지 않고 섬처럼 떨어져 있는 <그림 183>과 같은 패턴의 처리 문제이다. 이런 패턴은 제도 기술로 Joint Line을 잘 보이지 않게 커버할 방법이 없다. 도수가 4도 이상 되면 롤러로 돌아갈 수도 없으므로 이때는 할 수 없이 발염[Discharge] 기법을 동원해야 한다.

스크린 프린트는 상당한 압력으로 눌러 찍기 때문에 롤러 프린트보다 더 정교한 해상도를 구현할 수 있다. <그림 183>의 스크린 프린트 모식도는 구글에서 가져온 것인데 오류가 있다. 저런 패턴을 저대로 찍으면 각 스크린 간격마다 노란 줄이 나타나게 된다. 제대로 하려면 노란색 그라운드는 Padding으로 처리해야 한다.

발염 Discharge print

<그림 183>의 모식도를 다시 보자. 만약 그라운드 컬러가 노란색이 아닌 검은색이라면 어떻게 찍힐까? 모티프인 파란색 Dot는 Black 그라운드 위에 찍어 봐야 보일리가 없다. 안료가 아닌 한, 본염에서 Ground color보다 더 연한 색을 모티프[Motif]로 찍으면 보이지 않는다. 즉, 본염 스크린 프린트 에서는 Black ground 위에 어떤 모티프도 찍을 수 없다.

Discharge print는 그라운드 컬러[Ground color]를 염색하거나 Padding한 다음 그 위에 모티프들을 찍고 나서 수세하면 모티프들이 찍힌 부분의 그라운드 컬러가 탈색되어 없어지면서 패턴이 나타나게 하는 기법을 말한다. 모티프를 먼저 찍고 그 위에 Padding 하면 이미 찍힌 모티프 위는 Padding된 컬러가 올라오지 않는 기법을 방염[Resist print]이라고 하는데 둘을 굳이 구분할 필요는 없다. Discharge print는 두 가지 이유로 반드시 필요하다. 첫 번째인 컬러의 진연 문제와 Joint line을 보이지 않게 처리할 방법이 없는 패턴인 경우이다. 발염은 가격이 비싸지만 Joint line 이나 오버랩[Overlap]이 없는 정교하고 높은 해상도의 프린트를 얻을 수 있다. 발염은 모든 Wet 프린트 방식에 적용 가능하다. High fashion brand의 프린트는 대개 Discharge로 되어있다.

로터리 프린트 Rotary print

Screen Print의 단점을 커버하기 위해 Roller print와 Screen print 양쪽의 장점을 취한 새로운 프린터가 개발되었다. 아이디어는 단순하다. 플랫 스크린 프린터에서 2차원 평면 형태인 납작한 스크린 프레임을 동그랗게 말아 원형으로 만든 것이다. 즉, Rotary print는 일종의 Screen print이다. Flat Screen이 아닌 Rotary Screen인 것이다. 겉보기는 마치 롤러처럼 생겼지만 스크린 프린터와 똑같은 원리로 작동한다.

2차원 스크린을 3차원 Roll로 바꾼 극적인 결과는 공간의 절약과 단순한 기계동작 그리고 무한궤도이다. 물론 생산 속도도 Roller print만큼은 아니지만 Flat Screen보다는 훨씬 더 빠르다. 이제 2차원 평면이던 스크린의 폭은 3차원인 롤러의 원주 사이즈로 대체되었다. 동일한 공간에서 스크린의 폭을 롤러의 원주인 2π(2x3.14)배 만큼 비약적으로 줄일 수 있게 된 것이다. 따라서 더 많은 도수의 컬러 적용뿐 아니라 기계의 길이를 극적으로 줄일 수 있음은 물론, Roll의 특성인 무한궤도로 인하여 스크린 프린트에서의 골치거리인 Joint Line 문제도 저절로 해결되었다. Dot pattern을 찍기 위해 더

그림 184 _ Rotary printer

이상 발염을 동원할 필요도 없다. 다만 사이즈가 다양한 Flat screen 프린트에 비해 Roll의 크기를 기계에 맞춰야 하기 때문에 25″로 고정되어 이보다 큰 Repeat의 패턴은 찍을 수 없게 되었다. 생산량은 롤러와 스크린의 중간으로 개선되었다. 로터리의 가장 큰 약점은 롤의 제작비용이 상당하다는 것이다. 표면이 금속 mesh로 되어있기 때문인데 이는 생산 최소 수량Minimum에 반영되어 작은 수량의 오더는 *동판 제작Engraving 비용을 별도로 지불하지 않는 한, 찍을 수 없다. Rotary printer는 겉으로 보기에는 롤러 프린터처럼 생겼으나 롤러 내부에 스크린이 들어있는 구조로 어디까지나 롤러가 아닌 스크린 프린터를 개선시킨 것이라는 사실을 유념해야 한다. 로터리 프린트의 해상도는 Roller print는 물론 Flat screen보다 더 좋은데 mesh의 재질이 금속이어서 부드러워 밀리는 Flat screen 프린트 보다 더 정교하게 찍을 수 있기 때문이다. 로터리는 롤러로도, Flat screen으로도 찍기 어려운 패턴에 적용해야 한다. 컬러 수가 많고 모티프가 섬처럼 떨어져 있는 패턴이 가장 좋다. 로터리는 한번 사용한 롤을 재생할 수 없기 때문에 반드시 Minimum 수량을 준수하거나 그렇지 못하면 컬러당 300불 이상 되는 인그레이빙Engraving

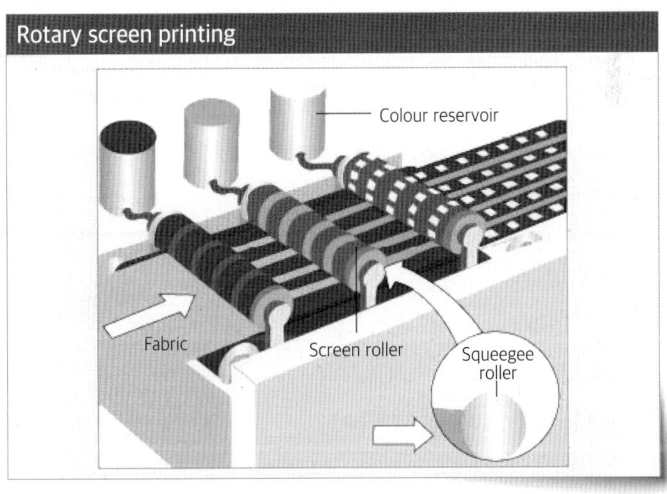

그림 185 _ 로터리 프린트 모식도

비용을 추가로 부담해야 한다. 어떤 프린트 방식을 택해야 하는지는 디자이너가 스스로 결정해야 한다. 이런 저런 방식으로 찍어 달라고 주문하는 디자이너와 어떤 방식으로 찍어야 하는지 공장에 물어보는 디자이너는 자질의 문제 뿐 아니라 결과물에서도 적지않은 차이가 난다.

전사 프린트 Heat Transfer Print

원단 위에 직접 프린트 하는 것이 아니라 간편하게 종이 위에 인쇄하듯 찍고 나서 이를 나중에 원단 위에 그대로 옮길 수 있다면 대단히 효율적인 방법이 될 것이다. 우리는 이런 방식을 '판박이'라고 한다. 하지만 물을 사용하는 Wet print는 종이 위에 찍을 때 모세관 현상으로 인하여 패턴이 번지기 때문에 불가능하다. 즉, Wet print로는 전사가 어렵다. 따라서 물을 사용하지 않고 압력이나 열에 의해 모든 염료가 종이에서 원단으로 옮겨갈 수 있는 방식만 가능하다. 폴리에스터를 염색하는 분산염료는 열에 의해 승화하는 성질이 있다. 즉, 고체의 염료가 고온에서 액체가 되지 않고 바로 기체가 된다. 이를 이용하면 전사 프린트가 가능해진다. 염료는 고체 상태로 종이 위에 인쇄되어 있다가 높은 열에 의해 기체로 변하면서 그대로 원단의 표면에 전사되고 고착된다. 찍고 난 후 염료의 고착을 위한 증열이나 미고착 염료를

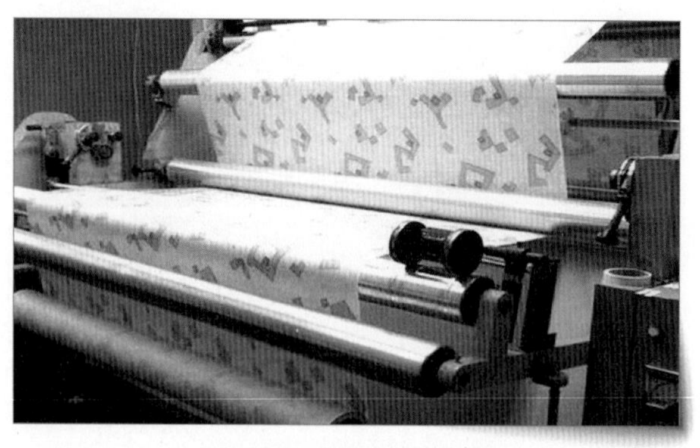

그림 186 _ 전사 프린트 기계

제거하기 위한 수세와 건조도 필요 없다. 이 방법은 지금까지의 Wet print방식이 아닌 Dry 방식이므로 여러가지로 큰 이점들이 생긴다. Wet print는 모세관 현상 때문에 염료가 번지므로 아무리 점도를 높게 해도 해상도에 한계가 있다. 점성이 있는 끈적한 색호라고 해도 액체인 이상, 점을 찍으면 점은 점점 커진다. 찍을 수 있는 점의 크기는 한계가 명확하다. 하지만 Dry print는 모세관 현상이 나타나지 않으므로 극히 작은 점을 찍을 수 있고 따라서 높은 해상도의 패턴 구현이 가능하다.

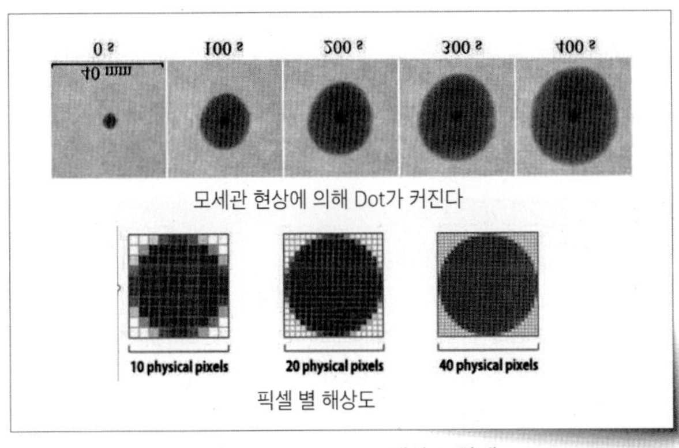

그림 187 _ Wet print 해상도 한계

물을 전혀 사용하지 않으므로 수자원 절약, 물의 오염 방지등, Sustainable하기까지 하다. 버려지는 염료가 거의 없어 염료의 사용도 최소화 할 수 있다. Wet print는 프린트 후, '증열'이라는 과정을 거쳐 색호를 원단과 화학적으로 반응시켜 영구히 고착한다. 이후 수세 과정을 거쳐 미고착되거나 잉여 염료를 털어내고 말려야 한다. 하지만 전사 프린트는 이런 과정이 없으므로 전후 과정에서 전혀 물을 사용하지 않고 공해도 일으키지 않으며 버리는 염료가 없어서 염료도 절약된다. 패턴의 크기도 로터리처럼 고정되지 않고 큰 패턴을 찍을 수 있다. 하지만 너무 큰 패턴은 동판 가격이 비싸 지기 때문에 잘 사용되지는 않는다. 그럴 때는 차라리 패턴 사이즈에 한계가 없는 DTP(

디지털 프린트)를 적용하는 것이 어떤 지 비교하기 바란다. 다만 PET 소재만 이 프린트가 가능하다는 한계가 있고 원단 뒷면에 염료가 전혀 배어 나지 않아 흰색이라는 단점이 있으므로 뒷면을 사용하지 않는 Outerwear 원단 등에 적용하는 것이 좋다. 전사 프린트는 S/O 제작이 불가능하다. 할 수 없이 디지털 프린트DTP로 S/O를 대신해야 하지만 실제와 결과 차이가 상당하기 때문에 컬러는 approve할 수 없고 패턴 정도만 가능하다. 또, DTP는 오버랩이 나타나지 않으므로 S/O 제작 시 예상되는 오버랩을 의도적으로 만들어 넣어야 나중 실제 Bulk 생산과 차이가 줄어든다. 이 프린트의 정식 명칭은 승화 열 전사 종이 프린트Sublimation Heat transfer paper print이다. Transfer, Heat transfer, Paper, Sublimation print 등으로 줄여 부른다.

그림 188 _ 디지털 프린트

DTP Digital Textile Print

가장 최신의 프린트 방식은 디지털 프린트이다. DTP는 사무실에서 쓰는 컬러프린터와 같다. 다만 종이가 아니라 원단 위에 찍는다는 것만 다르다. 소재에 따라서 잉크(염료)를 바꿔 찍으면 된다. 스크린이나 동판 제작도 필요 없다. CAD만 있으면 즉시 S/O를 찍을 수 있다. 제도 제판 과정도 필요 없다. 컬러 조색도 불필요하다. S/O와 Bulk와의 차이도 최소화 될 것이다.

DTP는 3원색 dot를 사용하여 모든 컬러를 '원색분해' 방식으로 찍는다. 즉, 컬러 프린터의 토너가 4가지 인 것과 마찬가지이다. 당연히 모든 모티프는 작은 점으로 이루어져 있다.

그림 189 _ 원색분해를 위한 CYMK 3원색

DTP는 염색이나 Wet print처럼 갖가지 염료들을 섞어 원하는 컬러로 만드는 조색 과정이 불필요하다. 이는 큰 장점인데 디자이너가 원하는 컬러를 맞추기 위해 Lab dip이나 S/O 때문에 걸리는 막대한 시간이 절약되기 때문이다. 패턴의 크기도 제약이 없으므로 기계가 허용하는 만큼 크게 할 수 있고 사이즈가 크다고 비용이 올라가지도 않는다. Wet인 경우라도 물을 최소한으로 사용하므로 해상도는 전사 프린트만큼 좋다. 유일하고도 치명적인 단점은 속도가 느리다는 것이다. 모든 모티프가 점으로 이루어져 있고 그것들을 일일이 찍어야 하므로 속도에 한계가 있다. 생산이 느리다는 것은 그만큼 가격이 비싸다는 것을 의미한다. 하지만 이 점은 빠르게 개선되고 있는 중이다. 만약 생산량이 기존의 프린트 방식에 비해 큰 차이가 없을 정도로 진보하면 이외의 다른 프린트 방식은 사라지게 될 것이다. DTP는 원단에 바로 찍는 직사[Direct]가 있고 종이에 찍은 다음 원단에 옮기는 전사[Transfer]로 두 종류가 있다. 직사는 Wet 방식이고 전사는 Dry이다. 직사 기계가 10배 이상 비싸다. 전사는 승화를 이용하므로 오로지 PET만 가능하다. 프린트 후 곧바로 선적이 가능한 전사에 비해 직사는 Wet 방식이므로 증열과 수세 과정을 별도로 거쳐야 한다.

Chapter 8

Inspection & Lab test

원단의 검사와 시험

원단의 검사 Inspection

검사와 시험을 구분하지 못하는 디자이너들이 많다. 둘은 비슷해 보이지만 전혀 다르다. 원단의 검사는 Visual Inspection, 말 그대로 원단의 겉면에서만 보이는 외관을 확인하는 것이다. 대개는 제직/편직에서 발생하는 문제점을 찾아내지만 염색에 의해 발생

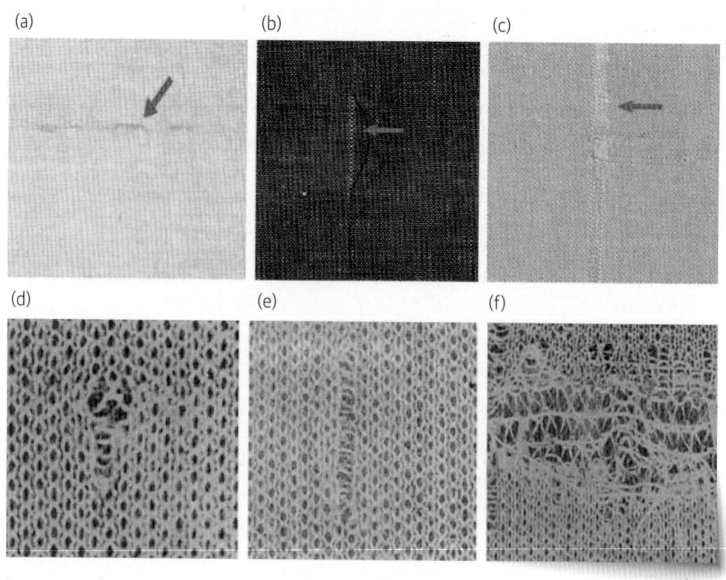

그림 190 _ 각종 Defect

하는 결점Defect도 확인한다. 시험은 Labtest라는 의미처럼 겉으로 드러나지 않을 수도 있는 원단의 물리 화학적 기능이나 특징 또는 문제점을 표준상태(온 습도 등)가 확보된 시험실에서 확인하는 모든 행위이다. 검사는 표준점수를 정하고 이에 미달하는지 만족하는지 판단하는 자체, 또는 제3자 기관에 의해 행해진다. 시험은 AATCC, ASTM, ISO 또는 국가간 정해진 시험 Protocol에 의해 Data를 확보하는 것이 목적이며 브랜드의 요구에 따라 합격/ 불합격Pass or Fail으로 결과를 발행하기도 한다.

-섬유지식-

검사는 결점Defect만 확인 할 뿐 품질을 판단하지는 않는다

'저등급 원단' 과 '결점이 있는 원단'은 구분 되어야 한다. 고가의 원단도 결점은 있을 수 있으며 등급이 낮다고 해서 반드시 결점이 많은 원단은 아니다. 저 등급의 원단은 다만 전체적인 품질이 낮을 뿐, 불량 원단과는 구분된다. 예를 들어 저렴한 원사를 사용하여 원사의 Evenness가 좋지 않으므로 기인하는 원단의 열악Poor한 품질은 검사에서 확인되지 않는다. 즉, 검사는 결점만을 확인해 줄 뿐, 원사로부터 기인하는 원단의 전반적인 품질을 평가하지는 못한다. 물론 고급 원사를 사용한 고가 원단의 결점이 적기는 할 것이다.

그림 191 _ Skewing

원사/제직 결점

완성된 원단의 외관을 확인하는 것이 검사이다. 외관검사 또는 Visual Inspection이라고 한다.

원단의 품질을 보여주는 외관은 '경사 줄' 때문에 발생하는 '비 오는 현상' 같은 주로 원사의 Evenness에 기인하는 경우가 많지만 그것이 결점이 되려면 <그림 190>과 같이 제직이나 편직 할 때 발생하는 직단, 쌍올, 혹은 Slub 같은 명백한 것이어야 한다.

염색 결점

명백한 결점은 염색에 기인한 것들도 있는데, 원단의 색이 폭을 중심으로 좌우가 다른 Shade가 나타나는 Listing이나, 원단 롤의 시작 부분과 끝나는 부분의 색차가 나는 Ending(Tailing) 같은 경우이다. Ending 보다는 Listing이 훨씬 더 자주 발생한다. 따라서 봉제공장은 이 부분에 대한 대비가 있어야 한다. 즉, 심하지 않은 Listing은 봉제기술로 커버해야 한다. 그렇지 못하면 원단공장과 매번 싸우고 재작업하여 대체Replace하느라 봉제 납기를 지키기 어려울 것이다. Stripe나 check같은 패턴의 경우는 무늬가 한쪽으로 휘어지는 Skewing, 양쪽으로 휘어지는 Bowing이 어김없이 발생한다. 이 같은 골치거리는 원단 공장으로서는 도저히 피할 수 없는 문제이므로 한계를 3%로 기준을 정하고 기준 내에 들면 봉제 기술로 막아야 한다. 염색할 때 발생하는 오염이나 일부의 물 빠짐도 결점에 해당된다. 그러나 오염 같은 문제는 국부적이고 대개 심각하지 않다. 무서운 것은 '연속 결점'이다. 폴리에스터 직물은 Rapid 염색기에 의해 생기는 물침(새발자국 같은 무늬가 나타나는 것)이나 시와(얼룩덜룩한) 같은 현상이 보일 때가 있는데 이런 문제가 전반적으로 나타나는 것이 연속 결점이다. 연속 결점이 발생했을 때는 경중을 확인하여 전체를 쓸지 말지 판단, 결정해야 한다.

결점의 평가

이런 결점들의 평가는 크기에 따라 1, 2, 3, 4로 점수를 매기는 4 point system이 전세계적으로 통용된다. 브랜드에 따라 다르지만 대개 총점으로

100syd(square yard 즉, 제곱 야드)당 20점 정도면 무난하다고 여겨져 Pass로 평가된다. 표준 점수는 각 롤에 감긴 원단의 수량이 다르므로 롤 당 점수를 100syd 기준으로 환산하여 표시 된다.

검사는 수량이 작은 경우는 전수검사 할 때도 있지만 수량이 크면 랜덤Random 검사로 한다. 시료를 집단에서 무작위로 추출하여 $\sqrt{\text{전체 수량}\times 10}$ 한 것이 검사 수량이다. 이렇게 하면 대략 10% 정도 되는데 전체 수량이 클수록 10%보다 적어지고 수량이 적으면 10%보다 더 커지는 합리적인 구조로 되어있다. 수량이 10,000y 넘는 물건은 굳이 전수검사를 하지 않아도 Random 검사로 신뢰도 95%까지 결과치를 얻을 수 있다. 단, Random Sampling을 Lot별로 골고루 제대로 했을 경우에 한한다.

4-point system

Size of defect (Length in inches)	Penalty points
0 - 3	1
3 - 6	2
6 - 9	3
9 and above	4

그림 192 _ 결점 크기당 점수표

두 가지 합격기준

검사 결과는 1)각 롤별 점수와 2)전체 평균점수 두 가지로 판정한다. 그런데 합격 기준은 각 롤에 대한 것과 전체 원단에 대한 기준이 달라야 한다. 예를 들어, 전체 선적분에 대한 합격기준을 20점으로 정했다면 각 롤당 점수는 그보다 조금 더 낮아야 한다. 원단의 결점은 롤마다 편차가 크다. 어떤 롤은 0점이나 5점 미만이 될 수도 또 어떤 롤은 간신히 기준에 미치는 20점이 될 수도 있다. 만약 롤당, 전체평균, 두 기준이 동일하게 되어있으면 다음과 같은 불합리한 일이 일어난다. 첫째, 모든 롤이 20점으로 나온 경우 그 물건은 모두 Pass로 간주되어 선적된다. 둘째, 원단 절반이 21점이고 나머지 절반이 5점인 원단은 절반이 Fail이므로 선적불가 판정을 받는다. 그런데 사실 두 번째 물건은 앞의 것보다 전체적으로 훨씬 더 좋다는 것이다. 그런 불상사를 막기 위해 전체 평균이 20점이면 롤당 기준은 15점 정도로 낮추는 것이 좋다.

합격기준이 없으면 구상권도 없다

합격기준은 대략 20point 정도인데 이는 100syd당 점수이다. 패킹리스트Packing list에 표기된 수량은 Lyd- Linear yard이므로 Syd- Square yard(y^2)로 환산한 값을 적용한다. 구매자가 합격기준을 미리 정하지 않으면 차후 문제가 생겼을 때 원단공장에 책임을 묻기 어려워지므로 반드시 발주 전에 합격기준을 제시해야 한다. 즉, 합격 점수를 계약 전에 원단공장과 미리 합의해야 나중에 구상권이 생긴다. 만약 기준을 정하지 않으면 20점 정도를 표준으로 하면 무난하다. 물론 구매자가 합격기준 점수를 낮출수록 더 불량이 적은 원단을 공급받을 수 있겠지만 합격 기준이 낮을수록 공장에 더 높은 가격을 지불해야 함은 두말할 필요도 없다. 따라서 브랜드의 성격에 맞지 않게 과도하게 낮은 점수를 책정하면 원단을 불필요하게 비싼 가격에 구매해야 함은 물론, 불필요한 재작업을 하게 되거나 원단 Air(비행기로 선적)를 하는 경우도 생겨 봉제 작업 전체가 매끄럽지 않게 흘러갈 수 있다. 봉제공장 책임자가 원단을 잘 모르면 작은 문제를 키워 하찮은 실수로도 공정 전체가 큰 난관에 빠질 수 있다.

원단을 잘 알면 발생이 예정된 큰 문제도 작은 땜질로 막을 수 있다. 똑같은 원단을 두 군데 다른 봉제공장에 선적했는데 한쪽은 아무 문제없이 납기일에 맞춰 선적하고 다른 한쪽은 원단공장과 다투기 바빠 납기는 놓치고 봉제 라인은 공백(Blank)되는 일이 생긴다.

Pass한 원단이 의미하는 것

간혹, 원단이 무결점인 상태로 공급됨을 기준으로 하여 확인된 결점은 모두 Loss로 추가 공급해야 한다고 우기는 담당자가 있다. 무결점 원단은 존재하지 않으며 그때문에 '합격기준'이라는 것이 있는 것이다. 합격기준이란 최초에 제시된 결점 개수에 따른 점수에 부합하는 원단에 대해서 구매자가 그대로 수용한다는 쌍방협약이다. 따라서 합격기준내에 들어가는 원단에 대해 봉제공장은 Loss를 청구할 수 없으므로 그렇게 제공된 원단만으로 봉제를 완성해야 한다. 봉제공장은 그런 조건을 감안하여 소요량을 계산하고 원단을 구매해야 한다. 이는 구매자와 공급자 간 최대 상호이익에 도달하는 협약이므로 협약에 따르는 것이 좋다.

완벽한 원단을 요구하는 벤더와 그레샴의 법칙

간혹 사정을 모르는 신참 구매자가 이런 관행을 무시하고 무결점을 기준으로 원단 납품을 요청하면, 세 가지 일이 발생할 것이다. 첫째, 재정사정이 양호한 품질 좋은 원단을 납품하는 원단공급업자는 판매를 거절하고 즉시 다른 구매자를 찾아 떠난다. 서투른 신참이 말썽을 일으키면 쌍방이 손해이기 때문이다. 둘째, 품질은 좋지만 재정이 넉넉하지 않은 공급업자는 다른 말썽이 생기지 않기를 바라며 판매가격을 올릴 것이다. 셋째, 품질이 나쁘고 재정도 열악한 공급업자는 발주 취소가 두려워 조건을 그대로 수용할 것이다. 첫번째는 이미 떠났고 세번째는 품질문제가 우려되니 구매자로서는 자리가 위험하다. 따라서 두번째 케이스를 대개 선택하게 된다. 이렇게 되면 구매가격이 상승했기 때문에 구매자는 이후, 발생한 Loss 공급에 대한 Cost를 자신이 물게 되는 결과가 된다. 문제는 실제 Loss보다 훨씬 더 많은 비용을 물어야 한다는 것이다. 왜냐하면 공장은 추후 발생할지도 모를 미지의 Loss에 대한 추가비용을 원단 선적 이후가 아닌, 최초 가격을 오퍼Offer할 때 반영하기 때문이다. Loss 공급의 규모를 모르는 상황에서 공급업자로서는 최악의 경우를 상정하여 최대값을 반영하는 것이 스스로 안전한 선택이 된다. 원단공장은 바보가 아니다. 그들도 이익을 위해 존재하는 기업이다. 만약 예상치 못한 경비를 지불하게 하는 브랜드/벤더가 있으면 처음은 어쩔 수 없더라도 이후에는 결코 추가비용을 감수하지 않으며 품질이 열등해지거나 그렇지 못하면 가격 Offer에 반영한다는 사실을 잊지 말아야 한다. 따라서 최선은 합의에 의한 기준을 정하고 양측이 이에 따르는 것이다. 만약 구매자가 공급자는 얼마든지 있다는 착각으로 계속 공급자를 바꾸면서 같은 구매 행태를 지속하게 되면 "악화는 양화를 구축한다'는 그레샴의 법칙에 의해 품질이나 납기가 양호한 원단공장은 모두 떠나고 어떤 악조건이라도 오더를 받을 수 밖에 없는 곤궁한 자들만 남게 될 것이다. 그들의 품질이 좋을 리가 없다. 잘못하면 선적 전에 도산하여 원단을 다시 발주해야 하는 재앙에 직면할 수도 있다. 구매가격을 경쟁업체보다 더 지불하고 양호한 공급업자를 유지한다고 해도 결과는 마찬가지이다. 최근 패션업계의 경쟁력은 원자재를 얼마나 경쟁력 있게 구매하느냐와 직결된다. 특별한 이유없이 남들보다 더 비싸게 원자재를 구매하면 시간 문제일 뿐, 그 브랜드의 몰락은 예정되어 있다는 것을 역사가 보여주고 있다.

원단의 Labtest

AATCC (American Association of Textile Chemists and Colorists)미국 섬유화학 채색연구자 협회(AATCC)는 1921년에 설립된 세계에서 가장 큰 섬유화학 관련 과학기술 단체이다. 본 협회는 미국과 65개 국가에 5,000명 이상의 개인 및 270개의 법인 회원을 갖고 있다. Rain test는 원단이 비옷에 적합한지를 확인하는 시험이 아니라 미국시장으로 들어가는 Synthetic Outerwear의 관세부과를 결정하는 시험이다. 따라서 화섬 원단에 적용하는 코팅이나 Raintest용 가공은 관세절감Duty saving을 위해 실시되는 가공이다. 이 시험은 Data가 나타나지 않고 오로지 합격과 불합격으로만 결과를 받을 수 있다.

-섬유지식-

공인 시험기관 Authorized Lab

의류 원자재의 겉으로 드러나지 않는 품질이 해당 의류가 요구하는 수준의 물성을 갖추었는지 확인하는 과정이 원단의 이화학시험 즉, Lab test이다. 이화학시험은 시험 검사기관인 KOTITI나 FITI, SGS 같은, 결과를 신뢰할 수 있는 권위있는 단체에서 시행하는 것만이 유효하다.

Major brand는 대개 어떤 Lab에서 test할 것인지 지정Nominate한다. 가령 Gap은 BV나 ITS에서 제공하는 시험 결과만 인정한다. 원단의 test에 관한 기준이나 Protocol은 미국인 경우, AATCC 혹은 ASTM에서 정한 시험방법이나 표준에 따른다. AATCC는 화학시험, ASTM은 물리 시험인 경우가 많다. 화학시험은 주로 염색된 원단이 세탁이나 일광 같은 다양한 환경이나 조건에서 퇴색되거나 탈색이 일어나 다른 원단을 오염시키는지 등의 문제를 확인한다.

물리 시험은 원단의 물성 테스트 즉, 강도나 미어짐 같은 것들을 확인한다. Major brand는 한 원단에 수십 종류에 달하는 이런 시험들을 요구한다. 만약 컬러 별로 시험해야 한다면 시험수수료가 막대할 것이므로 원가를 계산할 때 반드시 반영하도록 해야 한다. 수천 야드 규모인 오더는 이익보다 시험 수수료가 더 많을 수도 있다. 그중 가장 빈번하게 진행하는 주요 시험들에 대해 설명하기로 한다.

인열 강도 Tearing Strength

발음에 주의하자. '티어링'이 아니고 '테어링'이다. 가장 자주하는 직물의 물리 시험은 '인열 강도'이다. 의류에서 인열 강도가 중요시 되는 부분은 포켓 부분이다.

지속적으로 체중이 실린 강한 힘이 가해지기 때문이다. 특히 바지의 포켓 부분은 중요하다. 미국 Eddie Bauer는 이 테스트에 매우 보수적으로 대처한다. 즉, 일절 양보 없다는 뜻이다.

인열 강도는 원단을 약간 찢은 상태에서 양쪽으로 잡아당겨 찢어지는 힘을 측정하는데 잡아당기는 방법에 따라 여러가지가 있다. 그중 실제와 가장 가깝고 따라서 많이 사용되는 방법이 '펜듈럼Pendulum 법'으로 처음부터 끝까지 동일한 힘이 가해지는 것이 아니라 처음에는 약한 힘이 가해지다 갑자기 큰 힘으로 변화했다가 다시 약해지는 식으로 테스트 한다. 포물선 곡선을 형성하는 변화하는 이런 힘은 <그림 193>과 같은 반달 모양의 묵직한 펜

듈럼(추)이 중력에 의해 떨어지면서 원단에 가해지는 힘을 측정하는 것이다.

끊어질 때까지 같은 힘으로 잡아당기는 장력에 저항하는 인장 강도에 비해 인열 강도는 특이하게 행동한다. 즉, 원단의 두께와 정비례하지 않는다. 오히려 부드럽거나 딱딱한 것과 더 많은 상관관계를 갖는 것처럼 보인다. 그 이유는 원단이 찢어질 때는 단지 한 올의 원사가 최초로 끊어지면서 연쇄적으로 인열이 발생하기 때문이다.

따라서 극단적으로 부드러운 원단은 아예 찢어지지 않아 결과치가 무한대로 나오기도 한다. 그에 따라 인열 강도의 개선은 원단을 Soft하게 만드는 것이 최선의 방법이 된다. 또, 드물지만 원사의 Evenness가 좋지 않아 굵기가 일정치 않으면 가는 원사에 힘이 가해졌을 때와 굵은 원사에 힘이 가해졌을 때, 결과가 상이하게 나올 수 있다.

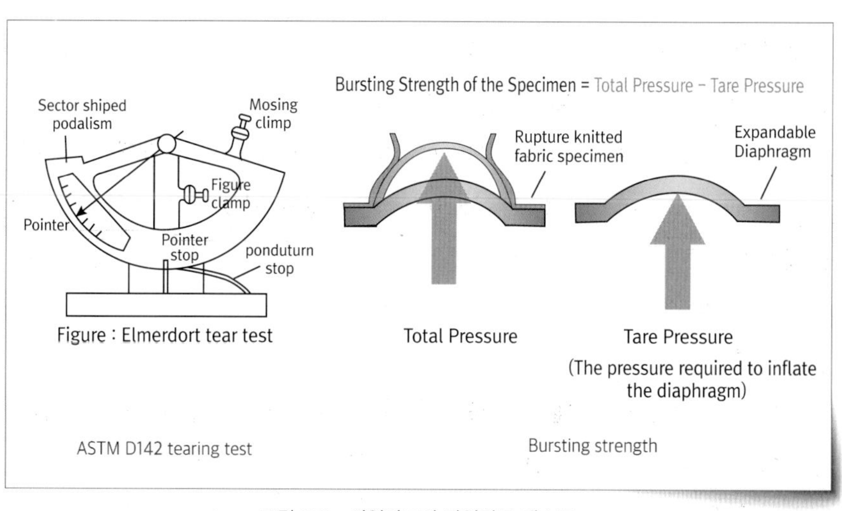

그림 193 _ 인열강도와 파열강도 테스트

인장 강도 Tensile Strength

인장 강도 시험은 주로 원사를 위한 것이다. 인장 강도는 원사의 굵기와 개수에 비례하기 때문에 니트든 우븐이든 원단에서는 문제가 되는 일이 거의 없다. 원사를 끊어질 때까지 일정한 힘으로 잡아당기는 단순한 시험이다. 모든 시험이 그렇듯 여러 번 반복하고 평균 값으로 판정한다.

파열 강도 Bursting Strength

우븐의 인열 강도와 비슷한 니트에 해당하는 물리 시험이다. 니트 원단은 유연성이 좋아 대개 찢어지기 어렵다. 하지만 무릎이나 팔꿈치 같은 부분에 의해 터질 수는 있다. 이를 테스트 하는 것이 파열 강도이다. 파열 강도는 니트 원단을 평평하게 잡아당겨 고정시킨 상태에서 고무공 같은 것으로 부풀려 원단이 터질 때까지 힘을 측정한다.

Seam Slippage 봉탈

우븐 원단이 너무 부드럽거나 밀도가 충분하지 않은 경우, 재봉사로 접합된 부분이 미어지는 경우가 생길 때가 있다. 유연제를 과다 투여하거나 폴리에스터인 경우, 감량을 너무 많이 했을 때 종종 발생한다. 해결책은 밀도를 증가시키거나 hand feel을 조절하거나 감량을 줄이는 것이다. 바늘로 Seam을 잡아당겨 벌어질 때의 힘을 측정한다.

수축률 Shrinkage

의류가 물세탁 후, 크게 줄어드는 일이 생기면 재앙이다. 이를 막기 위해 원단이 세탁 후 줄어드는 현상을 3% 이내로 조절해야 한다. 니트는 구조상 한계가 있으므로 우븐보다는 훨씬 더 넉넉한 표준이 주어진다. 주로 천연 소재가 세탁 후 많이 줄어든다. 동물성 소재는 아예 물세탁이 금지 되어있으니 식물성 소재만 확인해 보자. 니트는 물론이고 우븐이라도 레이온이 가장 심하고 마나 면직물도 브랜드가 요구하는 3%에 미치지 못할 때가 잦다. 이런 경우 해결책은 방축가공이다. 원단을 미리 줄어들게 하는 것이다. 그러나 방축가공 후에도 비스코스 레이온은 3%에 도달하기 어렵다. 이 문제는 거의 해결이 불가능하므로 레이온은 5%까지 허용해주는 브랜드가 많다. 화섬은 전처리 과정에서 열수축이 크게 일어나지만 출고되어 세탁 후 줄어드는 일은 거의 없다. 강연직물 외는 대부분 1% 내외로 커버된다. 수축률 문제는 작업 시 장력이 많이 걸리는 경사 쪽으로 주로 발생하며 원단 폭을 자유롭게 조정할 수 있는 위사 쪽으로는 발생하지 않는다. 가공된 원단의 폭이 일정하지 않은 것은 그 때문이다.

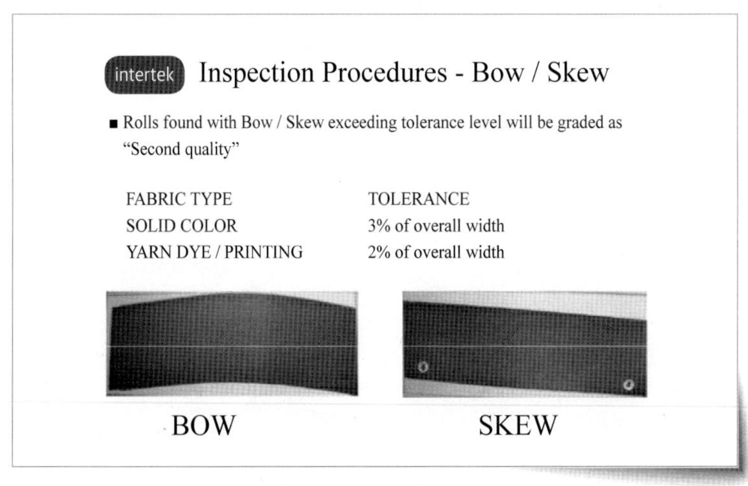

그림 194 _ Bowing과 Skewing

토크 Torque

염색 후 핀을 이용하여 원단 양쪽의 폭을 잡아주는 텐터Tenter를 칠 때, 잘못하면 원단이 사다리꼴이나 마름모꼴로 휘어지는 일이 생긴다. 이를 Skewing 또는 Bowing이라고 한다. 평직에서는 거의 생기지 않으며 주로 Twill 원단에서 발생한다. Solid color인 경우는 바지를 만들 때 바지단의 재봉선이 휘어지는 문제가 주로 생기는데 Stripe나 Check 같은 패턴물일 때는 봉제선에서 각각의 패턴 선이 맞지 않아 제품의 가치가 떨어지게 만든다. 허용치는 대개

3%로 정한다. 확인하는 방법은 원단을 폭 방향으로 찢은 다음 직각에서 벗어나는 만큼의 길이가 폭에 비례하여 얼마나 되는지 측정하면 된다.

염색견뢰도

원단의 색이 변하거나 다른 원단을 오염시키는 정도에 대한 테스트가 염색견뢰도이다. 염색견뢰도는 스스로 변색이 생겼는지에 대한 Self-Change 보다는 다른 원단을 얼마나 오염시켰는지에 대한 척도가 대부분이다. 종류에 따라 세탁, 땀, 마찰, 승화, 염소, 해수 침에 의한 견뢰도로 분류하는데 일광 견뢰도는 스스로 얼마나 변했는지에 대한 변·퇴색만 측정한다. Color Fastness to Washing, Perspiration, Abrasion, Sublimation, Light 등등으로 표기한다.

그림 195 _ Grey Scale

일광견뢰도

염색견뢰도 중, 일광은 다른 것들과 차별된다. 일광견뢰도는 자외선에 의해 염료 분자가 기능을 상실하여 탈색 또는 변색되는 정도를 확인하는 시험이다. 원래는 Blue Scale 8단계로 확인하는 것이 표준이나 시간과 비용이 많이 들어 시간을 20hr으로 고정하고 다른 견뢰도처럼 Grey Scale 5단계로 변색을 비교하는 간이시험이 많다. 즉, 자외선에 의해 20시간 동안 변색되는 정도를 판정한다. 다른 염색견뢰도와 반대로 원단의 색이 진할수록 결과가 좋고 연할수록 결과가 나쁘다. 이는 염료가 빠져나와 다른 원단을 오염시키는 Staining이 아닌, 스스로 변색되는 Self-change를 판정하기 때문이다. 진한 컬러는 더 많은 염료를 의미하므로 자외선에 의해 파괴되지 않고 살아남는 염료의 잔존 비율이 높아 일광견뢰도가 높게 나온다.

pH 수소이온농도 지수

수소이온농도 지수는 어떤 물질이 산성인지 알칼리인지에 대한 척도이며 독일어이므로 '페하'라고 읽고 반드시 앞은 소문자 'p' 뒤는 대문자 'H'로 적어야 한다. 1에서 14까지 있으며 7은 중성이다. 이 숫자는 로그 지수이므로 pH 1의 차이는 10배, pH 2의 차이는 100배를 의미한다. 원단이 알칼리성 쪽으로 치우쳐 있으면 황변의 원인이 되므로 약간 산성 쪽으로 편향되어 있

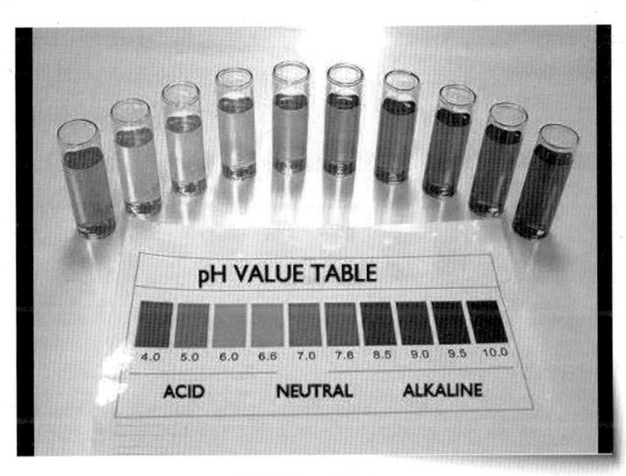

그림 196 _ pH value

는 것이 안전하고 특히 흰색이라면 5.5 정도로 산성인 경우가 황변을 방지하는 첫 번째 조건이 된다.

만약 결과가 8이상 알칼리 쪽으로 나오면(그런 경우가 많다) 구연산을 섞은 물로 수세하면 된다. 얼마나 투여해야 하는지 원단의 중량이나 pH에 따라 다르니 시행착오를 거쳐 스스로 알아내야 한다. pH가 산성 쪽으로 치우쳐 문제가 되는 경우는 거의 없다. pH의 측정은 pH Meter 같은 저렴한 간이 측정기가 많으므로 사무실에서도 할 수 있다.

UVP - 자외선 차단

자외선 차단지수는 SPF와 UPF가 있는데 요즘은 자외선을 A, B 두 가지로 확인하는 UPF를 사용한다. UPF는 우리의 생각과 달리 자외선 차단성능과 정확하게 비례하는 숫자가 아니다. 예컨대 UPF 10은 자외선을 90% 막을 수 있다는 뜻이다. $100-(1-\frac{1}{K})\times 100$ = 차단율이 계산식이다. K에 UPF를 대입하면 얼마나 차단하는지에 대한 %를 알 수 있다. 즉, 20이면 자외선을 95% 차단한다는 의미가 된다. 결과적으로 UPF20은 10에 비해 2배로 자외선을 차단하는 것이 아니라 5% 더 많이 차단한다는 것이다.

따라서 만약 UPF가 50이면 98%를 의미한다. UPF가 100이면 자외선 차단율이 99%라는 뜻이다. 둘은 차단율이 두 배가 아닌 1% 차이이다. Casual 의류에서는 UPF40을 일반적으로 요구하고 기능성 의류인 경우 UPF50이 최대 수준이며 별도의 Hang tag을 달 수 있다.

Air Permeation - 통기도

모든 가공되지 않은 원단은 공기가 투과할 수 있다. 공기 투과도를 측정하는 이 시험은 따라서 후가공을 거친 방풍원단을 확인하는 것만 의미가 있다.

보통은 공기 투과도가 높을수록 좋지만 윈드브레이커Windbreaker인 경우는 낮을수록 좋은 것이다. 수증기가 통과하는 정도를 시험하는 투습도와는 다르다.

방수Waterproof

방수는 내수압Water pressure으로 측정한다. 밑 바닥이 없는 매스 실린더를 원단으로 막은 다음, 물을 부어 수위를 점점 높이면 수압으로 인하여 물이 새는 지점이 나타나고 이를 측정한다.

수압에 해당하는 정도의 압력으로 Spray 하여 테스트하는 경우도 있다. 숫자가 클수록 좋은 것이다. mm 단위로 600mm, 10,000mm 등으로 나타낸다. 캐주얼 Outerwear는 600mm 정도가 최대이고 비옷이나 텐트 같은 용도는 1만 - 2만 정도로 높아야 한다. 물론 극지 탐험용 의류는 수만 mm는 되어야 할 것이다.

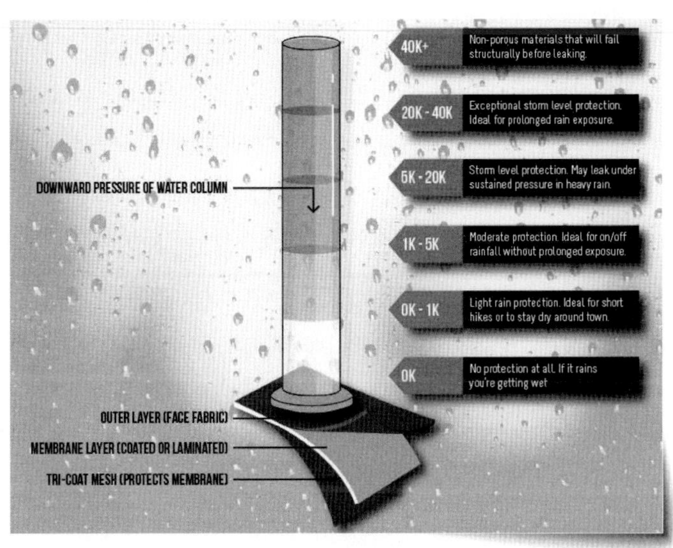

그림 197 _ 원단의 내수압 등급

발수 Water Repellent

발수의 척도는 원단 표면에 맺힌 물방울이 얼마나 구형과 가까운지를 접촉각으로 따져야 한다. 완벽한 구형이 되면 180도이다. 하지만 그런 방식은 테스트 비용이 너무 많이 든다. 유사한 결과를 얻기 위해 원단 위에 스프레이로 물을 뿌려 어느 정도 적시는지에 대한 결과를 레플리카와 비교하는 간이 테스트로 W/R 성능을 측정하는 것이 현실이다.

따라서 결과 데이터가 실제와는 거리가 있을 수 있다. 실제로 발수능력이 전혀 없는데도 원단이 적셔지지 않으면 발수력이 높다는 결과가 나올 것이다. 유리는 전혀 발수력이 없지만 젖지 않는다.

투습방수도 Breathable

원단에 코팅 같은 방법으로 방수 처리를 하면 인체에서 뿜어 나오는 수증기도 통과하지 못하게 된다. 그와 달리 방수가 되면서도 수증기는 투과가 가능한 원단을 말 그대로 '투습방수' 원단이라고 한다. 영어로는 Breathable이라고 하는 데 한자말에 비해 이 표현은 뭔가 부족하다. 반드시 방수가 되는 원단이 Breathable이어야 의미가 있다. 즉, Breathable water-proof라고 해야 정확하다.

투습도는 MVP Moisture Vapor Permeation 또는 WVP Water Vapor Permeation 라고도 한다. 이런 원단의 성능 표시는 3,000/5,000 같은 식으로 표기하는데 앞의 숫자가 투습도, 뒤가 내수압이다. 3k/5k와 같이 표기한다. 둘 다 숫자가 클수록 성능이 좋은 것이다. 10가지가 넘는 다양한 시험 방법이 있고 그 결과는 서로 크게 다르게 나타난다. 따라서 시험 기준을 반드시 확인해야 한다.

보온지수 Clo value

의류 또는 원단의 보온력을 나타내는 숫자이다. 체온과 동일한 열판 위에 원단을 놓고 단열 성능을 측정한다. 숫자가 1이나 그 이하이면 여름 옷, 3 이상이면 겨울 옷을 의미한다. 만약 원단으로 테스트하려면 가로세로 1M 크기인 Padding이나 Down이 들어간 방석Pillow을 만들어 하는 것이 제대로 된 결과를 만날 수 있다. 원단으로만 테스트 하면 전혀 엉뚱한 결과가 나올 수도 있다.

Chapter 9

Clothing Material Planning

의류 소재기획

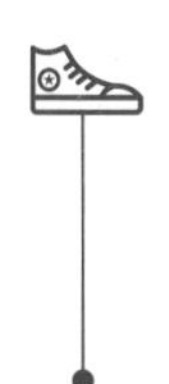

복종 별 소재기획

영국의 Top gear는 1977년부터 43년간이나 이어오고 있는 세계에서 가장 유명한 자동차 TV 프로그램이다. 2015년 어느 날, 이 프로그램의 창안자이자 MC인 제레미 클락슨은 그의 동료 제임스 메이와 함께 각각 람보르기니와 페라리 컨버터블을 타고 번잡한 런던의 밤거리를 지나갈 때 누가 더 많은 카메라 세례를 받는지 내기 한다. 이들이 아무런 사전 통보없이 밤 8시쯤 East London의 한 좁은 도로를 지나가는 약 7분간, 제임스는 120번, 제레미는 무려 280번이나 행인들에게 사진 찍힌다.

사진 찍히는 횟수를 어떻게 알았을까? 당연히 플래시 때문이다. 파파라치Paparazzi는 셀럽들에게는 큰 골치거리이다. 만약 제레미가 디자이너인 당신에게 얼굴을 가리지 않고도 밤에 사진 찍히지 않는 anti-paparazzi jacket을 만들어 달라고 한다면 어떻게 할 것인가? 답은 소재에 있다.

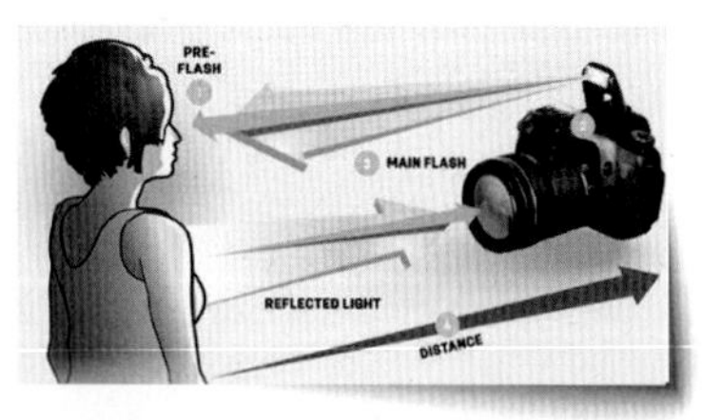

그림 198 _ Anti-Paparazzi Jacket 원리

파파라치가 사용하는 플래시는 일반적으로 TTL(Through the Lens) 자동 모드를 사용한다. TTL은 셔터를 누르면 두 단계의 연속동작을 하는데 1차로 먼저 피사체를 향해 '사전 플래시Pre-burst light'라고 하는 작은 플래시를 발광한다. 피사체로부터 반사된 빛이 렌즈를 통해 카메라로 다시 돌아오면서 빛의 양에 따라 '올바른 노출' 정도를 카메라에 알려주면 그제서야 정상적인 플래시가 터진다. 이 자켓이 피사체의 얼굴을 투명인간처럼 까맣게 만드는 원리에는 TTL의 작동 알고리즘을 역으로 이용하는 멋진 과학이 담겨 있다. 플래시는 카메라의 명령에 따라 밝기가 조절되는데 자켓은 카메라가 피사체와 주변을 실제보다 훨씬 더 밝은 것으로 착각하게 만든다. 왜냐하면 이 자켓에 사용된 재귀반사 소재는 그림에서 보다시피 사전 플래시로 방출된 거의 모든 빛을 카메라에 되돌리기 때문이다. 결과적으로 카메라는 플래시의 밝기를 낮춰 노출 부족의 피사체를 만들게 된다. 눈부신 첨단 기술에 답하는 재치있는 과학이다.

-섬유지식-

재귀반사(Retro Reflection)는 광원으로부터 나온 빛이 물체의 표면에서 반사되어 모두 다시 광원으로 돌아가는 반사이다. 단, 정면으로 입사한 빛만 광원 방향으로 되돌릴 수 있다. 자동차의 헤드라이트나 플래시 빛을 재귀반사 소재에 비추면 광원에서 나온 빛이 산란되지 않고 거의 모두 광원으로 되돌아가 광원 쪽에 있는 사람이 뚜렷하게 볼 수 있다. 자동차 엔진의 파워를 나타내는 척도를 마력(Horse Power)이라고 한다면 반사물질에서는 반사성능의 파워를 양초력(Candle Power)으로 나타낸다. 마력이 '말의 수 x 힘'인 것처럼 밝기를 '양초의 수 x 밝기'로 나타내는 것이다. 미국의 3M에 의하면 흰색 원단의 양초력Candle power은 0.1-0.3, 자동차의 번호판은 50 그리고 전형적인 재귀반사 원단의 양초력은 무려 500이다. 따라서 TTL을 속이기 충분하다.

Intro

목적하는 의류에 적용해야 할 원단을 결정할 때, 출발선에 선 디자이너 앞에는 터무니없이 많은, 광활한 선택지가 놓여있다. 그 다양한 소재와 원사를 포함한 원단들, 조직들, 또 이에 덧붙여 가해지는 염색방식이나 가공들을 어떻게 하나하나 기획해야 할까? 최종 결과물이 될 완성된 Garment는 디자이너의 선택과 결정에 따라 전혀 다른 모습과 기능을 갖게 될 것이다. 스토어에서 팔리고 있는 수많은 의류들의 소재 선택은 어떻게 이루어진 걸까? 그것들은 과연 최적/최선의 판단에 따른 결과일까? 혹시 최선을 알 수 없어서 차선이 선택된 것은 아닐까? 이 글은 복종에 따른 의류 소재의 기획을 좀 더 현명하게 하고 싶은 디자이너들을 위하여 만들어졌다. 단지 소재의 물리 화학적 성질과 특성만을 고려하지 않고 알맞은 가격까지 범위에 넣었다. 아무리 적절한 기획이라도 가격을 수용할 수 없다면 시간 낭비에 다름 아니기 때문이다.

현장에서 일하는 디자이너들은 대개 가격 때문에 최선보다는 차선책을 선택해야 할 때가 많다. 가격 제한 없이 최적인 원자재를 골라 사용할 수 있는 금수저 디자이너는 극히 드물다. 야드당 5천 불짜리 원단을 사용하는 'Lolo Piana'같은 브랜드 말고는. 그렇지 않아도 협소한 선택의 스펙트럼은 이로 인해 더욱 축소된다. 선택의 유한 공간을 늘리는 최선의 방법은 원자재에 대해 더 많이 아는 것이다. 풍부한 소재지식이 '가격 제한'때문에 쭈그러든 선택의 스펙트럼을 확장해 줄 것이다.

범죄현장Crime Scene에서 사건을 지휘하는 민완형사처럼, 봉제 현장에서 어떤 소재를 써야 하는지, yarn은 Filament로 갈지 혹은 방적사로 빠질지 판단하고 용도에 비추어 니트가 적합한지 아니면 우븐이 나은지, 염색은 선염과 후염 중 어느 쪽으로 선택하는 것이 비용절감 되는지, 어떤 가공을 적용해야 필요한 기능을 확보할 수 있는지, 절대 해서는 안 되는 가공은 어떤 것인지 일일이 고민하고 결정해야 하는 사람은 현장감독인 디자이너이다. 니트와 우븐의 경계가 뚜렷해 고민할 필요가 없었던 그런 선택조차 지금은 갈등해야 한다.

디자이너가 가져야 할 최선의 소재 지식은 적어도 사고를 막을 정도는 되어야 한다. 자신의 무지로 인하여 사고가 예정되어 있는 원단으로 의류를 설계하면 소비자는 물론, 회사와 동료까지 폐를 끼치게 되는 것이다.

Bottom

바지의 과학

세상에서 수요가 가장 큰 의류가 바지이다. 용도와 시즌에 따라 다양한 기후와 상황을 대비해야 하기 때문이다. 면직물은 바지에 가장 많이 선택되는 소재이다. 그 이유는 무엇일까? 바지는 두 얼굴을 가진 야누스Janus이다.

바지는 성격상 외기에 노출된 외의류이면서 동시에 피부와 접촉하는 유일한 내의류이다. 또, 다른 의류에 비교해 착용시간도 가장 길다. 바지는 항상 피부에 밀착하고 있고 다리는 통풍이 잘 되지 않는 옷을 만나면 즉시 땀을 배출하는 부위이므로 바지를 제작함에 있어 쾌적성은 매우 중요하게 다뤄져야 한다. 이처럼 외의류로써 기능을 생각하기 전에 먼저 쾌적성과 건강을 따져야 한다는 점에서 Outerwear 와 비교된다. 원단의 제조에는 제직부터 염색과 가공 단계까지 수많은 케미컬이 투여되기 때문에 피부와 접촉하는 의류는 되도록 최소의 가공이 이뤄져야 한다.

그러므로 바지나 셔츠는 거의 식품에 버금가는 수준의 위생과 건강에 대한 배려가 필요하다. 이를 확대 과장하여 Outerwear조차 식품과 동일선상에 놓는 이들도 있는데 이는 소비자나 제조업자 양측에 모두 불필요한 경계이다.

남자에게 바지는 전체 스타일의 절반이다. 아무리 기능과 쾌적성, 건강을 완벽하게 챙겼더라도 헐렁이 핫바지라면 모든 게 의미 없다. 똑같은 소재로 만든 같은 외향의 바지라도 10만 원짜리 '윤희클로'와 80만 원짜리 '타임옴

므'는 완전히 다르다. 바지 하나로 한 인간의 신분을 다르게 만들 수도 있다. 도저히 구분할 수 없는 작은 차이가 그런 큰 결과를 만들어낸다. 패턴의 기적이라고 불러도 무방할 것이다.

또, 바지는 인체에서 가장 큰 관절인 무릎과 연동해야 하므로 원단이 관절의 굽힘이나 접힘에 저항하지 않아야 불편을 초래하지 않는다. 현대인은 많은 시간을 의자에 앉아 보내고 있다.

따라서 바지의 무릎은 안과 밖의 모양을 따라 꺾인 굴절 상태로, 엉덩이는 굴곡을 따라 최대한 팽창되어 있는 모습으로 장시간 긴장상태에 놓여있다. 무릎 부분은 입체적인 힘을 받는데, 안쪽은 구김, 바깥쪽은 팽창하는 강한 압력을 동시에 받는다. 무릎이 불룩하게 튀어나와 있는 바지는 나태, 궁핍, 낮은 사회적 지위를 상징한다. 특히 발망Balmain은 이 문제 해결을 고심한 것으로 보인다. 소재가 해결할 수 없다면 고도로 발달한 봉제 기술로 소비자들이 기피하는 상황에 대답을 갖고 있으면 좋을 것이다. 하지만 유감스럽게도 소극적인 방법 외에 튀어나온 무릎방지 대책이 완벽하게 설계된 바지는 아직 본적이 없다.

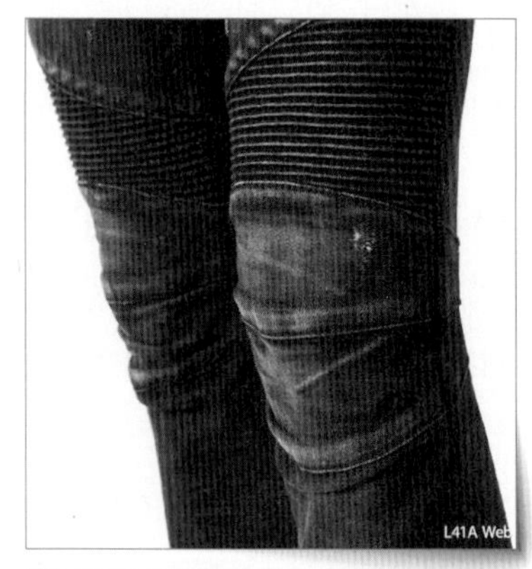

무릎 문제를 고려하여 Balmain이 설계한 M/C 바지

스타일로 해결한 Tech Pants

그림 199 _ 튀어나온 무릎을 어떻게 해결할까

Casual Pants

세상에서 가장 흔한 캐주얼 바지는 Jean이다. 누구나 5벌 이상은 가지고 있을 것이다. 텐트에 사용되던 두꺼운 면직물을 광부의 작업복 바지로 용도 전환한 단순한 아이디어로 장장 150년 역사를 이어온 Denim은 어쩌다 그런 축복을 받게 되었을까?

바지에서 면이 선택되는 첫번째 이유는 쾌적성이다. 보이지는 않지만 인체는 체온조절을 위해 언제나 피부에서 수증기를 내뿜고 있다. 따라서 배출하는 수증기의 양을 적당하게 조절하지 못하면 우리는 즉시 불쾌감을 느낀다. 즉, 착의자의 옷과 피부사이 공간의 습도가 중요하다. 우리가 쾌적하다고 느끼는 내부 습도는 50% 정도이다. 수증기는 살아 숨쉬는 동안 인체에서 끊임없이 공급되고 있으므로 별다른 조치가 없는 한, 습도는 계속 상승한다. 물론 외부 습도가 높은 계절에서의 문제이지만 겨울이라도 실내에서는 같은 문제에 부딪힐 수 있다.

하지만 친수성 섬유인 면바지는 두껍거나 통풍이 잘 되지 않아도 언제나 쾌적하다. 인체가 내뿜는 수증기를 즉시 빨아들여 습도를 낮추기 때문이다. 한 여름에 제법 두꺼운 면바지를 입어도 더위를 덜 타는 이유이다. 통풍Air Permeation은 결국 습도 조절을 의미한다. 따라서 소수성 소재로 만든 바지는 통기성이 없으면 습도조절이 불가능하므로 아무리 얇아도 여름에는 지독하게 덥다. 두꺼운 면원단은 통기성이 거의 없어도 얇은 면원단보다 더 많은 수증기를 빨아들인다. 따라서 청바지는 여름에도 얼마든지 입을 수 있다. 단, 겨울에는 아무리 두껍게 입어도 소재가 면이라면 따뜻하게 느껴지지 않는다. 왜 그럴까? 이유는 면의 열전도율이 높기 때문이다. 열전도율이 높은 소재는 인체의 열을 급속도로 빼앗아 외부로 방출한다.

만약 폴리에스터나 나일론 같은 합섬을 바지 소재로 쓰면 어떨까? 합섬은 소수성이다. 물을 싫어하므로 만나면 밀어낸다. 수증기이든 액체든 마찬가지이다. 그러므로 통기성이 확보되지 않은 한, 바지 안쪽의 습도는 계속 올라가고 50%를 넘으면 피부는 아우성 칠 것이다. 따라서 합섬 소재를 바지에 쓰려면 반드시 통풍이 잘되는 소재나 구조로 설계해야 한다. 반바지는 통풍이 잘 되는 구조이므로 합섬 소재로 쓸 수 있다. 원사부터 함기율이 높은 니트는 우븐 보다 통풍이 더 잘 되는 구조이다. 물론 니트는 마찰에 약해 내구성을 생각한다면 캐주얼 바지로 그리 적합하지는 않다는 사실을 명심하라. 만약 발수 같은 소수성 가공이 처리되면 발수제가 물을 더욱 적극적으로 밀어낼 것이다. 이 반발력은 친수성 결합력보다 더 커서 면이라도 합섬과 똑같이 습도 조절이 되지 않는다. 따라서 바지나 셔츠에 적용하는 소수성 가공은 기본적으로 금기이며 필요하더라도 득실을 따져 신중하게 적용해야 한다. 잊지 말아야 할 것은 Outerwear라도 안감에는 절대 코팅이나 소수성 가공을 하지 말아야 한다는 사실이다.

그런데 면은 Resilience가 좋지 않다. 즉, 구김이 심하다. 얇은 면직물은 반나절도 되기 전에 구겨진 종이와 비슷해 진다. 여름이라고 해서 얇은 면 원단을 바지에 사용하면 구김이 너무 많고 잘 찢어지며 마찰에도 약하고 수증기를 잘 빨아들이지도 않는다. 너무 얇은 면바지는 파자마 외는 바지로서의 구실을 하기 어렵다. 따라서 바지 소재는 능직 조직인 제법 두꺼운 면직물이 좋다. 그래야 구김에도 강하고 무릎이 튀어나오는 현상도 줄어들며 쾌적성도 증가할 것이다. 물론 생활마찰에 강해 내구성도 훌륭하다. 면 바지의 Resilience를 개선하기 위해 Wrinkle free 가공을 할 수 있고 한때 크게 유행한 적이 있다. 그러나 플라스틱의 일종인 수지를 사용하는 Wrinkle free 가공은 두 가지 문제를 초래한다. 첫째는 수지가 면 고유의 친수성을 해쳐 내부 습도를 높이고 둘째는 원단이 Hard해져 인열 강도를 약하게 만든다는 것이다. 특히, 접힘 마찰에 약해진다. 소비자가 만족할 정도로 잘되었다 싶은 Wrinkle free 가공된 바지는 1년도 못가 바지 아래단이 마찰에 의해 터져버린다. 가장 좋은 대처는 가격 저항이 크지만 Spandex가 들어간 소재를 선택하는 것이다. Spandex의 발명은 바지의 또 다른 축복이다. 높은 가격과 염색되지 않고 열에 약하며 시간이 흐를수록 기능을 상실하는 몇 가지 단점을 제외하면 Spandex는 의류소재로서 많은 장점을 가진 섬유이다. 내구성은 떨어지지만 진한 색상만 피하면 그래도 10년은 거뜬히 입을 수 있다.

그림 200 _ Polo Chino pants

Jean 다음으로 흔한 바지가 치노Chino 이다. 물론 면소재이다. Polo의 Chino는 오랜 역사와 전통을 자랑하는데 수십 년 동안 같은 소재를 사용한다. 면 20x16, 128x60 능직Twill 이 바로 그것이다. 세상에서 가장 유명한 면 Twill일 것이다. 그만큼 바지에 최적화된 안정적인 제원이라는 뜻이다. 남자 바지에도 스트레치가 대중화 되는 추세임에도 꿋꿋하게 전통을 이어가고 있다. 컬러도 고정적으로 카키Khaki가 메인이다. Chino는 Burberry Trench coat와 함께 소재와 컬러, 스타일이 고정적으로 묶여있는 대표적인 제품이다. 가장 보수적인 남자 의류일 것이다. Chino용 면직물은 우리나라에서 중국으로 그 다음 파키스탄에서 인도로 공급선이 변하고 있다. 지금은 인도가 Denim과 더불어 세계 최대 생산지이다. 후직의 면직물에 강한 인도, 파키스탄과의 경쟁을 피해 중국의 면직물은 고급화, 경량화 되었다. 아이러니한 것은 100수 같은 박직의 고급 면직물 최대 산지가 원래 인도였다는 것이다. 인도는 거꾸로 중국에게 이 시장을 빼앗기고 있다.

바지는 거의 몸 전체 중량을 실은 상태로 생활 마찰에 노출되므로 만약 니트 소재를 적용하면 보풀과 필링Pilling이 걱정될 것이다. 면 우븐은 필링이 잘 생기지도 않지만 생긴다 해도 한계 이상 되면 저절로 떨어진다. 하지만 합섬은 한번 생긴 보풀이 결코 없어지지 않으므로 발생 즉시, 가치를 상실하게 된다. 만약 기모 되어있는 소재라면 보풀에 더욱 취약하다. 종종 생기는 면 원단의 다른 문제 중 하나는 수축이다. 두꺼울수록 경사 방향으로 수축이 더 많이 일어나지만 최근은 방축가공이 잘 되고 있으므로 크게 염려할 필요는 없다. 면을 주로 염색하는 반응성 염료는 염색이 끝난 후에도 세탁하면서 물과 만나면 끊임없이 가수분해가 일어나 점점 탈색이 진행된다. 따라서 진한 색은 경계해야 한다. 한편, 퇴색을 오히려 환영하는 Denim은 반응성 염료의 탈색 속도가 너무 느려 Indigo로 염색하여 탈색을 촉진시킨다.

면 능직 원단은 세탁 후에 바지가 틀어지는 토크Torque 현상이 자주 일어난다. 토크를 원단에서는 Skewing이라고도 하는데 두꺼울수록 더 심하다. 'True Religion' 같은 브랜드에서는 현명하게 이를 하나의 컨셉으로 만들어 Brand Identity로 활용하였다. 토크를 막으려면 세탁 후 발생할 Skew를 미리 감안하여 재단하면 된다. 이를 'Intentional skewing'(의도적 Skew)이라고 한다. 능직 원단은 경위사 밸런스가 맞는 평직과 달리 구조상 마름모 꼴이 되려는 힘을 받는다. 따라서 미리 틀어질 방향을 감안하여 바지를 재단하면 세탁후에 봉제선이 틀어지는 일이 없다.

면이지만 겨울에 차가운 느낌을 줄이고 싶다면 안쪽에 기모하면 된다. 기모 된 면직물은 겨울에도 사용할 수 있는데 대표적인 것이 코듀로이Corduroy이

면 Corduroy 바지

기모 본딩 바지

그림 201 _ 겨울 바지

다. 물론 코듀로이는 안쪽이 아닌 바깥 쪽이 기모 되어 보기에만 따뜻할 수도 있다. 겨울 바지의 대표적인 소재였지만 무슨 일인지 7-8년전부터 갑자기 디자이너의 선택을 받지 못해 지금은 거의 시장에서 사라져 버린 상태이다. 골Wale이 없는 코듀로이 인 벨베틴Velveteen도 동시에 자취를 감추었다. 스웨이드Suede 보다 기모가 약간 덜 된 듯한 느낌의 몰스킨Moleskin도 예전에 유행했던 소재인데 역시 최근에는 볼 수가 없다. Moleskin은 면 Satin 직물을 7번이나 기모하고 깎는 쉬어링Shearing 작업을 반복하여 만든 원단이다. 최근에 등장한 겨울 바지는 <그림 201> *소프트쉘Softshell처럼 *Polar Fleece 같은 기모된 원단을 안쪽에 본딩Bonding 한 것이다. 너무 두껍고 뻣뻣하여 스타일은 별로 지만 보온기능 차원에서는 나무랄 데 없다. 고가지만 아예 앞뒤가 다른 이중지 자카드Jacquard로 뒷면을 Terry조직처럼 설계하여 기모하면 더 얇고 고급스러운 소재가 된다. Outdoor pants는 대부분 이런 원단을 사용한다. 기모하면 겨울에, 기모하지 않으면 봄가을에 쓸 수 있다.

Tech Pants

기능이 들어간 유틸리티 팬츠Utility pants에서 진화한 최근 유행하는 새로운 장르이다. 세련된 유니폼 같은, 스타일이 있으면서도 편하고 약간의 기능이 추가된 outdoor+ street용 다목적Versatile 팬츠라는 인식이 있으므로 W/R같은 발수 가공이나 wicking 가공 정도 용서가 된다. 가장 적합한 가공은 원단 표면은 발수 되고 피부에 닿는 반대면은 Wicking처리 되어 땀을 흡수하는 것이다. '편발수' 라고 부르는 스위스의 쉘러Scholler가 개발한 이 가공은 원단의 한쪽만 발수처리해야 하는 난이도가 높은 작업이다. 기능이 적용되고 때로는 작업복이나 특수복 같은 분위기를 연출해야 하므로 면보다는 혼방이나 교직 또는 합섬이 사용되는 경우가 많고 Spandex는 필수이다. 신축성이 있으면서 독특한 촉감과 Matt한 천연섬유 느낌이 나는 T400 같은 소재도

 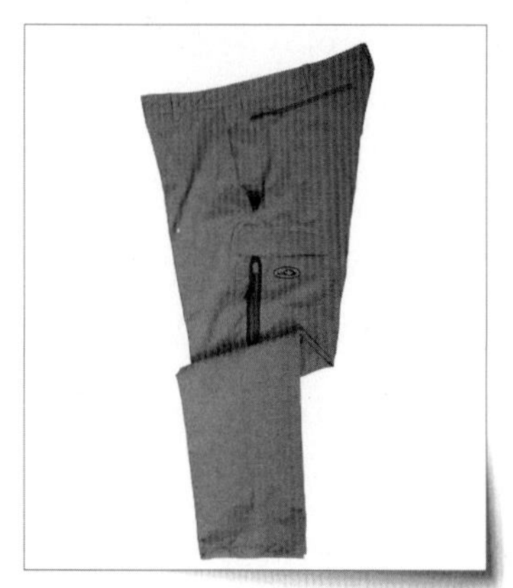

그림 202 _ 테크팬츠

좋다. 화섬 느낌이 물씬 나는 것보다는 화섬 이면서 면과 비슷한 Looking이나 Texture한 소재가 적당하다. 니트는 Activewear 느낌을 강하게 준다. 아직은 새로운 장르이므로 기발하고 급진적인 다양한 시도를 해봐도 좋을 것이다. 독창적인 제품을 만들기 좋은 카테고리이다.

Active/Jogger pants

Activewear는 나이키나 아디다스 같은 전통적인 추리닝 바지 장르이다. 니트가 대부분이지만 최근에 우븐도 자주 보인다. 통기성을 전혀 요구하지 않는 땀복 스타일의 전통적인 운동복과 Street wear로 입기 위한 용도로 발전한 Jogger pants라는 장르가 있다. Jogger pants는 Tech Pants와 구분하기 모호한데 주로 니트라는 점이 다르다. 옆 선의 줄이 없고 절제된 봉제 절개선이 특징이다. 운동복 같은데 절대 운동복은 아닌 그런 바지이다. 네오프렌 Neoprene이 유행하면서 가짜 네오프렌 용도로 만들어진 3D 니트는 Jogger pants 소재로 탁월하다. 통기성도 좋고 적당히 두꺼워 형태안정성이 뛰어나 스타일을 잘 살려준다. 단, 마찰이나 스내깅 Snagging에 취약하다는 점을 반드시 고려해야 한다. 3D 니트는 함기율이 높고 상당한 두께여서 일반 니트보다 생활마찰에 더욱 취약하다. 일단 한번 줄이 가면 스타킹처럼 완전히 가치를 상실한다는 단점이 있다. Coolmax는 주로 티셔츠에 많이 적용하는데 가장 좋은 용도는 어디까지나 Active pants다. 땀이 많이 나는 환경에서 면 소재는 흡습은 양호하지만 건조가 더디다. Coolmax는 명성 그대로 흡한속건 기능이 탁월하다. 단, "반드시 실외에서"라는 조건이 붙어있다.

수면바지와 파자마 Pajama

수면바지는 우리나라에만 있는 장르가 아닌가 싶다. 주로 겨울 용이며 소재는 예외없이 마이크로 폴라 플리스 Micro Polar Fleece 나 아크릴 보아 Acrylic Boa 이다. 함기율이 극단적으로 높아 두껍지만 가볍고 따뜻하다. 100% 여성용이며 따라서 직접 입어보지 못했는데 정전기는 어떻게 처리했는지 모르겠다.

여름용 파자마는 전혀 다른 각도로 접근해야 한다. 다리 쪽은 땀이 잘나는 부위이므로 반드시 흡습이 좋은 우븐 소재를 택해야 한다. 동시에 겨울 수면바지와는 정 반대로 피부와의 접촉을 최소화하는 Textured 또는 '까실함'이 필요하다. 그에 맞는 소재는 물론 마 종류이지만 촉감이 너무 거칠다. 가장 가성비 좋은 선택은 비스코스 레이온이다.

여름에 셔츠나 블라우스 용으로 레이온 샬리 Rayon Challie 같은 평직을 많이 쓰지만 여름 파자마 용도로 가장 좋은 레이온 원단은 이태리 타올 같은, 강연사를 사용한 레이온 크레이프 Rayon Crepe 원단이다. 부드럽고 통기성 좋으며 흡습이 탁월하다. 피부에 들러붙지도 않는다. 쾌적한 잠자리를 보장한다.

세탁 수축률이 5% 이상 된다는 점만 미리 알고 대비하면 된다.

그림 203 _ Rayon Crepe

정장바지 Slacks

정장바지는 소모 직물Worsted이 대부분이고 최적의 소재이다. 가격을 낮추려면 혼방인 T/W를 쓰면 된다.

여성 정장에서 Polyester 감량물이 많이 사용되어 왔지만 터키에서 발명한 T/R혼방직물과 T/R stretch 원단이 도입된 이후, 광범위하게 수요를 장악하였다. T/R의 장점은 외관상 Wool과 전혀 차이가 없다는 것이다. 전문가조차도 구분하기 어려우니 소비자는 말 할 것도 없다.

다만 Wool은 구김이 생겨도 물을 약간 뿌리고 밤에 걸어 두면 감쪽같이 주름이 사라지는 데 반해 T/R은 주름이 잘 생기며 잘 없어지지도 않는다. 최대의 장점은 채 절반도 안 되는 가격이다. 큰 단점도 없어 남녀를 불문하고 사용되고 있다.

이미 중급 브랜드까지 정장 바지 시장을 장악한 것은 물론 Banana Republic 같은 Better brand도 라인에 포함하고 있을 정도이다. 정장 바지인데 가격이 생각보다 낮다? 싶으면 T/R이 소재라고 보면 된다.

여성용은 약간 두께감이 있는 폴리에스터 감량물을 많이 쓴다. Drape성이 탁월하기 때문이다. Giorgio Armani가 남성 수트를 폴리에스터 감량물로 만들어 화제가 된 적이 있다.

찰랑거리는 남자 슬랙스는 생소했지만 한때 유행을 만들었고 나름 새로운 매력을 창출했다고 평가 받는다. 이 사건은 Drape성이 어느 정도 있는 Tencel이나 Modal 원단 진출의 발단이 되었다.

그림 204 _ Armani slacks

Dress shirts

셔츠는 바지 다음으로 수요가 많은 의류이다. 여름에는 외의로 사용되기도 하고 겨울이라도 굳이 보온 기능이 필요 없는 전천후 의류이다. 같은 셔츠라도 정장용 Dress shirts와 Casual shirts는 크게 다르다.

Dress shirts는 대개 solid pastel color나 단순한 Stripe, check 또는 chambray가 전형적이다. 단 1회 사용 후 빨래가 필요하다. Dress shirts 소재는 단연 면이다. 100% 면보다 혼방인 T/C가 구김이 덜 타서 취급이 편하지만 면과의 경쟁에서 완패하였다. 100% 면 소재가 훨씬 더 고급 져 보이기 때문이다. 소비자는 편안함보다 패션을 추구한다. 가장 저렴한 선택은 40수, 133×72 평직이다. 그 위로 50수, 60수로 단계별 고급화되며 100수는 전통적으로 High end brand의 선택이었지만 최근, 정장 수요가 급감한 이후로 Dress shirts가 상향 평준화 되어 대중화된 느낌이다. 대개 100's/2 으로 합사하여 광택이 뛰어난 50수 원단 느낌인데 Costco에서 팔고 있다.

Kirkland 100수 셔츠는 Wrinkle free 가공이 적용되어 조금 두터워 보이는데 과연 며칠동안 입어도 구김이 거의, 아니 전혀 없다. 덤으로 때도 잘 타

Chambray

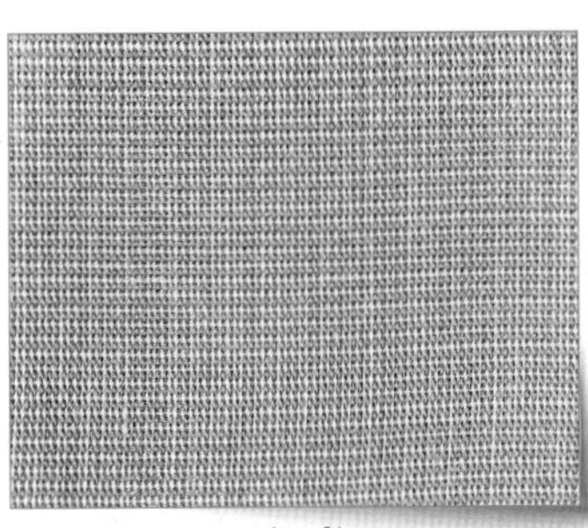
Fil-a-fil

그림 205 _ 전통 Shirt 소재

지 않는다. 대신 100수 원단치고는 hand feel이 조금 딱딱하고 여름에 입으면 반팔이라도 덥다. 면이라도 수지Resin 처리되어 있어 소수성으로 변했기 때문이다. 겨울에 입으면 전혀 문제없다.

Hand feel이나 친수성을 해치지 않는 최고의 Wrinkle free는 액체 암모니아Liquified Ammonia 가공이다. 가격이 높은 만큼 High end brand에만 적용된다.

Casual shirts & Others

Casual은 반대로 땀이 배지 않는 한, 구김없이 장기간 때 타지 않고 입을 수 있어야 한다. 따라서 이런 용도의 셔츠는 대개 선염 체크무늬로 되어 있다. 어둡고 복잡한 체크무늬는 구김도 보이지 않고 더러워져도 거의 눈에 띄지 않는다는 장점이 있다. 프린트도 있으나 남성용은 한때 유행하다 경박해 보인다는 인식이 생겨 결국 레저용 마이너Minor가 되었다. 소재는 주로 면이다. 바지에서 설명한 습도 조절 때문이다. 대표적인 Polo의 Oxford는 샴브레이chambray 원단을 사용하는데 40수 대신 80/2을 써서 고급화 하였다. 같은 중량의 원단이라도 40수는 푸석하고 80/2은 광택이 나 보인다는 점에서 큰 차이가 있다. 레이온을 쓰면 Drape성 때문에 Feminine 하게 보이면서 Stylish하다. 레이온도 선염 체크가 있지만 대부분 프린트하며 주로 여름에만 사용한다는 특징이 있다. 하와이언 셔츠가 대표적이다. 레이온인데 Solid color로 만들어지는 의류 소재는 Modal 아니면 Tencel이다. 둘 모두 프린트Print가 불가능하며 Sand wash된 Vintage 외

그림 206 _ Polo oxford shirts

관이 특징이다. 셔츠 소재로 화섬을 쓰는 경우는 Active 용도나 등산용 셔츠shirts이다. Outdoor shirts는 반드시 화섬이어야 하는데 그 이유는 면의 건조가 더디기 때문이다. 셔츠가 젖어 있으면 하산할 때 감기에 걸리기 쉽다.

여성용 셔츠

여성용 셔츠로 많이 사용되는 소재는 순면보다는 폴리에스터 또는 나일론과 교직 하여 Spandex가 들어간 면교직 C/P, C/N Spandex 원단이다. 단연 면보다 고급스러워 보이고 hand feel도 매끄럽고 탁월하다. 면에 비해 내구성도 길고 Resilience도 좋다. 단점은 프린트가 불가능하다는 것이다. 여성 정장용으로는 가장 탁월한 4계절 사용 가능한 소재이다. Modal, Tencel 혼방은 Senior 정장용으로 많이 찾는다. 여성용으로 여름에 많이 쓰는 casual shirts 소재는 면 100% 론Lawn이다. 면 60수 원사에 밀도가 90×88 로 성겨 얇고 통기성 좋은 원단인데 부드럽고 광택이 난다는 것이 특징이다. 면이지만 까실한 원단으로 적용하려면 80수 보일Voile을 선택하면 된다. Lawn과 Voile은 비슷한 중량의 여름 원단이지만 감촉은 전혀 다르다. Lawn은 대부분 프린트 하여 사용한다. 친수성 이고 열전도율이 높아 시원하면서도 부드럽다는 등 장점이 많아 베스트 셀러가 되었다.

Blouse

여성용 블라우스 소재는 반드시 Drape성 있는 원단이어야 하며 전통적으로 실크였으나 그보다 Drape성이 뛰어나고 저렴한 두 가지 다른 소재가 나온 이후로 Silk는 High End brand 에서만 사용하는 고급소재로 축소되었다. 레이온은 아무런 가공 없이 그 자체로 뛰어난 drape성이 있다. Silk보다 중량감 있어 묵직하고 친수성 이라서 쾌적하고 가격도 싸다. basic brand 에서는 방적사 원단인 레이온 샬리Rayon Challie 와 Satin을 선택하면 되고 Moderate급부터는 Filament 원단인 레이온 크레이프Rayon Crepe, Fujiette로 선택의 폭이 늘어나고 Better 이상 브랜드에서는 강연사를 사용하여 까실한 레이온 조제트Rayon Georgette를 적용하면 좋다. 레이온 조제트는 Dry한 독특한 감촉과 뛰어난 Drape성으로 실크 조제트에 결코 뒤지지 않는다. 블라우스나 스커트에 Rayon을 자주, 광범위하게 적용하는 브랜드는 Zara이다. 특별히 Luxury한 분위기를 연출하고 싶으면 Cupra를 적용하면 된다. 요즘의 Cupra는 Silk와 가격이 비슷하다. 하지만 실크에 비해 더 중량감 있는 원단을 선택할 수 있다. 레이온은 가성비 높고 편하게 사용할 수 있지만 치명적인 문제인 세탁 후 수축이 많이 일어난다는 사실 때문에 디자이너의 선택이 움츠려 든다. 드라이클리닝 하면 문제없지만 소비자들은 드라이클리닝을 싫어한다.

두 번째는 Polyester 감량 원단이다. 블라우스용으로는 주로 조제트Georgette 원단이 사용되는데 가장 흔한 것이 도비 조제트Dobby Georgette이다. 아문젠 조제트Amunsen Georgette라고도 하는데 평직도 능직도 아닌 특별한 도비 조직이다. 이 조직의 특징은 <그림 207>처럼 원단 조직이 마치 Crepe같은 느낌으로 보인다는 것이다. 여름에는 속이 비치는 Single, Chiffon Georgette가 가장 평범하고 많이 쓰인다. 둘의 차이는 Crepe이다. Chiffon은 Single에는 없는

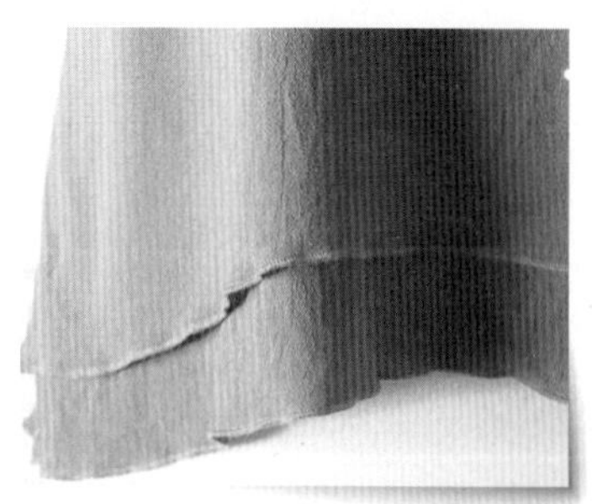
Rayon Crepe (이태리타올과 같다)

Polyester Dobby Georgette

그림 207 _ 여름 Blouse 소재

자글자글한 Crepe가 표면에 나타난다. 대부분 75d 원단이지만 더 얇은 소재가 필요하면 50d를 적용하면 된다.

겨울 셔츠

전통적인 겨울 셔츠는 면 플란넬Flannel이다. 이름만 들어도 그림이 연상되듯 대부분의 플란넬은 선염 체크이다. 열전도율에서 기인하는 차가운 면의 감촉을 기모로 커버한 원단이다. 태번수 저밀도 능직으로 제직하여 Brush한다. 결과는 부드럽고 함기율이 높아져 가볍다는 것이다. 춥다는 직관적 느낌은 배제했지만 실제 보온 기능은 거의 없다고 봐야한다. 겨울 셔츠의 또 다른 대명사인 아크릴은 면보다 훨씬 따뜻하다. 더 두껍고 흡착열Heat of Absorption이라는 발열작용이 있어 보온성이 좋고 구김도 안 타지만 면 플란넬과 달리 내의 위로 입어야 따갑지 않다.

Wool은 소모가 아닌 이상 아무리 얇아도 셔츠로 사용하지 않는다. 이유는 따갑기 때문인데 Wool의 굵기가 18미크론 이상이면 피부를 찌른다. 물론 Cashmere처럼 14미크론 이하의 섬유는 피부를 찌르지 않아서 사용 가능하지만 Dry cleaning이 필요하고 자주 빨아야 하는 셔츠의 특성상 Cashmere

면 Flannel

Outerwear shirts

그림 208 _ 겨울 shirts

shirts는 High end brand 라도 찾기 어렵다. 하지만 만약 18미크론 이하의 Fine wool로 셔츠를 제작한다면 놀랄 만한 다양한 이점이 있는데 Wool이 흡습성이 가장 높은 섬유이기 때문이다. 땀이 난다고 해도 냄새는 나지 않는다. 땀이 즉시 흡수되어 세균들이 화학작용을 일으킬 틈이 없어서 이다. 땀은 원래 냄새가 없다. Wool은 Resilience가 탁월하므로 구김도 생기지 않는다.

Wool & Prince라는 한 미국 브랜드는 100일 동안 세탁 없이 입어도 냄새가 나지 않고 구김도 타지 않는 셔츠를 광고하고 있는데 이런 장점은 특별한 가공에서 기인한 게 아니고 단지 Wool의 특성일 뿐이다. 그들이 한 일은 따갑지 않도록 18미크론 이하의 Fine wool을 사용한 것이 전부이다. 특별히 두꺼운 아크릴 셔츠는 일반 셔츠와 달리 Outerwear로도 사용할 수 있도록 설계된 것이다. 최근에는 <그림 208>처럼 Fleece와 Bonding하거나 나일론에 Down을 넣은 shirts style의 Outerwear가 새로운 장르로 등장하였다.

여름 T shirts

여름에 남녀 모두 가장 많은 수요가 있는 반팔 니트 피케Piquet 셔츠는 대부분 면인데 거의 모든 브랜드에서 출시하는 필수 아이템이다. 땀을 잘 흡수하고 조직 자체로 통기성이 좋아 시원하기 때문이다. 이 셔츠의 가장 큰 문제는 다음 해 여름에 입으려고 꺼내 보면 상당한 퇴색이 일어났다는 사실이다. 어두운 컬러일수록 두드러진다. 2-3년 지나면 더 이상 입을 수 없을 정도로 탈색이 일어난다. 면의 반응성 염료가 세탁에 의해 가수분해 되기 때문인데 이 셔츠는 잦은 세탁에 노출되고 니트의 특성상 우븐보다 세탁 마찰도 훨씬 크기 때문이다.

따라서 대개는 위험을 피해 연한 컬러를 적용하려고 하지만 그렇다고 진한 컬러를 아예 Assort에서 뺄 수는 없다. 이 문제를 해결하는 두 가지 방법은 소재를 폴리에스터로 바꾸거나 반응성 염료 대신 Vat 염료로 염색하는 것이다. Lacoste는 비용이 막대하더라도 두 번째 방법으로, North Face 같은 기능성 의류 브랜드는 폴리에스터를 적용하지만 흡습성이 면보다 더 뛰어난 Coolmax 원단으로 설계 하고있다. 이 셔츠는 바람이 있는 야외에서는 훌륭하게 기능을 발휘하지만 유감스럽게도 실내에서는 덥다. 나일론은 피케 셔츠에 사용되는 경우가 전혀 없다.

그림 209 _ 이렇게 진한 컬러를 적용하면 위험하다

Outerwear

Puffa

3大 겨울 Outerwear는 가죽, Wool 그리고 패딩Padding이다. 셋은 원래 매년 돌아가며 안정되게 주류를 이루고 있었는데 그 구도를 패딩이 깬 것이다. Padding은 셋 중 가장 저렴한 의류이다. 하지만 보온기능 만큼은 중량 대비 가장 탁월하다는 점에서 실용성이 두드러져 겨울 옷으로 가성비가 높다는 장점이 있다. 유일한 단점은 가죽이나 Wool이 보온기능과 스타일을 동시에 만족하는 것에 비해 패딩은 아무리 디자인을 잘해도 부풀린 외관이라는 한계 때문에 기능 외에는 건질 것이 없다는 것이다. Moncler라는 브랜드가 나타나기 전까지는 그랬다. 그들은 전혀 뚱뚱해 보이지 않는 맵시 있는 패딩을 설계해 낸 것이다. 이후 패딩의 독주가 몇 년간 계속되고 있는 이유이다. 덕분에 오리털이 아닌 거위털이 주류가 될 정도로 Puffa(패딩을 의미하는 Puffer의 애칭)는 고급화되고 가격도 수백만 원대가 나오게 되었다. 전래 없는 일이다.

가죽이나 Wool은 모피와 Cashmere/Vicuna 같은 High End 소재가 가

능하고 주로 정장류에 적합한 외관과 특징 때문에 가격에 제한이 거의 없는 의류이지만 패딩이 백만원 넘는 경우는 드물었다. 패딩의 강세가 계속되자 마침내 High End Outdoor로 유명한 Canada Goose 같은 고가의 극지대 탐험용 중장비까지 Town wear로 대유행하게 되었다. Moncler는 현존하는 거의 모든 소재를 Puffa에 적용하는 실험을 계속하고 있다. 가장 최근의 소재는 벨벳Velvet이다. Velvet은 전통적인 Holiday(크리스마스 시즌) Dress 소재이다. Puffa 소재로서는 마지막으로 선택할, 가장 반대편에 있는 소재인 것이다. 그들의 놀라운 실험정신에 경의를 표한다.

Puffa는 내부의 충전물을 새나가지 않도록 하는 Proof 기능 때문에 소재 선택에 제약이 있어왔지만 고어텍스Gore-Tex 이후 발전된 Membrane 즉, Film의 다양한 개발로 이제는 거의 모든 소재로 확장될 수 있다. 심지어 니트로 만든 down jacket이 North Face에서 출시될 정도이니 Wool이나 Velvet은 언급할 필요도 없다. 원래 Puffa는 정장용이 아닌 Casual이나 Sports wear 쪽으로 기울어져 있다. 울룩불룩한 외관 때문에 정장으로 가기 어려웠기 때문이다. 주류인 다후다Taffeta와 나일론 소재도 정장과는 거리가 멀어 기피되었지만 Trench를 장악한 신소재인 PTT Memory 원단을 패딩 소재로 적용하면서 Puffa는 정장 마켓으로 까지 진출하며 세를 확장하였다.

Puffa에 가장 적합한 소재는 역시 나일론이다. 충분히 질긴데다 얇고 가벼운 경량화가 가능하기 때문이다. 이 때문에 나일론 Puffa용 원단은 낙하산 소재였던 30d에서 시작하여 15d → 10d → 7d 심지어 5d까지 나오게 되었다. 물론 이쯤 되면 원단이 투명해질 정도가 된다. 상대적으로 더 저렴한 소재인 폴리에스터는 아직 20d가 한계이다. High End 쪽의 Puffa는 대개 나일론이다. 촉감이 좋고 인열 강도도 우수하며 경량화가 가능하기 때문이다.

Basic brand용의 가성비 높은 소재는 원래 Polyester 50d 듀스포Dewspo 였는데 최근에는 Moncler의 낙수효과로 인하여 늘어난 수요 때문에 가격이 저렴해진 나일론 20d Taffeta가 갑자기 Puffa의 주류로 떠올랐다. 전세계 거

그림 210 _ 극지 탐험가용 Puffa 캐나다 구즈

의 모든 브랜드의 공통 소재가 된 것이다.

가장 놀라운 소재는 Stretch Down 원단이다. 아무리 Spandex의 용도가 확장된다고 해도 Puffa 원단에 적용하는 것은 어불성설이다. Puffa는 인체의 최외곽을 책임지는 의류이며 따라서 안쪽으로 다른 옷들을 겹쳐 입는 것을 감안하여 타이트하게 사이즈를 선택하지 않으므로 몸에 붙는 의류를 설계하는 데 적합한 stretch라는 기능은 Puffa에는 전혀 쓸모가 없다. 그런 당연한 상식을 몽클레어가 깼다. 이후로 Stretch Puffa 제품이 자주 보이게 되었는데 사실은 쉽지 않은 소재이다. Down proof를 단순히 코팅으로 실현한 원단은 Stretch 원단의 사용이 불가능하다. 원단이 늘어나면 코팅면이 깨지기 때문이다. 이 때문에 고가의 신축성 있는 코팅이 나오기도 했지만 이 문제는 신축성 있는 저렴한 TPU film의 일반화로 순식간에 해결되었다. 되풀이 하지만 Stretch Puffa는 기능과 아무 상관없다. 신축성이라는 기능이 아니라 Stretch 원단이 가진 Matt하고 고급스러워 보이는 독특한 외관 때문에 이 터무니없는 유행은 확장되고 있는 중이다. <그림 211>만 봐도 단번에 Stretch 원단임을 알 수 있다.

가장 최근의 유행은 Seamless jacket인데 Seam 사이로 누출되는 Down

을 seam tape로 막는데 지친 브랜드의 요구로 탄생했다. Puffa의 유행이 채널[channel] 간격이 좁은 쪽으로 향함에 따라 늘어나는 Seam으로 이 문제가 점점 심각해졌고 결국 원단 두 장을 바느질 없이 접착제[Binder]로 Bonding한 원단이 나오게 되었다. 급기야는 애초에 원단 두 장을 붙인 것 같은 이중지 자카드로 channel을 설계한 원단이 등장하였다. Seam이 사라진 형태의 Puffa는 다운이 새지 않는다는 중대한 기능에도 불구하고 아직 심미적인 관점에서 우위를 얻지 못해 주춤거리고 있는 상태이다. 패션과 기능이 충돌하면 언제나 이기는 쪽은 정해져 있다. 또 이중지 Jacquard인 경우, Cire나 Coating 같은 Down proof를 위한 밀폐 가공을 할 수 없어 고가의 원단 가격에도 불구하고 Down을 사용하기에는 위험 부담이 있는 문제를 해결해야 한다. 물론 이 문제는 동물보호나 Sustainability 확대 영향으로 저절로 해결될 수도 있다. 현존하는 가장 안전한 Seamless Puffa는 3-5겹 원단으로 설계하는 것이다.

그림 211 _ Stretch Puffa

이중지 자카드 원단을 겉감이 아닌 안쪽에 들어가는 뼈대로 설계한 것이다. 뼈대는 mesh type으로 저렴하게 만든 후, 양쪽으로 Film을 댄 다음 그 위에 Outshell로 쓸 다른 원단을 Bonding 하면 된다. 두꺼워진다는 단점 말고는 니트를 포함한 어떤 원단이든 사용할 수 있고 앞뒤 소재가 다르게 설계할 수 있음은 물론 Down proof가 완벽하다는 점에서 차별화가 된다. 기

그림 212 _ Seamless Down jacket

존의 Puff도 만약 필름이 들어가면 어차피 안감까지 포함하여 3 Layer이다. 이 원단은 추가되는 층이 얇은 mesh와 Film 한 장에 불과하므로 실제로 만들고 보면 그렇게 부담 가도록 Heavy해 보이지 않는다.

Trench coat

군복에서 시작된 전천후 코트인 Trench의 인기 소재는 단연 면이다. Burberry가 140년 동안이나 굳혀 놓았기 때문이다. 하지만 유감스럽게도 겨울에는 춥다. 아무리 비바람을 잘 막아도 마찬가지이다. 겨울에는 멕시코 만류 때문에 제법 따뜻하고 비가 자주 내리는 영국 날씨를 반영한 결과이다. 버버리의 전통을 이어온 트렌치 소재는 면 개버딘이다. 2008년, 화석에 버금갈만큼 오래된 소재를 뛰어넘어 130년만에 등장한 새로운 Trench coat 소재는 Polyester PTT 원사로 만든 Memory와 Micro이다. Memory는 Sorona라는 브랜드의 듀폰 원단이다. Micro fiber 원단은 감촉이 좋고 무광이며 각도에 따라 조금씩 달라 보이는 외관 때문에 선택되는데 Micro와 Memory, 둘을 한꺼번에 실현한 고가의 소재도 있다. 화섬 소재는 면에 비해 취급도 편하고 딱딱하지 않아서 좋다. Memory는 같은 화섬이지만 마

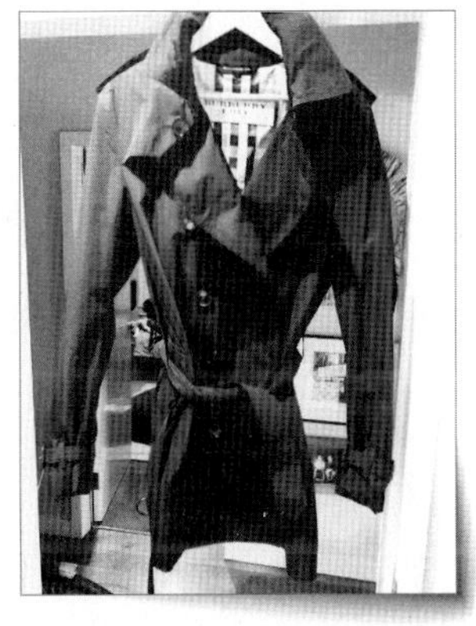

그림 213 _ 버버리 Brit 트렌치 코트

이크로와 전혀 달라 보이는 외관이다. 은은한 광택이 나면서 구김이 잘 가지만 손으로 쓸면 금방 펴진다는 점에서 매력적이다. 버버리에서 젊은 소비층을 끌어들이기 위해 만든 하위 브랜드인 Brit에 정식으로 채택하는 소재이다. 한국산 원단을 사용하고 있다. 방한 기능을 추가한 트렌치 코트는 안감을 패딩이 들어간 quilting으로 처리하거나 아예 경량 Puffa를 2 in 1로 설계하였다.

Wool coat, Pea coat

Wool coat는 두가지이다. 첫째는 정장용 Long coat이며 둘째는 캐주얼한 Pea coat이다. 해군복에서 비롯된 Pea coat는 주로 저렴한 방모인 Melton을 사용하고 컬러도 전통적으로 Navy이다. 최근에 고급화되어 후드가 달리고 Mossa 타입 이중지를 사용한 것들도 있다. 방모Woolen coat는 방모 원단에 표면 가공한 것들을 주로 쓰는데 이름이 Mossa, Velour, Melton, Beaver, Cashmere, Highmere 등이다. 기모 방법과 축융felting 처리방법에 따라 이름을 붙인 것이다. 이름이 cashmere라도 cashmere type이지 진짜가 아니다. 주로 학생복용 Pea coat가 많다. 딱딱한 Melton에 비해 부드러운 Mossa가 가장 많이 대중화된 흔한 타입이다. 얼마전에 'Hand made'라는 이름의 코트가 유행했는데 20온스 이상 되는 이중지로 설계하여 Seam이 두꺼워지지 않도록 원단 끝부분을 벌려 접합한 다음 손 바느질로 마무리한 코트이다. 최근에는 Polyester나 T/R 소재로 만든 가짜 Wool faux Wool이 발견되는데 진짜 방모와 구분하기 어려울 정도로 비슷한 원단이 나오

그림 214 _ Pea coat

고 있다. 방모는 대부분 Wool 70% 선이 많고 최대가 90%이며 100%는 드물다. 30%가 최저이며 미국 시장 용이다. Recycled Wool이 많이 사용되지만 실제로 Sustainability와는 아무 관계없다.

기타 의류

수영복Swim wear

수영복 소재는 마치 군복처럼 단순하다. 소재의 다양성이 가장 크게 결여된 의류일 것이다. 또한 수영복만큼 소재의 성별 차이가 심한 의류도 없다. 여성용은 스타일과 상관없이 반드시 tricot knit 이고 2 way stretch 여야 하며 대개는 Vivid 한 컬러와 촉감때문에 나일론을 적용한다. 물론 폴리에스터로 바꾸면 저가형으로 갈 수 있다. 남자 수영복은 대개 직물이며 헐렁한 트렁크Trunk형이다. 니트 소재가 실내수영장Indoor Pool용으로 사용되었지만 지금은 그 마저도 우븐 트렁크로 가고 있다. 사실 트렁크형 수영복 소재는 프린트만 되면 거의 제한 영역이 없다. 단지 면 같은 친수성 소재는 물을 흡수해 무거워지고 마르는 데 시간이 걸리기 때문에 배제된다. 따라서 폴리에스터가 대세가 되었다. 신기한 것은 폴리에스터 원단은 다양한 수많은 선택지가 있는데 대부분의 남사 수영복이 단 한가지 원단으로 통일되었다는 것이다. 그것도 전지구적으로. 왜 그렇게 되었는지는 아무도 모른다.

이 유명한 원단은 Twill이나 Satin 조직인 폴리에스터 저가원단에 표면 Peach가 되어있는 일종의 가짜 마이크로 원단이다. 프린트까지 한 가격이 1달러대이기 때문에 그런 지도 모른다. Nylon에 프린트한 극소수 High End brand 수영복을 제외하면 대부분의 남자 수영복 소재는 이것이다. 사실 Peach된 표면은 따뜻한 느낌 때문에 여름이 아니라 겨울용이다. 단지 그 효과가 원단을 약간 두꺼워 보이게 하고 광택을 Dull하게 만들어 어느 정도 천연소재처럼 보이게 하는 효과때문에 디자이너들의 선택을 받았는지도 모르겠다. 가짜 마이크로 원단에 Peach된 quality는 처음에는 프린트가 불가능했다. Peach된 표면에 wet print 하면 모세관 현상 때문에 색호(프린트용 염료)가 번져서 선명한 edge가 불가능하다. 즉, 해상도가 낮아 보이는 멍청한 패턴이 되어 버린다. 불량도 잘 발생한다.

사실 프린트는 대개 S/S용이며 Peach는 F/W 용 원단의 대표적인 가공이다. 둘은 궁합이 잘 맞지 않는 기괴한 조합이다. 어떤 디자이너가 최초로 이런 주문을 했는지 모르지만 여름과 겨울이 혼합된 기이한 코디인데다 프린트도 어려운 이 소재는 전사 프린트가 일반화 되면서 갑자기 폭발적인 인기를 끌었다. 전사 프린트는 물을 사용하지 않기 때문에 번짐이 없고 Peach된 표면으로 인한 다른 문제가 전혀 발생하지 않는다.

이제는 바꿀 때가 되지 않았을까? 최근에는 남자 수영복 소재에 반란이 일어나 같은 트렁크 스타일[Trunk style]이지만 Spandex가 들어간 소재들이 보드복의 유행을 타고 침투하고 있는 중이다. 역시 Matt하고 광택이 없다는 공통점이 있다. 물론 가격은 높다. 그러나 외관은 훌륭하다. 타이트하지 않은 헐렁한 트렁크 스타일이어서 사실 Spandex가 할 일은 별로 없다. 약간의 무게감으로 인한 Drape성 말고는.

그림 215 _ 남자 Trunk 수영복

수영복이나 보드복에 앤티클링Anti-Cling이라는 기능이 요구된 적이 있다. 몸에 달라붙지 않게 하는 것이 목적인데 쉽지 않다. 씨어써커Seersucker는 이런 요구에 적합한 소재이다. Seersucker는 원래 여름 원단이고 기능면에서도 탁월하다. 전통적인 Seersucker는 면이지만 폴리에스터로 만든 Seersucker라면 수영복 소재로 무난하다.

미래의 수영복 소재는 어떤 것이 될까? 아마도 Quick Dry 기능을 가진 소재가 유력하지 않을까 생각해본다. 수영복을 집에서 입고 나와 그대로 수영장 물속에 들어가서 논 다음, 돌아올 때는 입은 채로 샤워하고 바로 주차장으로 가서 차를 몰고 귀가할 수 있는 수륙양용이라면 어떨까? 이 기대를 만족하려면 수영복이 순식간에 말라야 한다. 그런 수영복을 설계할 수 있다.

Olefin은 가장 가벼운 섬유이며 물에 젖지 않는다. 이 소재의 공정수분율은 0 이다. 따라서 증발에 의해 건조되는 다른 소재에 비해 이 소재는 중력Gravity으로 건조된다. 이 원단은 텀블러에 넣고 단지 몇 바퀴만 돌리면 완전하게 마른다. 섬유가 젖지 않기 때문에 모세관력에 의해 달라붙어 있는 물기를 원심력으로 털어내 버리기 때문이다. 만약 입은 채로 털 수만 있다면 Tumble Dry기도 필요 없다. 빨리 마르기 때문에 물에서 놀다 나온 아이들이 감기에 걸리는 일도 줄어들 것이다.

병원복Scrubs & Hazmat suit

Covid-19 때문에 갑자기 중요해진 장르이다. 원래 방호복으로 해즈맷 수트Hazmat Suit 라는 Non-woven에 필름이 Laminating된 PE 소재가 일반적이다. 1회용이다. Corona 사태 이후로 1회용이 아닌 Washable이 개발되어 사용될 것이다. 병원에서 의사나 간호사가 사용하는 가운은 아직도 개혁이 일어나지 않은 신석기 시대 유물이다. 이제는 누군가 나설 때가 되었다.

<그림 216>의 수술복은 기존의 면이 아닌 화섬이다. 방호복을 겸하고 있

Barrier Surgeon Gown

- Designed to be light, comfortable and breathable
- Autoclavable and fluid-repellent for ultimate performance
- Washable and autoclavable 75+ times
- Fluid repellent and breathable

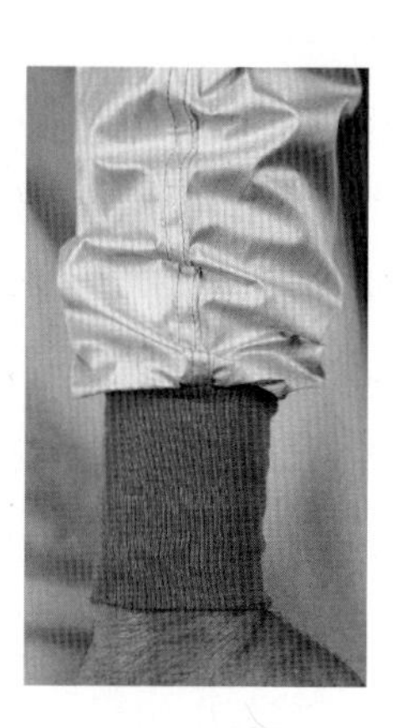

그림 216 _ Barrier Surgeon Gown(외과의 방호복)

기 때문이다. Hazmat suit는 주로 PE, PP 부직포를 그대로 사용하거나 PE 필름을 라미네이팅 하여 사용한다. 방호복의 수준이 Level 1-4 까지 있고 4는 전문적인 수준이지만 3까지는 화섬 Outerwear 의 생활방수를 Pass할 정도면 무난하다.

여행복 Traveler suit

여행복이라는 복종은 존재하지 않는다. 그냥 잠옷처럼 편하게 입을 수 있는 옷이 여행복이다. 그러면서도 침실이 아닌 실외용 옷이므로 스타일은 필요하다. 현대인은 여행을 많이 하기 때문에 이제는 여행복이라는 개념이 필요할 때가 되었다. 비행기나 기차를 10시간 넘게 앉아서 타고 가야 하는 상황에서 옷의 기능은 상당히 중요하다. 또 공항패션이라는 말이 있는 것처럼 스타일도 챙겨야 한다. 문제는 스타일을 챙기면 불편하고 편하게 입으면 스타일이 나오지 않는다는 것이다.

그림 217 _ 여성들이 발명한 기내 용 여행복

따라서 두 마리 토끼를 잡는 여행복이라는 장르를 한번 설계해 보는 것도 좋을 것 같다. 기능 조건은 단순하다. 편하고 구김이 없으며 약간의 보온 기능이 있으면 된다. 바지이든 상의이든 Spandex가 필수로 들어가겠지만 언제나 건조한 상태인 기내에서 굳이 습기를 빨아들이는 면 소재일 필요는 전혀 없다. 팬츠의 경우 오히려 소수성인 소재가 다리 피부의 건조를 막아 더 쾌적할 수도 있다.

상의는 신축이 있는 셔츠 형태가 좋다. 원래는 기피되는 폴리에스터 스판덱스 원단으로 만든 어두운 톤의 프린트 셔츠는 구김이 안 생기고 편하며 때도 잘 타지 않고 습도를 건조하지 않게 유지하는 동시에 약간의 보온 기능도 있어서 비행기 내에서 입고 장시간 버티기 유리하다. 입고 자는 경우도 있고 빨래를 자주 할 수 없는 환경에 대처해야 하므로 마찰에 강하고 때가 잘 타지 않도록 방오 가공이 되어있으면 좋을 것이다.

젊은 현대 여성들은 이미 여행복을 스스로 개발하였다. 그것은 벨루어[Velour]

로 된 추리닝이다. 아직은 순수한 기내 용이므로 외출할 때도 착용할 수 있도록 약간의 개선이 필요하다.

농업복 Farmer wear

의류에 이런 장르는 전 세계 어디에도 없다. 농사복은 스타일이 필요 없는, 전적으로 기능성 의류이고 1년 내내 가혹한 기후와 조건에 대응해야 하기 때문에 미국 농부들처럼 Overall jean과 같은 구식 작업복과 함께 때 타지 않는 선염 체크 셔츠가 마치 약속이라도 한 듯 전통적인 선진국형 농사복이 되었다. 후진국형은 페인트칠 할 때 덧입는 옷처럼 버리고 싶은 옷을 사용하는 경우가 많은데 최근 우리나라에서는 유행이 지난 Outdoor 의류들을 농부들이 많이 입으면서 새로운 선진국형 농부복의 방향을 제시하였다. 그동안 사용했던 그 어떤 옷보다 내후성, 즉 기후나 마찰에 견디는 강한 물성을 가졌기 때문이다. 화려한 컬러 때문에 덤으로 약간의 스타일도 챙길 수 있다. 결국 농사복은 Outdoor 의류에서 출발하는 것이 옳은 방향이 될 것이다.

그림 218 _ 전형적인 미국농부의 Farmer wear

디자이너를 위한
기초 해부생리학

우리가 따뜻하다고 느끼는 것의 실체는 무엇일까? 차갑거나 시원한 느낌은 실제로 어떤 요인으로 인해 발생할까? 그런 것들에 대해 무지하면 고추에 들어있는 캡사이신이 발열기능이 있다거나 술을 마시면 체온이 올라가 추위를 느끼지 않는다는 등의 황당한 주장에 속게 되는 것이다. 생리학이란 인체를 구성하는 220가지 기관과 각각의 작동원리를 설명하는 학문이다. 예컨대 췌장의 기능은 인슐린과 글루카곤의 분비이며 이들은 각각 혈당을 조절하는 호르몬이다. 혈당이 과다하면 인슐린이 출동하고 그 반대이면 글루카곤이 나타난다. 그런데 의대생들에게나 필요할 것 같은 이런 공부가 섬유 패션에 왜 필요하다는 말인가? 필요하다. 적어도 옷과 맞닿는 인체의 최외곽 경계선인 피부에 대한 구조와 작동 방식은 반드시 이해하고 있어야 한다. 겁먹을 필요 없다. 별것 아니다.

-섬유지식-

피부는 3 Layer로 구성되어 있으며 각각 하는 일은 감각과 온도조절 기능 그리고 잡균의 침범을 막는 보호 기능들이다. 피부는 바깥쪽에서부터 표피, 진피 그리고 피하지방으로 이루어져 있다. 물론 가장 중요한 부분은 물리적인 실체인 표피이다.

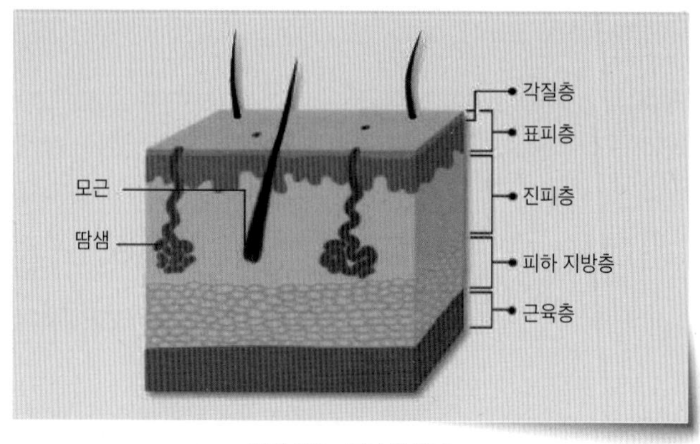

그림 219 _ 피부의 구조

표피 Epidermis

표피는 동물의 가죽이나 생선의 비늘과 같다. 감염과 마찰 그리고 충격에 의한 부상으로부터 보호하는 인체의 최외곽 방어선이다. 인체는 평균 7.4의 pH로 중성이지만 피부는 pH5.5로 산성을 띠고 있다. 대부분 박테리아가 산성을 싫어하기 때문이다. 표피는 얇지만 하루에도 수백만 개의 세포가 교체되고 있는 현장이다. 뼈를 제외한 인체 대부분을 차지하는 단백질이 주성분이고 표피는 털을 구성하는 단백질과 같은 케라틴으로 되어있다. 목적은 방수와 증발 억제이다. 표피가 임무를 계속할 수 있도록 연료를 공급하는 파이프는 두 가지인데 한선(汗腺)과 피지선이 그것이다. 한선(땀샘)은 온도 조절을 담당한다. 땀 때문에 발생하는 기화열은 급속도로 인체의 과부하된 열을 식혀준다. 수랭식인 것이다.

피지선은 수증기 증발을 억제하는 천연 보습제이다. 인간은 로션을 바르지 않아도 저절로 표피에 기름기가 돌게 된다. 살아 숨 쉬는 한 결코 마르지 않는 모이스쳐로션의 공급선인 것이다. 표피에는 피부를 태양의 자외선으로부터 보호하는 색소인 멜라닌이 있다. 검은색인 멜라닌 단백질은 자외선을 흡수하여 해롭지 않은 단계로 떨어뜨리는 일을 한다. 멜라닌이 많을수록 더 많은 자외선을 차단할 수 있다. 따라서 자외선의 조사가 많은 지역에 사는 사람들은 피부가 더 검다. 자외선은 비타민 D를 생성하여 칼슘이 뼈를 만들 수 있도록 하는 기능이 있는데 만약 흑인이 태양빛이 적은 북유럽에서 장기간 체류하면 칼슘 부족으로 골다공증에 걸리기 쉽게 된다.

멜라닌 색소가 하는 일을 그대로 원단에 적용하는 가공이 가장 효율적이다. 인체는 자외선 조사량이 갑자기 많아지면 급속도로 멜라닌을 증가시킬 수 있다. 이것이 피부가 검게 변하는 태닝Tanning이다. 주로 표피에만 작용하는 UVB가 일으킨다. 하지만 백인은 멜라닌 세포의 절대 부족으로 황인종에 비해 이런 기능이 잘 작동하지 않는다. 백인이 피부암에 잘 걸리는 이유이다.

진피Dermis

우리 눈에 보이지는 않지만 진피가 이름 그대로 진짜 피부이다. 혈관이 있어서 피를 흘리는 진짜 피부인 것이다. 표피처럼 언제나 새로운 세포로 대체될 수 없으므로 손상되면 흔적이 그대로 남게 된다.

'점탄성Viscoelasticity' 이라고 부르는 탄성이 있는 끈적한 조직으로 무정형 그라운드 위에 콜라겐과 스판덱스 같은 탄성 단백질섬유의 두 개 층으로 된 두꺼운 조직이다. 젊은이의 탱탱한 피부 탄력과 신축은 진피에서 비롯된다. 마찬가지로 나이가 들어 생기는 주름도 진피층 노화의 결과이다. 진피층은 탄성섬유가 많아 수축이 되지만 표피는 그렇지 않다. 따라서 콜라겐이 줄어들어 진피층이 수축되면 표피가 넓어지는 결과가 되어 주름살이 생기는 것이다. 젊은 사람도 이 같은 현상을 볼 수 있다. 목욕탕에 오래 있으면 손바닥이 쭈글쭈글해 지는데 같은 이유로 진피는 수축하는데 표피는 그대로 있기 때문이다. 이런 현상을 이용한 원사 가공이 바로 ITY이다.

자외선 중 진피까지 침투하는 UVA가 주름의 원인이 된다. 진피가 체온조절에 관여하는 것은 혈관의 확장과 수축이다. 진피의 혈관은 외부와 가장 가깝기 때문에 기온이 높으면 혈관을 확장 시켜 체온을 외부로 방출하고 추울 때는 수축하여 체온이 뺏기는 것을 막는다. 시니어들이 추운 날씨에 고혈압으로 쓰러지는 것은 이 때문이다. 표피가 땀으로 열을 식히는 수랭식인 것에 비해 진피는 공랭 시스템이다. 표피에는 신경이 없다. 신경은 진피까지만 연결되므로 피부에서 느끼는 감각이나 통증은 모두 진피가 담당한다. 피부의 감각은 4가지로 존재하는데 통점, 온점, 냉점 그리고 촉점이다. 원단에서 가장 중요하게 생각하는 감성요인이 Soft한 hand feel이므로 가장 중요한 감각이 촉점 일 것이다. 이어서 냉점과 온점이 보온 냉감 소재에 관련하여 알아야 하는 감각 기관이다. 우리가 착각하는 것은 각 피부감각의 분포가 균일하다고 믿는 것이다. 아래 그림처럼 감각점은 피부 1cm^2 안에 통점이 100-200개로 가장 많고 촉점이 100여 개 그리고 냉점이 6-23개, 온점은 3개 이하이다. 온점의 개수가 가장 적다. 따뜻함이나 뜨거움을 느끼는 감각이 가장 둔하다는 것이다. 그래서 보온성 효과는 냉감에 비해 손이나 피부로 확인하기 어렵다.

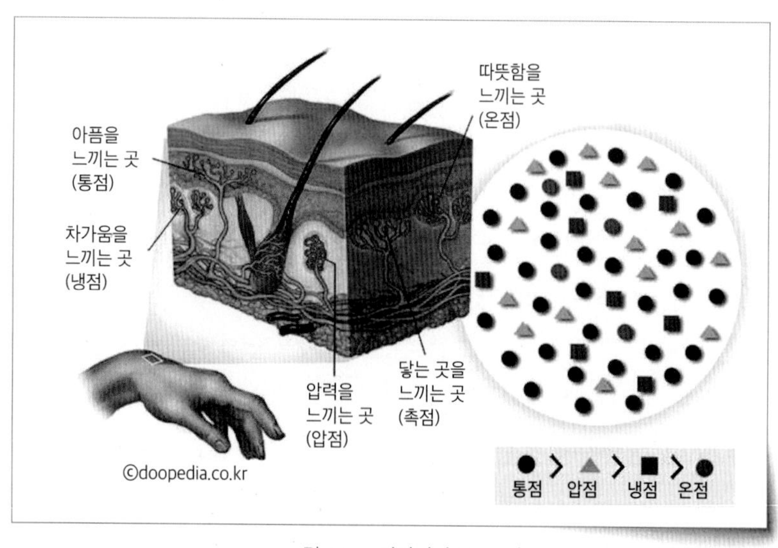

그림 220 _ 감각점의 분포

피하지방

진피는 아래로는 피하지방, 위로는 표피에 의해 보호받는다. 피하지방이 하는 일은 대단히 중요한데 극한의 추위나 더위로부터 생명을 지키는 한계 영역이다. 충돌 사고 같은 급격하고 큰 충격에 대한 흡수 기능은 물론, 장기간의 기아에 대비할 수 있는 에너지 저장소이기도 하다. 지방은 다른 영양소에 비해 같은 부피로 2배의 열량을 보유한다. 칼로리에 의한 대사 결과로 물이 생기기 때문에 이것은 지방이 대량의 물을 보유한다는 의미도 된다. 사막의 낙타 등에 있는 혹 속에 물이 아닌 지방이 들어있는 이유이다.

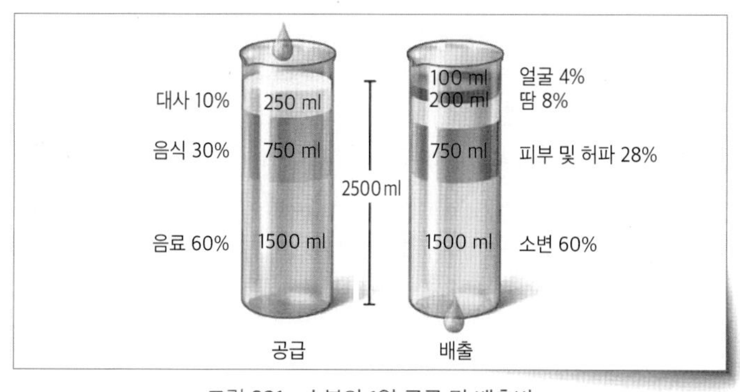

그림 221 _ 수분의 1일 공급 및 배출비

온도조절 기능

땀이 더위를 식히기 위한 온도조절 기능이 있다는 사실을 모르는 사람은 없다. 인체의 온도 조절 기능은 그 외에 두 가지가 더 있다. 사실 땀의 온도조절 기능은 8%로 별로 크지 않다. <그림 221 참조> 혈관의 수축과 확장도 영향이 상당하지만 항온을 위해 인체의 열을 조절하는 기능은 수증기를 통한 증발(28%)이 가장 크고 빠르다. 땀을 흘리는 것은 일시적이지만 수증기의 증발은 계속 되기 때문이다. 그런 이유로 피부와 근접한 의류는 인체로부터 뿜어 나오는 수증기를 적절하게 처리할 수 있는 능력을 필요로 한다. 그 처리는 바로 흡습이다. 옷이 수증기를 흡수하지 못하고 밀어내면 우리는 즉시 불쾌하다고 느낀다. 의류 설계는 과학이다.

추천사

"이 책에는 패션디자이너와 MD가 알아야 할 패션소재에 대한 꼭 필요한 지식만 담겨있다."

브랜드 아이덴티티를 결정하는 중요한 요소는 실루엣, 소재, 가격이라 할 수 있다. 브랜드 실루엣의 개발과 가격을 결정하는 일은 계획과 실행이 비교적 즉각적으로 이루어질 수 있지만, 이와 달리 브랜드 소재의 개발은 훨씬 더 많은 노력과 경험, 실력을 필요로 한다. 디자이너와 MD는 매 시즌 브랜드의 상품기획을 진행함에 있어서 핵심 소재의 개발과 트렌드 소재를 잘 개발하고 발굴해야 한다. 그런데, 언뜻 생각해보면 새로운 트렌드 소재의 발굴이 더 어렵고 중요할 것 같지만, 브랜드의 입장에서는 사실상 핵심 소재를 개발하고 지속적으로 개선하는 일이 더 어렵고 중요하다. 핵심 소재는 그 종류가 트렌드 소재처럼 많지는 않지만, 대량으로 생산되어 브랜드의 실루엣을 표현하는데 사용이 되는 중심 소재로서 브랜드의 가치를 결정짓고 결국 브랜드의 캐시카우가 되기 때문에 이 핵심 소재 몇 가지만 잘 개발하면 소재기획의 힘든 부분은 거의 다 한 것이라고 할 수 있다. 브랜드에서 오랜 시간을 두고 업체와 협업하여 개발하는 핵심 소재, 코어 소재와 달리 트렌드 소재는 다품종 소량으로 한 번만 사용되는 것이기 때문에 소재업체에서 개발한 시즌 컬렉션에서 그냥 골라서 사용하면 된다.

PRADA는 아웃도어에서나 사용하던 질긴 나일론 소재에 시크한 블랙과 컴팩트하고 매끈한 조직을 적용하여 가죽을 대체하는 핸드백 소재를 탄생시켜 세계적 명품 브랜드로서의 입지를 굳혔다. 이 나일론 소재는 프라다 브랜드를 대표하는 핵심 소재로서 20년 이상 프라다 브랜드의 캐시카우가 되고 있다. 국내의 빈폴 브랜드가 세계적인 폴로 브랜드와 국내에서 쌍벽을 이루며 마켓에서 탑브랜드로 자리매김을 할 수 있었던 데는 사실상 미국의 장면 supima 원사를 경사에만 효율적으로 적용한 면 치노 핵심 소재의 개발에 의한 차별화에 있었다. Supima 합연사를 경사에 사용하여 원단 표면이 더 깨끗하고 마일드한 광택을 표현하는 빈폴의 면치노 원단은 폴로의 거칠고 투박한 그것과 확실하게 차별화되었다. 또한 반복되는 세탁에도 형태 안정성을 유지하는 그들만의 오랜 개발 노하우가 담긴 니트 피케 소재도 빈폴 브랜드의 오랜 성공의 바탕이 되었다. 사람들에게 꼭 필요한 라이프 웨어를 제공하는 실용주의 브랜드 유니클로는 소재가 브랜드 상품기획의 핵심이고, 여름에는 시원한 옷을, 겨울에는 따뜻한 옷을 만들자는 가장 간단하면서도 중요한 원칙을 가지고 소재를 기획한다. 에어리즘은 여름용 시원한 옷에 사용하는 유니클로의 소재 브랜드인데, 의류에 사용되는 소재들 중 대표적인 접촉냉감 소재이면서 흡수율이 높아 시원한 쾌적감을 주며 값도 싸고 실크처럼 부드럽고 우아한 광택이 있는 소재, 바로 레이온이 에어리즘의 정체이다. 히트텍은 겨울에 따뜻함을 주기 위해 만든 유니클로의 소재 브랜드로, 섬유가 수분을 흡착할 때 열을 발생시키는 섬유의 단순한 기본 원리를 이용한 것이다. 결국 이러한 유명 브랜드들의 소재 기획이라는 것이 섬유소재에 대한 기초 지식에 철저히 근거한 소재기획이라는 점은 소재에 대한 중요성이나 학습을 소홀히 하고 있는 우리나라 패션 관련 학과나 업계의 종사자들에게 시사하는 점이 매우 크다 하겠다.

저자는 35년의 패션소재 비즈니스 경험을 바탕으로 패션 실무가들이 반드시 알아야 하는 패션소재의 기초 지식과 이론을 쉽고도 흥미롭고 유익하게 잘 설명하고 있고, 소재들을 어떻게 사용해야 할지에 대한 근거 있는 영감을 주고 있다. 나는 과거 어느 패션기업의 소재디자이너로 일하면서 국내 원단업체 뿐 아니라 패션기획의 주도권을 가진 유럽의 소재업체에서부터 일본, 중국, 홍콩 등에 이르기까지 전세계에서 개발된 패션소재들을 매 시즌 상담하고 사내 브랜드를 위한 소재를 소싱하고 개발하는 업무를 수행하였다. 놀랍게도 내 머리 속에는 아직도 20~30대에 경험했던 그 수많은 패션소재의 모습과 터치가 고스란히 남아있는데, 이 책의 매 새로운 장을 넘길 때마다 마치 내가 경험했던 다양한 소재들과 소재기획의 경험을 꿰뚫어 보듯이 패션소재의 이론과 지식이 나열되고 있고, 소재 스토리는 당시 일하면서 가졌었던 크고 작은 의문들과 연결되고 있다.

나는 디자이너와 MD가 이 책이 소개하는 지식만 제대로 알고 있다면 자신의 브랜드가 필요로 하는 패션감성을 가진 소재를 적절한 가격과 퀄리티로 성공적으로 기획하고 개발할 수 있겠다는 생각이 들었다. 패션을 전공하는 학생들이 어려운 이론적 틀에 얽매지 않고 꼭 필요한 패션소재의 지식을 과학적으로 이해할 수 있는 책으로 추천하며, 또 패션디자이너와 MD로서 업무를 수행하고 있는 분들이라면 강의 없이 혼자서도 충분히 필요한 지식을 쉽게 습득할 수 있는 책이 될 것이라 생각한다.

2020년 7월 22일

상명대학교 의류학과 교수 **노정심** PHD

Chapter 10

Supplement

보충자료

용어해설

Resilience 구김을 타지 않는 성질. 레질리언스가 좋다는 것은 구김을 잘 타지 않는다는 의미 51쪽
셀룰로오스 식물을 구성하는 주성분인 섬유소. 포도당을 연결하여 만든 고분자 69 쪽
소모Worsted Wool은 방모와 소모가 있다. 소모는 양복 원단, 방모는 코트 원단의 원료
Drape성 찰랑거리는 원단의 감성. 폴리에스터 감량물이나 레이온의 성질 42쪽
인열강도 Tearing Strength 찢는 힘에 견디는 저항력. 원단의 주요 물리적 성능
크레이프Crepe 원단 표면이 이태리타올 처럼 오돌토돌한 모양. 주로 실의 꼬임을 이용하여 만든다.
Dull Shiny, 광택과 반대 감성. Full Dull, Semi Dull 이 있다.
Wicking 섬유가 액체를 빨아들이는 성질. 흡한속건 기능 중 하나
체표면적 BSA 3차원 물체의 표면적. 부피 대비 체표면적을 비표면적이라고 한다. 개미는 코끼리보다 비표면적이 크다.
결정영역 비결정영역 실 II 참고 161쪽
습윤강도 물에 젖었을 때의 강력
조젯 Georgette 촉감이 까실 하게 만든 실크나 폴리에스터 원단
PET Polyester의 공식명칭 PolyEthyleneTerephthalte 의 약자
Crinkle 일부러 만든 구김 효과가 나오는 가공 Washer 가공도 비슷하다 52쪽
Para Aramid Kevlar 가장 질긴 섬유. 특수섬유편 참고 56쪽
수지 Resin 딱딱하게 만드는 플라스틱 고형 성분. 나무의 수지를 '리그닌'이라고 한다.
공정수분율, 표준수분율 소재가 물을 흡수하는 비율 46, 48쪽
Crater 달 분화구. 감량 가공하면 표면에 크레이터가 생기면서 Drape성이 발생한다.
N66 66 Nylon 캐로더스가 만든 최초의 나일론, N6은 이후 독일에서 만든 나일론
Post-consumer product 재생 화섬의 분류로 소비자가 한번이라도 사용한 것을 재생한 화섬 반대로 Pre-consumer product가 있다.
세번수 가는 번수 50수, 100수등 가는 실. 반대는 태번수.
중합Polymerization 단분자Monomer를 결합하여 고분자Polymer로 만드는 과정 69쪽
PTT 폴리에스터의 한 종류 PET, PBT, PTT 등이 있다.
Slub 굵고 가는 부분이 불규칙하게 나타나는 Uneven 한 천연섬유 효과
Top dyeing Wool을 솜 형태로 염색하는 선염 방법, 염색 편 참조
DTY Draw Textured Yarn: 사가공으로 만들어진 폴리에스터 곱슬 원사
Mechanical stretch 스판덱스 없이 실의 crimp를 이용하여 신축성을 만드는 원리 144쪽
Pilling 마찰에 의해 생긴 보풀이 공처럼 뭉쳐진 상태. 결점 중 하나
Heather 희끗한 보카시 효과 멜란지와 비슷하다.
Sand wash 모래를 섞은 물로 표면을 깎은 것 같은 효과가 나는 Washing 가공
Bio washing 효소Enzyme를 이용한 셀룰로오스 소재에 적용하는 감량 가공
Laminating film을 원단에 접착하는 가공

Cuttable width　봉제공장에서 사용가능한 최대폭. 텐터 가공으로 생기는 핀자국이 경계이다.

Sliver　밧줄 혹은 굵은 밧줄처럼 생긴 면의 솜. 방적의 중간단계 182쪽

정경Warping　제직 전 경사를 준비하는 제직이나 경편의 과정

Squeegee　평판 스크린 프린트에서 압력을 주어 문지르며 염료를 밀어 넣는 도구 303쪽

취화　원단의 강도가 약해져 쉽게 찢어지거나 부서지는 현상.

Aluminum dot　아디다스가 개발한 냉감 원단. 알루미늄이 열전도율이 높아 차갑다는 것을 이용한 소재

Engraving　프린트에서 롤러나 동판을 패턴에 따라 새기는 작업

Softshell　얇은 겉감 원단에 폴라플리스 를 본딩 한 원단. 중간에 필름이 들어갈 수도 있다.

Polar Fleece　기모가 쉽도록 한 면을 테리 조직으로 짠 다음 Brush하여 긴 털을 일으킨 겨울용 폴리에스터 니트 원단

Snagging　마찰로 올이 뜯기는 니트의 결점

Puffa　Padding jacket을 Puffer 라고 하는데 이의 애칭이다. 솜이 들어갔거나 다운이 들어간 자켓을 의미한다.

Dewspo　Polyester DTY 원사로 제직한 고밀도 평직 원단 Pongee 라고도 한다.

친수성　Hydrophilic 물을 좋아하는 성질

통기성　Air permeable 공기가 통하는 성질

열전도율　접촉으로 열이 이동하는 속도를 나타낸 기준

데니어　denier 필라멘트 섬유나 실의 굵기 단위:9,000m가 1g인 실이 1d 92쪽

그림출처

〈그림 1〉 https://www.google.co.kr/url?sa=i&url=https%3A%2F%2Fwww.amazon.co.uk%2FUnweaving-Rainbow-Science-Delusion-Appetite%2Fdp%2F0141026189&psig=AOvVaw2a2FO143rDLIdtORaj6P7y&ust=1589347627305000&source=images&cd=vfe&ved=0CAIQjRxqFwoTCNj568LLrekCFQAAAAAdAAAAABAD

〈그림 2〉 https://www.google.co.kr/url?sa=i&url=https%3A%2F%2Fwww.hypnosisdownloads.com%2Fstress-management%2Ftime-pressure&psig=AOvVaw0YohdZGCdsWxV2N2LM_619&ust=1589348713926000&source=images&cd=vfe&ved=0CAIQjRxqFwoTCOi_j8jPrekCFQAAAAAdAAAAABAK

〈그림 3〉 https://www.google.co.kr/url?sa=i&url=https%3A%2F%2Fwww.artsper.com%2Fen%2Fcontemporary-artworks%2Fsculpture%2F375423%2Fbaril-hermes&psig=AOvVaw3UST0qxl2W-IZ9a_DK3cwa&ust=1585626394128000&source=images&cd=vfe&ved=0CAIQjRxqFwoTCPCn-eekwegCFQAAAAAdAAAAABAE

〈그림 4〉 섬유지식

〈그림 5〉 https://www.google.co.kr/url?sa=i&rct=j&q=&esrc=s&source=images&cd=&cad=rja&uact=8&ved=2ahUKEwjK-rDKyM7fAhWHad4KHdz9BS8QjRx6BAgBEAU&url=http://gtspirit.com/2013/06/06/vote-pagani-photo-competition/&psig=AOvVaw3EL-lJOb8A31ReOGrNaLaw&ust=1546500248541545

〈그림 6〉 https://www.google.co.kr/url?sa=i&url=https%3A%2F%2Fca.proactiveinvestors.com%2Fcompanies%2Fnews%2F904300%2Fnordic-gold-takes-critical-step-in-restarting-production-at-laiva-project-as-it-reaches-agreement-with-pandion-mine-finance-904300.html&psig=AOvVaw2C1pMJFWPkEkM4pVtpES8i&ust=1585626549968000&source=images&cd=vfe&ved=0CAIQjRxqFwoTCIClma-lwegCFQAAAAAdAAAAABAJ

〈그림 7〉 섬유지식

〈그림 8〉 https://www.google.co.kr/url?sa=i&rct=j&q=&esrc=s&source=images&cd=&cad=rja&uact=8&ved=2ahUKEwiiw6iixc7fAhWFdt4KHbQ2DbIQjRx6BAgBEAU&url=https://www.pinterest.com/chainmail101/chain-mail-armor/&psig=AOvVaw1DOpnrgXSFdTof4MQm58Uy&ust=1546499364661814

〈그림 9〉 섬유지식

〈그림 10〉 섬유지식

〈그림 11〉 https://www.google.co.kr/url?sa=i&rct=j&q=&esrc=s&source=images&cd=&cad=rja&uact=8&ved=2ahUKEwjFzOHUxM7fAhVSEnAKHWy_B6AQjRx6BAgBEAU&url=https://ravenswoodleather.com/armour/chain_mail_shirt_long_sleeve/&psig=AOvVaw3Ix0N7arvh-cnQnGoT-fgG&ust=1546499075095089

〈그림 12〉 https://www.google.co.kr/url?sa=i&rct=j&q=&esrc=s&source=images&cd=&cad=rja&uact=8&ved=2ahUKEwjgmaG0iurfAhXFwLwKHS4tAaIQjRx6BAgBEAU&url=https://marvellouscutouts.co.uk/?product%3Dthe-tin-man-the-wizard-of-oz&psig=AOvVaw0rbNtSKlaFhcHaf9msncuo&ust=1547445644091560

〈그림 13〉 https://www.google.co.kr/url?sa=i&rct=j&q=&esrc=s&source=images&cd=&cad=rja&uact=8&ved=2ahUKEwiz-LieueffAhXJad4KHT8eCpgQjRx6BAgBEAU&url=https://www.indiamart.com/proddetail/mild-steel-chain-9323817688.html&psig=AOvVaw3Sd2MdxhvBLKn_Mz2rh6Qn&ust=1547355123441392

https://www.google.co.kr/url?sa=i&rct=j&q=&esrc=s&source=images&cd=&cad=rja&uact=8&ved=2ahUKEwjxoqjaueffAhVGPnAKHT6gBS8QjRx6BAgBEAU&url=https://www.campchef.com/chain-mail-scrubber.html&psig=AOvVaw2pz-yKdfkfzZHZwjypsQM6&ust=1547355192454096

〈그림 14〉 섬유지식

〈그림 15〉 섬유지식

〈그림 16〉 섬유지식

〈그림 17〉 섬유지식

〈그림 18〉 섬유지식

〈그림 19〉 섬유지식

〈그림 20〉 섬유지식
〈그림 21〉 섬유지식
〈그림 22〉 섬유지식
〈그림 23〉 https://www.google.co.kr/imgres?imgurl=http%3A%2F%2Fmslab.polymer.pusan.ac.kr%2Fpolymer%2Fimages%2Fsub3%2F%25EC%25B9%259C%25EC%2588%2598%25EC%2584%25B1%2520%25EC%2586%258C%25EC%2588%2598%25EC%2584%25B1.jpg&imgrefurl=http%3A%2F%2Fmslab.polymer.pusan.ac.kr%2Fpolymer%2Fsub3%2Fsub3_22.html&docid=WMdZggF0XRZcJM&tbnid=Nd4qJXpzApxmFM%3A&vet=12ahUKEwipsrP9-sjmAhWbdd4KHUOAAvo4rAIQMygZMBl6BAgBEBo..i&w=899&h=257&bih=967&biw=1920&q=hydrophilic%20fiber&ved=2ahUKEwipsrP9-sjmAhWbdd4KHUOAAvo4rAIQMygZMBl6BAgBEBo&iact=mrc&uact=8#spf=1596156072130
〈그림 24〉 https://www.google.co.kr/url?sa=i&url=https%3A%2F%2Ftraveltriangle.com%2Fblog%2Foymyakon-the-coldest-place-on-earth%2F&psig=AOvVaw0scKqQLD9zWKJooLGgG2Bg&ust=1591315710519000&source=images&cd=vfe&ved=0CAIQjRxqFwoT-CIjvppfv5ukCFQAAAAAdAAAAABAK
〈그림 25〉 섬유지식
〈그림 26〉 https://www.google.co.kr/url?sa=i&url=https%3A%2F%2Fwww.intouch-quality.com%2Fblog%2Fflammability-tests-for-fabric-and-clothing-importers&psig=AOvVaw1Fj5z-Thlf3WxGmmyMbrtm&ust=1591316260925000&source=images&cd=vfe&ved=0CAIQjRxqFwoTCOCJyJfx5ukCFQAAAAAdAAAAABAD
〈그림 27〉 섬유지식
〈그림 28〉 https://www.google.co.kr/url?sa=i&url=https%3A%2F%2Fwww.businessinsurance.com%2Farticle%2F20190828%2FNEWS06%2F912330346%2FIntellectual-property-exclusion-shields-Hartford-units-in-Spandex-case&psig=AOvVaw2K2tloecnVFCWTqMa4RrA0&ust=1591317028414000&source=images&cd=vfe&ved=0CAIQjRxqFwoTCPjF_IP05ukCFQAAAAAdAAAAABAE
〈그림 29〉 섬유지식
〈그림 30〉 섬유지식
〈그림 31〉 섬유지식
〈그림 32〉 섬유지식
〈그림 33〉 섬유지식
〈그림 34〉 섬유지식
〈그림 35〉 섬유지식
〈그림 36〉 섬유지식
〈그림 37〉 섬유지식
〈그림 38〉 섬유지식
〈그림 39〉 섬유지식
〈그림 40〉 섬유지식
〈그림 41〉 섬유지식
〈그림 42〉 섬유지식
〈그림 43〉 섬유지식
〈그림 44〉 https://www.google.co.kr/url?sa=i&url=http%3A%2F%2Fm.blog.naver.com%2Fhust0415%2F220781512358&psig=AOvVaw3EUpa6liaehBCFCflbvlJU&ust=1581049845724000&source=images&cd=vfe&ved=0CAIQjRxqFwoTCPD6yeiLvOcCFQAAAAAdAAAAABAP
〈그림 45〉 http://www.google.co.kr/url?sa=i&rct=j&q=&esrc=s&source=images&cd=&cad=rja&uact=8&ved=0ahUKEwjHlePm45LNAhXDqaYKHcHGBu4QjRwIBw&url=http://www.minimalisma.com/qualities/cashmere.html&psig=AFQjCNHhTsnZvJazU8UTdVinNgSm85U7nQ&ust=1465281120331121
〈그림 46〉 섬유지식
〈그림 47〉 https://www.google.co.kr/url?sa=i&url=https%3A%2F%2Fwww.independent.co.uk%2Flife-style%2Ffashion%2Ffeatures%2Fare-these-the-world-s-most-expensive-socks-9918848.html&psig=A

OvVaw3aTQXmuZtFGk96u5kTn5gF&ust=1583481645515000&source=images&cd=vfe&ved=0CAIQjRxqFwoTCJiTrvrugugCFQAAAAAdAAAAABAK

〈그림 48〉 섬유지식

〈그림 49〉 섬유지식

〈그림 50〉 섬유지식

〈그림 51〉 섬유지식

〈그림 52〉 https://www.google.co.kr/url?sa=i&url=https%3A%2F%2Fwww.amazon.de%2FBurberry-Brit-Damen-Trenchcoat-Balmoral%2Fdp%2FB00ZXM6XF6&psig=AOvVaw1m6Bald0v8Z91wT-jZqMtV&ust=1586042894369000&source=images&cd=vfe&ved=0CAIQjRxqFwoTCLid-7i0zegCFQAAAAAdAAAAABAJ

〈그림 53〉 섬유지식

〈그림 54〉 섬유지식

〈그림 55〉 섬유지식

〈그림 56〉 섬유지식

〈그림 57〉 섬유지식

〈그림 58〉 섬유지식

〈그림 59〉 섬유지식

〈그림 60〉 https://www.google.co.kr/url?sa=i&url=https%3A%2F%2Fwww.extremtextil.de%2Fsupplex.html&psig=AOvVaw2r8iZq718ck_LA29IvqLo-&ust=1579141042621000&source=images&cd=vfe&ved=0CAIQjRxqFwoTCNDhhP7EhOcCFQAAAAAdAAAAABAM
https://www.google.co.kr/url?sa=i&url=http%3A%2F%2Fwww.piavemaitex.com%2Fen%2Fpartners-2%2F&psig=AOvVaw2r8iZq718ck_LA29IvqLo-&ust=1579141042621000&source=images&cd=vfe&ved=0CAIQjRxqFwoTCNDhhP7EhOcCFQAAAAAdAAAAABAf

〈그림 61〉 https://www.google.co.kr/url?sa=i&url=http%3A%2F%2Fwww.itextiles.com%2Fv30%2Fitext%2Fthumbnails%2Fai_1_4300.htm&psig=AOvVaw3C0YRu88MWf9pm_6ffwCIW&ust=1579140751904000&source=images&cd=vfe&ved=0CAIQjRxqFwoTCJj6m_TDhOcCFQAAAAAdAAAAABAN

〈그림 62〉 https://www.google.co.kr/url?sa=i&url=https%3A%2F%2Fwww.roseandfire.com%2Fblogs%2Fnews%2Fballistic-nylon-vs-nylon-canvas-headcovers-whats-the-difference&psig=AOvVaw0lZKvyjAzUJv16oPpwR7lr&ust=1586756706798000&source=images&cd=vfe&ved=0CAIQjRxqFwoTCMDAysSX4ugCFQAAAAAdAAAAABAS

〈그림 63〉 https://www.google.co.kr/url?sa=i&url=http%3A%2F%2Fwww.texfuhua.com%2Fen%2Fproducts-33-31-33.html&psig=AOvVaw25MO5j8SYZ9huZ7N82Zbir&ust=1579141264406000&source=images&cd=vfe&ved=0CAIQjRxqFwoTCKiEjO3FhOcCFQAAAAAdAAAAABAD

〈그림 64〉 섬유지식

〈그림 65〉 섬유지식

〈그림 66〉 섬유지식

〈그림 67〉 섬유지식

〈그림 68〉 섬유지식

〈그림 69〉 섬유지식

〈그림 70〉 섬유지식

〈그림 71〉 섬유지식

〈그림 72〉 섬유지식

〈그림 73〉 섬유지식

〈그림 74〉 섬유지식

〈그림 75〉 섬유지식

〈그림 76〉 섬유지식

〈그림 77〉 섬유지식

〈그림 78〉 섬유지식

〈그림 79〉 https://www.google.co.kr/url?sa=i&url=https%3A%2F%2Fwww.exportersindia.com%2Fgreen-

polytex%2Fmetallic-yarns-4302908.htm&psig=AOvVaw3jv41U8IWWrbxRK3HYhtSy&ust=1586917692233000&source=images&cd=vfe&ved=0CAIQjRxqFwoTCNiPgaHv5ugCFQAAAAAdAAAAABAQ

〈그림 80〉 섬유지식

〈그림 81〉 https://www.google.co.kr/url?sa=i&url=https%3A%2F%2Fnightandday.com.au%2Fproject%2Fcoolcore%2F&psig=AOvVaw0-fvWmMLpCkLPOYv7-I_6k&ust=1586475246944000&source=images&cd=vfe&ved=0CAIQjRxqFwoTCOjVjIL_2egCFQAAAAAdAAAAABAZ

〈그림 82〉 섬유지식

〈그림 83〉 https://www.google.co.kr/url?sa=i&url=http%3A%2F%2Fwww.legen.co.kr%2Fshop%2Fshopdetail.html%3Fbranduid%3D1144972%26xcode%3D005%26mcode%3D001%26scode%3D%26type%3DX%26sort%3Dorder%26cur_code%3D005%26GfDT%3DaWd3UF4%253D&psig=AOvVaw3i_xgLb9F-TL_9g_SvTibf&ust=1579134375335000&source=images&cd=vfe&ved=0CAIQjRxqFwoTCODimZOshOcCFQAAAAAdAAAAABAP

〈그림 84〉 섬유지식

〈그림 85〉 https://www.google.co.kr/url?sa=i&url=https%3A%2F%2Fcouragemyloveclothing.com%2Fbenefits%2F4-way-stretch-fabric%2F&psig=AOvVaw34xkpIs5SdwtuJF_altgJ-&ust=1579139334001000&source=images&cd=vfe&ved=0CAIQjRxqFwoTCPjCudK-hOcCFQAAAAAdAAAAABAE

〈그림 86〉 섬유지식

〈그림 87〉 섬유지식

〈그림 88〉 섬유지식

〈그림 89〉 섬유지식

〈그림 90〉 섬유지식

〈그림 91〉 섬유지식

〈그림 92〉 섬유지식

〈그림 93〉 섬유지식

〈그림 94〉 https://www.google.co.kr/url?sa=i&url=https%3A%2F%2Fwww.researchgate.net%2Ffigure%2Fa-Tightly-packed-filament-yarn-b-loosely-packed-filament-yarn-c-geometry-of-two_fig3_315632722&psig=AOvVaw3-xArWQs5iNfCygT_eNE3X&ust=1587000181979000&source=images&cd=vfe&ved=0CAIQjRxqFwoTCPDyut-i6egCFQAAAAAdAAAAABAF

〈그림 95〉 https://www.google.co.kr/url?sa=i&url=https%3A%2F%2Fwww.pinterest.com%2Fpin%2F562809284677115448%2F&psig=AOvVaw2DX9zdK8ve71_6_YAj6WqF&ust=1587000082865000&source=images&cd=vfe&ved=0CAIQjRxqFwoTCIj-2Zui6egCFQAAAAAdAAAAABAD

〈그림 96〉 섬유지식

〈그림 97〉 https://en.wikipedia.org/wiki/File:Wire_gauge_(PSF).png

〈그림 98〉 https://www.google.co.kr/url?sa=i&rct=j&q=&esrc=s&source=images&cd=&ved=2ahUKEwif6IHf4IzgAhXCfrwKHSl7DpIQjRx6BAgBEAQ&url=https://www.cottonworks.com/wp-content/uploads/2017/11/Textile_Yarns.pdf&psig=AOvVaw1sEPMuMHPYjDz12FDAHAPV&ust=1548636967173672

〈그림 99〉 https://www.google.co.kr/url?sa=i&url=https%3A%2F%2Fhilltopcloudshop.co.uk%2Fproducts%2Fwpi-yarn-measuring-tool-spinners-control-card-yarn-thickness-gauge-in-acrylic-and-cherry-veneer&psig=AOvVaw0l_4uOMrw1ro6sQbxDZx3P&ust=1581034329148000&source=images&cd=vfe&ved=0CAIQjRxqFwoTCMjB7P7Ru-cCFQAAAAAdAAAAABAd

〈그림 100〉 섬유지식

〈그림 101〉 섬유지식

〈그림 102〉 https://www.google.co.kr/url?sa=i&url=https%3A%2F%2Fripstopbytheroll.com%2Fproducts%2F1-8-oz-airwave-ripstop-nylon&psig=AOvVaw33z9bbMzGUbLHM-eHEKA-z&ust=1581046610324000&source=images&cd=vfe&ved=0CAIQjRxqFwoTCKjiwur_u-cCFQAAAAAdAAAAABAD

〈그림 103〉 섬유지식

〈그림 104〉 섬유지식

〈그림 105〉 섬유지식
〈그림 106〉 https://www.google.co.kr/url?sa=i&url=http%3A%2F%2Ftextilehelpguide.blogspot.com%2F2015%2F06%2Fwhat-is-rotor-yarn-main-features-of.html&psig=AOvVaw2IiONoUys32GvuEXj_WFeE&ust=1581049628639000&source=images&cd=vfe&ved=0CAIQjRxqFwoTCPj-7P-KvOcCFQAAAAAdAAAAABAD
https://www.google.co.kr/url?sa=i&url=https%3A%2F%2Feujournal.org%2Findex.php%2Fesj%2Farticle%2Fdownload%2F4521%2F4317&psig=AOvVaw2IiONoUys32GvuEXj_WFeE&ust=1581049628639000&source=images&cd=vfe&ved=0CAIQjRxqFwoTCPj-7P-KvOcCFQAAAAAdAAAAABAP
〈그림 107〉 https://www.google.co.kr/url?sa=i&url=https%3A%2F%2Fwww.researchgate.net%2Ffigure%2FSchematic-diagrams-of-the-yarn-structures_fig1_329795806&psig=AOvVaw3A1fyocyATGLvBEuw-ecD_&ust=1581050093204000&source=images&cd=vfe&ved=0CAIQjRxqFwoTCJixlN2MvOcCFQAAAAAdAAAAABAP
〈그림 108〉 https://www.google.co.kr/url?sa=i&url=http%3A%2F%2Fwww.fi.co.kr%2Fmain%2Fview.asp%3Fidx%3D38811&psig=AOvVaw3A1fyocyATGLvBEuw-ecD_&ust=1581050093204000&source=images&cd=vfe&ved=0CAIQjRxqFwoTCJixlN2MvOcCFQAAAAAdAAAAABAc
〈그림 109〉 섬유지식
〈그림 110〉 섬유지식
〈그림 111〉 섬유지식
〈그림 112〉 섬유지식
〈그림 113〉 섬유지식
〈그림 114〉 섬유지식
〈그림 115〉 섬유지식
〈그림 116〉 섬유지식
〈그림 117〉 https://www.google.co.kr/url?sa=i&rct=j&q=&esrc=s&source=images&cd=&cad=rja&uact=8&ved=2ahUKEwjjuIGQqqnhAhUFEqYKHYHTA3IQjRx6BAgBEAU&url=http://www.fibermax.eu/index_files/weavingstylesandpatterns.htm&psig=AOvVaw2b9gFZZVomjkSWoBzsKbB9&ust=1554016835059254
〈그림 118〉 https://www.google.co.kr/url?sa=i&rct=j&q=&esrc=s&source=images&cd=&cad=rja&uact=8&ved=2ahUKEwi1mYjJqKnhAhVK05QKHfowDFwQjRx6BAgBEAU&url=http://textilelearner.blogspot.com/2012/07/warp-preparation-common-steps-involved.html&psig=AOvVaw0NFMizVuF3CDaatPQNdwtY&ust=1554016414327152
〈그림 119〉 https://www.google.co.kr/url?sa=i&rct=j&q=&esrc=s&source=images&cd=&cad=rja&uact=8&ved=2ahUKEwjIpJ_rqKnhAhVrwIsBHbFAAVAQjRx6BAgBEAU&url=http://www.t-techjapan.co.jp/cn/products/TTS10F.html&psig=AOvVaw0vBZ5NXhOEFy4yoBXn4uX-&ust=1554016512914191
〈그림 120〉 섬유지식
〈그림 121〉 https://www.google.co.kr/url?sa=i&rct=j&q=&esrc=s&source=images&cd=&cad=rja&uact=8&ved=2ahUKEwjK2tWWqKnhAhX1yosBHZaPC9AQjRx6BAgBEAU&url=https://www.heddels.com/2014/10/shuttle-vs-projectile-looms-whats-the-difference/&psig=AOvVaw0LjFyXfccGI8Tf228y2Ha7&ust=1554016282442641
〈그림 122〉 섬유지식
〈그림 123〉 섬유지식
〈그림 124〉 https://www.google.co.kr/url?sa=i&url=https%3A%2F%2Fwww.dazian.com%2Fproduct%2F12-oz-cotton-duck-120-nfr%2F&psig=AOvVaw18ipyovC09x_URI6Mupk6m&ust=1587014807772000&source=images&cd=vfe&ved=0CAIQjRxqFwoTCODqjIfZ6egCFQAAAAAdAAAAABAQ
https://www.google.co.kr/url?sa=i&url=https%3A%2F%2Fwww.pinterest.com%2Fpin%2F546554104758710502%2F&psig=AOvVaw0JWUl7Og0AAM7rDFRkGugk&ust=1587014952016000&source=images&cd=vfe&ved=0CAIQjRxqFwoTCKjCosfZ6egCFQAAAAAdAAAAABAD
〈그림 125〉 https://www.google.co.kr/url?sa=i&url=https%3A%2F%2Fwww.ferrierfashionfabrics.com%2Fstore%2Fp91%2FSilk_Satin_Charmeuse%252C_137_CM_Width_-_Various_Plain_Colours.ht

ml&psig=AOvVaw3dchB0QZWeAjkeXNq0791G&ust=1587017143870000&source=images&cd=vfe&ved=0CAIQjRxqFwoTCJj_tN_h6egCFQAAAAAdAAAAABAr
〈그림 126〉 https://www.google.co.kr/url?sa=i&url=https%3A%2F%2Fplankroad.com%2Fproducts%2Ffabric-5&psig=AOvVaw1XmPHsjNHbs_VjlWUud6NZ&ust=1588580003671000&source=images&cd=vfe&ved=0CAIQjRxqFwoTCKCty-ufl-kCFQAAAAAdAAAAABAZ
https://www.google.co.kr/url?sa=i&url=https%3A%2F%2Fwww.etsy.com%2Fca%2Flisting%2F690171222%2Fburgundy-floral-brocade-jacquard-fabric&psig=AOvVaw0nj8JU27h8KM3na-aVhchN&ust=1588580134316000&source=images&cd=vfe&ved=0CAIQjRxqFwoTCLDb46ygl-kCFQAAAAAdAAAAABAZ
〈그림 127〉 https://www.google.co.kr/url?sa=i&url=https%3A%2F%2Fprototype.fashion%2Ffabric-dye-process-for-custom-color%2F&psig=AOvVaw32N_MZ80dGlnoFZU92hSEt&ust=1581061754519000&source=images&cd=vfe&ved=0CAIQjRxqFwoTCMj1o564vOcCFQAAAAAdAAAAABAE
〈그림 128〉 섬유지식
〈그림 129〉 https://www.google.co.kr/url?sa=i&url=https%3A%2F%2Fwww.pinterest.co.kr%2Fpin%2F778067273108375851%2F&psig=AOvVaw32TF8YFquGJLdxqFnG275a&ust=1587165610530000&source=images&cd=vfe&ved=0CAIQjRxqFwoTCPDcj—K7ugCFQAAAAAdAAAAABAD
〈그림 130〉 섬유지식
〈그림 131〉 섬유지식
〈그림 132〉 섬유지식
〈그림 133〉 섬유지식
〈그림 134〉 섬유지식
〈그림 135〉 섬유지식
〈그림 136〉 섬유지식
〈그림 137〉 섬유지식
〈그림 138〉 https://www.google.co.kr/url?sa=i&url=https%3A%2F%2Fwww.exapro.com%2Fpmm-fima-80-fabric-inspection-machine-for-sale-p71009108%2F&psig=AOvVaw3ypTnMaYd3C910_TkEFcCh&ust=1587173277385000&source=images&cd=vfe&ved=0CAIQjRxqFwoTCMjYorSn7ugCFQAAAAAdAAAAABAc
〈그림 139〉 섬유지식
〈그림 140〉 섬유지식
〈그림 141〉 섬유지식
〈그림 142〉 섬유지식
〈그림 143〉 https://www.google.co.kr/url?sa=i&url=https%3A%2F%2Fwww.amazon.com%2FLOOK-crewcuts-Sleeve-Gingham-Shirt%2Fdp%2FB07KQXLZPS&psig=AOvVaw0oHJMP11IsZmwLh8AT5qYj&ust=1581070155432000&source=images&cd=vfe&ved=0CAIQjRxqFwoTCKDWisLXvOcCFQAAAAAdAAAAABAQ
https://www.google.co.kr/url?sa=i&url=https%3A%2F%2Fwww.u-long.com%2Fen%2Fbrand%2Findex.php%3Fid1%3D14&psig=AOvVaw0HI8jj5S4xNR1GlctmZpri&ust=1587181579703000&source=images&cd=vfe&ved=0CAIQjRxqFwoTCJCpt6bG7ugCFQAAAAAdAAAAABAJ
〈그림 144〉 섬유지식
〈그림 145〉 섬유지식
〈그림 146〉 https://www.google.co.kr/url?sa=i&url=https%3A%2F%2Fwww.123rf.com%2Fphoto_81583063_texture-of-knitted-melange-fabric.html&psig=AOvVaw1YnKyynlj9u9-FWD1_b4FO&ust=1581070427994000&source=images&cd=vfe&ved=0CAIQjRxqFwoTCMj9u8DYvOcCFQAAAAAdAAAAABAE
https://www.google.co.kr/url?sa=i&url=https%3A%2F%2Fwww.aliexpress.com%2Fitem%2F32730953649.html&psig=AOvVaw11UgH8_i4Ltm0b1icOHyBc&ust=1587182825662000&source=images&cd=vfe&ved=0CAIQjRxqFwoTCIik3_jK7ugCFQAAAAAdAAAAABAK
〈그림 147〉 https://www.google.co.kr/url?sa=i&url=https%3A%2F%2Fwww.scienceall.com%2F%25EA%25B7%

25B9%25EC%2584%25B1polarity-%25E6%25A5%25B5%25E6%2580%25A7%2F&psig=AOvVaw0UWWqwGKdYdlFSMnSs0i7G&ust=1587184190414000&source=images&cd=vfe&ved=0CAIQjRxqFwoTCJCwoIHQ7ugCFQAAAAAdAAAAABAE

〈그림 148〉 https://www.google.co.kr/url?sa=i&url=https%3A%2F%2Fwww.cosmopolitan.com%2Fstyle-beauty%2Ffashion%2Fg28262345%2Fbest-workout-leggings-brands%2F&psig=AOvVaw1yh-EaCw0Ni13Tt0Aw7Luf&ust=1581216516706000&source=images&cd=vfe&ved=0CAIQjRxqFwoTCIDdr9_4wOcCFQAAAAAdAAAAABAD
https://www.google.co.kr/url?sa=i&url=https%3A%2F%2Fwww.showpo.com%2Frenee-skinny-jeans-in-mid-wash&psig=AOvVaw2C5h8PvYxllDaTuNpkbrZn&ust=1581216623710000&source=images&cd=vfe&ved=0CAIQjRxqFwoTCODYk4_5wOcCFQAAAAAdAAAAABAD

〈그림 149〉 섬유지식

〈그림 150〉 섬유지식

〈그림 151〉 섬유지식

〈그림 152〉 섬유지식

〈그림 153〉 https://www.google.co.kr/url?sa=i&url=https%3A%2F%2Fwww.pinterest.com%2Fpin%2F395472411004496302%2F&psig=AOvVaw0xJbiA6UZNjeNMdL-dMFWM&ust=1587186995348000&source=images&cd=vfe&ved=0CAIQjRxqFwoTCOid0bza7ugCFQAAAAAdAAAAABAK

〈그림 154〉 섬유지식

〈그림 155〉 섬유지식

〈그림 156〉 https://www.google.co.kr/url?sa=i&url=https%3A%2F%2Fwww.empressmills.co.uk%2Fshop%2Ffabrics%2Fvelvet-fabric-collection%2Fice-velvet%2Fice-crushed-velvet-fabric-rose%2F&psig=AOvVaw22Svf6hQO_JSwwcD0ysK9W&ust=1581218652428000&source=images&cd=vfe&ved=0CAIQjRxqFwoTCKDIrtuAwecCFQAAAAAdAAAAABAf
https://www.google.co.kr/url?sa=i&url=https%3A%2F%2Fwww.allikestore.com%2Fdefault%2Fstone-island-shadow-project-imprimt-nylon-packable-parka-jacket-701970305-v0055.html&psig=AOvVaw0LEW6SXls7bZwSPKp870Cj&ust=1581218761412000&source=images&cd=vfe&ved=0CAIQjRxqFwoTCMin7YmBwecCFQAAAAAdAAAAABAM

〈그림 157〉 https://www.google.co.kr/url?sa=i&rct=j&q=&esrc=s&frm=1&source=images&cd=&cad=rja&uact=8&ved=0CAcQjRw&url=https://textileincubator.wordpress.com/2012/02/03/thermochromic-fabric-could-it-save-lives/&ei=jRyjVbDzDaTsmAXczYDAAQ&bvm=bv.97653015,d.c2E&psig=AFQjCNGNm8iFhyYYtGkcDWthUZb1OJt53w&ust=1436839289265161

〈그림 158〉 섬유지식

〈그림 159〉 https://www.google.co.kr/url?sa=i&url=https%3A%2F%2Fwww.oftenpaper.net%2Fflipbook-l-system.htm&psig=AOvVaw1d0zUu1xOqouD0LnswEGZ6&ust=1590969003847000&source=images&cd=vfe&ved=0CAIQjRxqFwoTCKjApMvj3OkCFQAAAAAdAAAAABAV

〈그림 160〉 섬유지식

〈그림 161〉 https://www.google.co.kr/url?sa=i&url=https%3A%2F%2Facekimsm.tistory.com%2F33&psig=AOvVaw1ziKLpQtOOcSu6w_6mD4K7&ust=1581223752656000&source=images&cd=vfe&ved=0CAIQjRxqFwoTCPj3xNOTwecCFQAAAAAdAAAAABAE
https://www.google.co.kr/url?sa=i&url=http%3A%2F%2Fm.blog.naver.com%2Fwinzone%2F70187559771&psig=AOvVaw1ziKLpQtOOcSu6w_6mD4K7&ust=1581223752656000&source=images&cd=vfe&ved=0CAIQjRxqFwoTCPj3xNOTwecCFQAAAAAdAAAAABAK

〈그림 162〉 https://www.google.co.kr/url?sa=i&url=https%3A%2F%2Fwww.aliexpress.com%2Fitem%2F32355005678.html&psig=AOvVaw1nhLy-xzfhHiPuDtsVcSoy&ust=1581223418806000&source=images&cd=vfe&ved=0CAIQjRxqFwoTCNCdirSSwecCFQAAAAAdAAAAABAO

〈그림 163〉 https://www.google.co.kr/url?sa=i&url=https%3A%2F%2Fwww.utstesters.com%2Fblog%2Fwhat-s-the-spray-rating-test-_b6&psig=AOvVaw1nhLy-xzfhHiPuDtsVcSoy&ust=1581223418806000&source=images&cd=vfe&ved=0CAIQjRxqFwoTCNCdirSSwecCFQAAAAAdAAAAABAl

〈그림 164〉 https://www.google.co.kr/url?sa=i&url=https%3A%2F%2Fwww.catalystlifestyle.

com%2Fproducts%2Fcatalyst-case-for-apple-watch-2-3&psig=AOvVaw0y1NmQr1cZrYmZXZHdpCL0&ust=1581229455995000&source=images&cd=vfe&ved=0CAIQjRxqFwoTC-KCQzPiowecCFQAAAAAdAAAAABAD
https://www.google.co.kr/url?sa=i&url=https%3A%2F%2Fwww.sierra.com%2Fblog%2Fhiking%2Fwater-resistant-vs-waterproof%2F&psig=AOvVaw0MLZu-O_18EmzATmjd90Bn&ust=1581229506142000&source=images&cd=vfe&ved=0CAIQjRxqFwoTCMiG9Y-pwecCFQAAAAAdAAAAABAU

〈그림 165〉 https://www.google.co.kr/url?sa=i&url=https%3A%2F%2Fwww.fabricgateway.com%2Ftopic%2Fmoisture%2Bmanagement&psig=AOvVaw3Rp-LDVO6aLBkKle7VL7i8&ust=1581229645711000&source=images&cd=vfe&ved=0CAIQjRxqFwoTCJD89NOpwecCFQAAAAAdAAAAABAM
https://www.google.co.kr/url?sa=i&url=https%3A%2F%2Fwww.watersafety.com%2Fclearance%2Funiform-clearance%2Fclearance-mens-dry-excel-laser-polo-black.html&psig=AOvVaw3Rp-LDVO6aLBkKle7VL7i8&ust=1581229645711000&source=images&cd=vfe&ved=0CAIQjRxqFwoTCJD89NOpwecCFQAAAAAdAAAAABAS

〈그림 166〉 https://www.google.co.kr/url?sa=i&url=https%3A%2F%2Fwww.banggood.com%2FOutdoor-UV-Clothing-Jackets-Skin-Raincoat-Sun-Protection-Rainwear-p-968605.html&psig=AOvVaw0zOWf0jIzlA1e0bu7_fhaJ&ust=1581229836953000&source=images&cd=vfe&ved=0CAIQjRxqFwoTCKCxlq2qwecCFQAAAAAdAAAAABAJ

〈그림 167〉 https://www.google.co.kr/url?sa=i&url=https%3A%2F%2Fwww.indiamart.com%2Fproddetail%2Fanti-microbial-fabrics-4448730662.html&psig=AOvVaw119O0MYpzM0CNvnPtTHEn3&ust=1581229950017000&source=images&cd=vfe&ved=0CAIQjRxqFwoTCNi1p-GqwecCFQAAAAAdAAAAABAD

〈그림 168〉 https://www.google.co.kr/url?sa=i&url=https%3A%2F%2Fwww.schoeller-textiles.com%2Fen%2Ftechnologies%2Fschoeller-pcm&psig=AOvVaw0ffF1ekUMwubvcuUzAtfX-&ust=1581230216575000&source=images&cd=vfe&ved=0CAIQjRxqFwoTCKjw5uCrwecCFQAAAAAdAAAAABAD

〈그림 169〉 https://www.google.co.kr/url?sa=i&url=https%3A%2F%2Fstartupfashion.com%2Fcoolcore%2F&psig=AOvVaw0J0CrNUjMmcHwVg6Bj_zWV&ust=1581230410770000&source=images&cd=vfe&ved=0CAIQjRxqFwoTCMiL_rqswecCFQAAAAAdAAAAABAJ

〈그림 170〉

〈그림 171〉 https://www.google.co.kr/url?sa=i&url=https%3A%2F%2Fwww.etsy.com%2Fil-en%2Flisting%2F530925951%2Fsale-japanese-linen-blended-cotton&psig=AOvVaw3YbDbz31YEfYz9oHaQqXxi&ust=1587254341286000&source=images&cd=vfe&ved=0CAIQjRxqFwoTCJjE1LLV8OgCFQAAAAAdAAAAABAO

〈그림 172〉 섬유지식

〈그림 173〉 섬유지식

〈그림 174〉 섬유지식

〈그림 175〉 섬유지식

〈그림 176〉 https://www.google.co.kr/url?sa=i&url=https%3A%2F%2Foecotextiles.wordpress.com%2Ftag%2Fdye%2F&psig=AOvVaw3kAk4FFHIswdBB3fMmPPne&ust=1582425758608000&source=images&cd=vfe&ved=0CAIQjRxqFwoTCOiDpsKR5OcCFQAAAAAdAAAAABAD
https://www.google.co.kr/url?sa=i&url=http%3A%2F%2Fhoahocmypham.com%2Fyeu-anh-huong-den-nhot-dinh-va-cac-phuong-phap-phong-ngua-trong-san-xuat-nhu-tuong-phan-1%2F&psig=AOvVaw1TFRYcutV0rMTNPWSRAtAI&ust=1582425824957000&source=images&cd=vfe&ved=0CAIQjRxqFwoTCLiXmOKR5OcCFQAAAAAdAAAAABAW

〈그림 177〉 https://www.google.co.kr/url?sa=i&url=https%3A%2F%2Fwww.brueckner-textile.com%2Fen%2Fproducts%2Fcoating-lines.html&psig=AOvVaw3VqfLgSUhb0qf7UX5hd7JM&ust=1582426106842000&source=images&cd=vfe&ved=0CAIQjRxqFwoTCMCHxeSS5OcCFQAAAAAdAAAAABAJ

〈그림 178〉 https://www.google.co.kr/url?sa=i&url=https%3A%2F%2Ftwitter.com%2Ffrockmeout&psig=AOvV

aw31kXTGMyu72I_wMnTi3z6r&ust=1587266773322000&source=images&cd=vfe&ved=0CAIQjRxqFwoTCKj7ityD8egCFQAAAAAdAAAAABAK

〈그림 179〉 https://www.google.co.kr/url?sa=i&url=https%3A%2F%2Fwww.exportersindia.com%2Fpooja_industries%2Fssb-bsf-crpf-cisf-cobra-itbp-rapid-action-force-fabric-4704058.htm&psig=AOvVaw2fewon40pRH6oDqmFK-zhq&ust=1582426627981000&source=images&cd=vfe&ved=0CAIQjRxqFwoTCJjBwd-U5OcCFQAAAAAdAAAAABAP

〈그림 180〉 섬유지식

〈그림 181〉 섬유지식

〈그림 182〉 섬유지식

〈그림 183〉 섬유지식

〈그림 184〉 섬유지식

〈그림 185〉 섬유지식

〈그림 186〉 섬유지식

〈그림 187〉 섬유지식

〈그림 188〉 섬유지식

〈그림 189〉 섬유지식

〈그림 190〉 섬유지식

〈그림 191〉 섬유지식

〈그림 192〉 섬유지식

〈그림 193〉 https://www.google.co.kr/url?sa=i&url=https%3A%2F%2Ftextilestudycenter.com%2Ffabric-tearing-strength-test%2F&psig=AOvVaw29-1z4JtwYSAmKhf207LL1&ust=1581567648626000&source=images&cd=vfe&ved=0CAIQjRxqFwoTCPi84eKUy-cCFQAAAAAdAAAAABAD
https://www.google.co.kr/url?sa=i&url=https%3A%2F%2Fwww.quora.com%2FWhat-is-bursting-strength-of-fabric&psig=AOvVaw2ckE50t3BU0GfZyE0uH68S&ust=1581567805076000&source=images&cd=vfe&ved=0CAIQjRxqFwoTCOCg-rGVy-cCFQAAAAAdAAAAABAD

〈그림 194〉 https://www.google.co.kr/url?sa=i&url=https%3A%2F%2Fwww.slideshare.net%2FHuHorace%2F4pointfabricinspection&psig=AOvVaw1VIhiUWWTuOQi016CuteTk&ust=1581567884150000&source=images&cd=vfe&ved=0CAIQjRxqFwoTCIiPxtqVy-cCFQAAAAAdAAAAABAJ

〈그림 195〉 https://www.google.co.kr/url?sa=i&url=https%3A%2F%2Ftextilefarm.blogspot.com%2F2018%2F05%2Fhow-to-make-different-sed-in-washing.html&psig=AOvVaw2msGvx-5yfG1OrggTI_ViD&ust=1581568667193000&source=images&cd=vfe&ved=0CAIQjRxqFwoTCOiGgMqYy-cCFQAAAAAdAAAAABAW

〈그림 196〉 https://www.youtube.com/watch?v=Y0xJk0SbBQA

〈그림 197〉 https://www.google.co.kr/url?sa=i&url=https%3A%2F%2Fwww.absolute-snow.co.uk%2Fbuying-guides%2Fan-absolute-guide-to-buying-waterproof-outdoor-clothing&psig=AOvVaw1oGuSUoeUEmZkqDm3cHyJ3&ust=1581570881230000&source=images&cd=vfe&ved=0CAIQjRxqFwoTCKDB3vCgy-cCFQAAAAAdAAAAABAc

〈그림 198〉 https://www.google.co.kr/url?sa=i&url=https%3A%2F%2Fpetapixel.com%2F2015%2F02%2F25%2Fwatch-flashback-anti-paparazzi-clothing-ruin-flash-photographs%2F&psig=AOvVaw2ndy0jMezYbxjrI979gHWW&ust=1587600866115000&source=images&cd=vfe&ved=0CAIQjRxqFwoTCKCvqp_g-ugCFQAAAAAdAAAAABAa

〈그림 199〉 https://www.google.co.kr/url?sa=i&url=https%3A%2F%2Fwww.secondkulture.com%2Ffashion%2Fthe-balmain-slim-black-destroyed-biker%2F&psig=AOvVaw1b9k6CZC1R1QVu-yGH4Bnk&ust=1585452701479000&source=images&cd=vfe&ved=0CAIQjRxqFwoTCKClst6dvOgCFQAAAAAdAAAAABAD
https://www.google.co.kr/url?sa=i&url=https%3A%2F%2Fwww.welovestreet.com%2Fproducts%2Fwls-tech-pants&psig=AOvVaw24Xi3VX-z3RkXoeZZan81V&ust=1587355157672000&source=images&cd=vfe&ved=0CAIQjRxqFwoTCOjGufTM8-gCFQAAAAAdAAAAABAI

〈그림 200〉 https://www.google.co.kr/url?sa=i&url=https%3A%2F%2Fwww.function18.com%2Fpolo-ralph-

lauren-cotton-twill-chino-781757955-basic-sand.html&psig=AOvVaw3oBdlOPJr-TMhng3Gb IPbD&ust=1587697277973000&source=images&cd=vfe&ved=0CAIQjRxqFwoTCJDe7uLH_egCFQAAAAAdAAAAABAP

〈그림 201〉 https://www.google.co.kr/url?sa=i&url=https%3A%2F%2Fwww.aliexpress.com%2Fitem%2F4000064248869.html%3Fgps-id%3DplatformRecommendH5%26scm%3D1007.18499.139690.0%26scm_id%3D1007.18499.139690.0%26scm-url%3D1007.18499.139690.0%26pvid%3D6d7e2035-8ac6-4651-9e0c-79e2430ff6ca%26_t%3Dgps-id%3AplatformRecommendH5%2Cscm-url%3A1007.18499.139690.0%2Cpvid%3A6d7e2035-8ac6-4651-9e0c-79e2430ff6ca%26spm%3Da2g0n.detail-amp.moretolove.4000064248869%26aff_trace_key%3D%26aff_platform%3Dmsite%26m_page_id%3DPAGE_VIEW_IDCLIENT_ID(aefeMsite)NAV_TIMING(navigationStart)&psig=AOvVaw2AIZEQ_PEmTmA8LT87jZh1&ust=1587856574683000&source=images&cd=vfe&ved=0CAIQjRxqFwoTCIjJ9uqYgukCFQAAAAAdAAAAABAe
https://www.google.co.kr/url?sa=i&url=https%3A%2F%2Fm.dhgate.com%2Fproduct%2F6xl-loose-cashmere-warm-winter-men-sweatpants%2F402738108.html&psig=AOvVaw3VcgfPnPLJo0XZQi5mw7yY&ust=1587946069541000&source=images&cd=vfe&ved=0CAIQjRxqFwoTCPjY_6PmhOkCFQAAAAAdAAAAABAJ

〈그림 202〉 https://www.google.co.kr/url?sa=i&url=https%3A%2F%2Fwww.indiamart.com%2Fproddetail%2Fjogger-pants-13394029412.html&psig=AOvVaw3JMq3pzJGQ0X3FmCplehO7&ust=1585461575713000&source=images&cd=vfe&ved=0CAIQjRxqFwoTCLjLqei-vOgCFQAAAAAdAAAAABAP
https://www.google.co.kr/url?sa=i&url=https%3A%2F%2Fwww.drakewaterfowl.com%2Fproducts%2Ftech-stretch-pants&psig=AOvVaw24Xi3VX-z3RkXoeZZan81V&ust=1587355157672000&source=images&cd=vfe&ved=0CAIQjRxqFwoTCOjGufTM8-gCFQAAAAAdAAAAABAV

〈그림 203〉 https://www.google.co.kr/url?sa=i&url=https%3A%2F%2Fjinlihuacn.en.made-in-china.com%2Fproduct%2FOKnxgYVDqfpz%2FChina-White-Color-Crepe-Rayon-Apparel-Fabric.html&psig=AOvVaw3DP9HxHEeKZUBiZ0Yj6NFZ&ust=1587947486480000&source=images&cd=vfe&ved=0CAIQjRxqFwoTCIDVocbrhOkCFQAAAAAdAAAAABAr

〈그림 204〉 https://www.google.co.kr/url?sa=i&url=https%3A%2F%2Fwww.armani.com%2Ffr%2Farmanicom%2Femporio-armani%2Fpantalon-a-pinces-en-cupro_cod13175545lm.html&psig=AOvVaw3ELXKkVu9bGdSkDHtWXktL&ust=1587860301097000&source=images&cd=vfe&ved=0CAIQjRxqFwoTCND-r92mgukCFQAAAAAdAAAAABAP

〈그림 205〉 https://www.google.co.kr/url?sa=i&url=https%3A%2F%2Fwww.shutterstock.com%2Fko%2Fsearch%2Fchambray&psig=AOvVaw3G2ucNv9txLwiFX_kC-IgQ&ust=1587861530967000&source=images&cd=vfe&ved=0CAIQjRxqFwoTCOiC_bOrgukCFQAAAAAdAAAAABAY
https://www.google.co.kr/url?sa=i&url=https%3A%2F%2Fwww.indiamart.com%2Fniravsilkmills%2Ffil-a-fil-shirting-fabric.html&psig=AOvVaw3fcE7Yzf5vXukMFoyAo-v6&ust=1587861396953000&source=images&cd=vfe&ved=0CAIQjRxqFwoTCPCNl-mqgukCFQAAAAAdAAAAABAR

〈그림 206〉 https://www.google.co.kr/url?sa=i&url=https%3A%2F%2Fwww.coltortiboutique.com%2Fen%2Fshirts-polo-ralph-lauren-192696ucw000001-001.html&psig=AOvVaw3tyodQRKHgslW7ycd6PSwp&ust=1587626805049000&source=images&cd=vfe&ved=0CAIQjRxqFwoTCPjTwvDA—gCFQAAAAAdAAAAABAZ

〈그림 207〉 섬유지식

〈그림 208〉 https://www.google.co.kr/url?sa=i&url=https%3A%2F%2Fwww.vermontflannel.com%2Fmens-classic-flannel-shirt%2F&psig=AOvVaw37zXlpyy8kluvxMEsUPRyk&ust=1587693653779000&source=images&cd=vfe&ved=0CAIQjRxqFwoTCPjyi_S5_egCFQAAAAAdAAAAABAQ
https://www.google.co.kr/url?sa=i&url=https%3A%2F%2Fwww.aliexpress.com%2Fitem%2F32958983598.html&psig=AOvVaw3G067p9431Nl5iaMWMXpzJ&ust=1587869582958000&source=images&cd=vfe&ved=0CAIQjRxqFwoTCKjo-qnJgukCFQAAAAAdAAAAABAO

〈그림 209〉 https://www.google.co.kr/url?sa=i&url=https%3A%2F%2Fwww.tennisplanet.co.uk%2Fpolo-shirt-lacoste-kids-beeche&psig=AOvVaw24cGnraZ1-DEmSeqH3o2vA&ust=1587624897614000&source=images&cd=vfe&ved=0CAIQjRxqFwoTCMi9juO5—gCFQAAAAAdAAAAABAZ

〈그림 210〉 https://www.google.co.kr/url?sa=i&url=https%3A%2F%2Fwww.northjersey.com%2Fstory%2Fmoney%2F2018%2F09%2F13%2Fcanada-goose-testing-climate-new-jersey-mall%2F1214147002%2F&psig=AOvVaw2auiILC2ErgoVWiGmW_VU9&ust=1587625052961000&source=images&cd=vfe&ved=0CAIQjRxqFwoTCKiEia26—gCFQAAAAAdAAAAABAE

〈그림 211〉 https://www.google.co.kr/url?sa=i&url=https%3A%2F%2Fwww.wiseboutique.com%2Fen%2Fcharcoal%2Bgrey%2Bstretch%2Bnylon%2Bneva%2Bdown%2Bjacket%2B-moncler-4697490c0194926&psig=AOvVaw1nK7GEWMEiGj8o0xPvK4IP&ust=1587625107839000&source=images&cd=vfe&ved=0CAIQjRxqFwoTCODV-8a6—gCFQAAAAAdAAAAABAE

〈그림 212〉 https://www.google.co.kr/url?sa=i&url=https%3A%2F%2Fwww.uniqlo.com%2Fus%2Fen%2Fmen-seamless-down-parka-172992.html&psig=AOvVaw1bPvF6s69cGtBzhAc4QCjE&ust=1587625311862000&source=images&cd=vfe&ved=0CAIQjRxqFwoTCPCkpqi7—gCFQAAAAAdAAAAABAE

〈그림 213〉 https://www.google.co.kr/url?sa=i&url=https%3A%2F%2Fwww.shpock.com%2Fen-gb%2Fi%2FV7OgpY-V3jQni0XA%2Fburberry-brit-trench-coat-uk-6&psig=AOvVaw0-GPf-oOfh8wMccw9FFZyc&ust=1587624128706000&source=images&cd=vfe&ved=0CAIQjRxqFwoTCOCM1PW2—gCFQAAAAAdAAAAABA-
https://www.google.co.kr/url?sa=i&url=https%3A%2F%2Fwww.shpock.com%2Fen-gb%2Fi%2FWhZyve1m-Fn8bcCY%2Fburberry-brit-blue-trench-coat&psig=AOvVaw0-GPf-oOfh8wMccw9FFZyc&ust=1587624128706000&source=images&cd=vfe&v-ed=0CAIQjRxqFwoTCOCM1PW2—gCFQAAAAAdAAAAABAs

〈그림 214〉 https://www.google.co.kr/url?sa=i&url=https%3A%2F%2Fwww.schottnyc.com%2Fproducts%2Fnavy-peacoat.htm&psig=AOvVaw3I3k34G1zDvknNHG5JiRnU&ust=1587874649760000&source=images&cd=vfe&ved=0CAIQjRxqFwoTCPDc6Z7cgukCFQAAAAAdAAAAABAD

〈그림 215〉 https://www.google.co.kr/url?sa=i&url=https%3A%2F%2Fwww.macys.com%2Fshop%2Fproduct%2Fclub-room-mens-hawaiian-classic-fit-floral-print-7-twill-swim-trunks-created-for-macys%3FID%3D9221732&psig=AOvVaw1zwvNPUMFWPOph8VkqjbNg&ust=1587625439697000&source=images&cd=vfe&ved=0CAIQjRxqFwoTCODDm-W7—gCFQAAAAAdAAAAABAK
https://www.google.co.kr/url?sa=i&url=https%3A%2F%2Fwww.chubbiesshorts.com%2Fcollections%2Fperformance-swim-trunks&psig=AOvVaw0Ji8bOkUuc61sUmS8MZ0ds&ust=1587625566830000&source=images&cd=vfe&ved=0CAIQjRxqFwoTCJir8aG8—gCFQAAAAAdAAAAABAE

〈그림 216〉 https://www.google.co.kr/url?sa=i&url=https%3A%2F%2Forgsgreens.com%2Fproduct%2Forgs-barrier-surgical-scrubs%2F&psig=AOvVaw3gL9uOwKicbCnEAeaYpXuy&ust=1587625699189000&source=images&cd=vfe&ved=0CAIQjRxqFwoTCOiP4OO8—gCFQAAAAAdAAAAABAD

〈그림 217〉 https://www.google.co.kr/url?sa=i&url=http%3A%2F%2Fm.shinsegaemall.ssg.com%2Fmall%2Fsearch.ssg%3Ftarget%3Dmobile%26query%3D%25EB%25B2%25A8%25EB%25B2%25B3%25ED%258A%25B8%25EB%25A0%2588%25EC%259D%25B4%25EB%258B%259D%25EB%25B3%25B5%26src_area%3Dsrlt&psig=AOvVaw32jqEHAWIRBRvYiUW7zm5h&ust=1587626298689000&source=images&cd=vfe&ved=0CAIQjRxqFwoTCODRzoG_--gCFQAAAAAdAAAAABAh

〈그림 218〉 섬유지식

〈그림 219〉 섬유지식

〈그림 220〉 섬유지식

〈그림 221〉 섬유지식

섬유 지식 기초

초판 1쇄 발행 | 2020년 9월 20일
초판 3쇄 발행 | 2023년 4월 20일
지은이 | 안동진
발행인 | 임순재
발행처 | (주)한올출판사
등록번호 | 제11-403호
주소 | 서울시 마포구 모래내로 83(성산동 한올빌딩 3층)
전화 | 02-376-4298(대표)
팩스 | 02-302-8073
홈페이지 | www.hanol.co.kr
e-메 일 | hanol@hanol.co.kr
ISBN 979-11-5685-994-9